光 明 城
LUMINOCITY

U0334213

看见我们的未来

营山造海

香／港／建／筑

1
9
4
5
／
2
0
1
5

Transforming

the Mountain and Sea

Hong Kong Architecture

1945 – 2015

薛求理 著

Charlie Q. L. Xue

同济大学出版社

TONGJI UNIVERSITY PRESS

图书在版编目（ＣＩＰ）数据

营山造海：香港建筑：1945 ~ 2015 / 薛求理著 .
-- 上海：同济大学出版社，2015.10
ISBN 978-7-5608-5897-5

Ⅰ . ①营… Ⅱ . ①薛… Ⅲ . ①建筑艺术 – 研究 – 香港
– 1945 ~ 2015 Ⅳ . ① TU-862

中国版本图书馆 CIP 数据核字 (2015) 第 166148 号

营山造海：香港建筑 1945—2015
Transforming the Mountain and Sea: Hong Kong Architecture 1945 – 2015
薛求理　著
Charlie Q. L. Xue

出品人：支文军
策划：秦蕾 / 群岛工作室
责任编辑：杨碧琼
责任校对：徐春莲
装帧设计：左奎星
版 次：2015 年 10 月第 1 版
印 次：2015 年 10 月第 1 次印刷
印 刷：上海安兴汇东纸业有限公司
开 本：787mm×1092mm 1/16
印 张：18.5
字 数：461 000
ISBN　978-7-5608-5897-5
定 价：98.00 元
出版发行：同济大学出版社
地 址：上海市四平路 1239 号
邮政编码：200092
网 址：http://www.tongjipress.com.cn
经 销：全国各地新华书店

献 给 我 的 母 亲

To my beloved mother,
who has given me far more than
I can ever repay.

目 录

Table of Content

Abstract

Hong Kong was the last British colony. During the decades after WWII, the people in Hong Kong strived to create a lively and energetic international metropolis in Asia. The dense port city set an example for Greater China, Asia and the world.

Transforming the Mountain and Sea: Hong Kong Architecture 1945-2015 focuses on the transformation from colonial to global – the formation, mechanism, events, works and people related to urban architecture. The book reveals hardships the city encountered in the 1950s and the glamour enjoyed in the 1980s. It depicts the public and private developments, and especially the public housing which has sheltered millions of residents. The author identifies the architects practising in the formative years and the representatives of a rising generation after the 1980s. Despite the land shortage and a dense environment, the urban development of Hong Kong has in the past 70 years met the changing demands of fluctuating economic activities and a rising population. Architecture on the island has been shaped by social demands, the economy and technology. The buildings have been forged by the varying demands of the government, clients, planners, architects, contractors and occupants.

Hong Kong experienced its last 50 years of colonial rule. The 1990s saw the emergence of globalization and building products in Hong Kong. The ending point of this book is 2015, another 18 years after the sovereignty handover. For various building types, the cases of the 21st century stand together with their predecessors of half a century ago. This 70-year history of Hong Kong architecture is colourful and diverse compared with other areas in Greater China. Hong Kong architects were less affected by ideology than their mainland colleagues. They first embraced the modernist principles when they were forced to face the problem of mass construction. This was seen in a series of public buildings in the 1950s and 1960s. In parallel with the worldwide trend, design standards and taste were considered more advanced than those in other areas of Greater China. Since the 1970s Hong Kong architects have developed the design and management abilities they inherited and taken their designs to mainland China, Taiwan and Macau.

The built environment nurtures our life and is visual evidence of the way the city has developed. The book is a must-read for a thorough understanding the contemporary history and architecture of this oriental pearl.

致 谢

笔者对香港建筑的最初印象，源自 1980 年代在上海举办的香港建筑师讲座和展览。其时上海及整个中国刚刚开始走在希望的田野上，香港是远方天边的一抹玫瑰色。1989 年有机会从上海到香港大学学习九个月，亲眼见证了香港在 1980 年代经济和城市建设的腾飞及领先于上海的距离，知晓了"海外"大学的学习环境。而上海从 1990 年开始开发浦东，改革开放带来的变化由此才开始真正落实到上海的建筑上。那个年代，从中国大陆去香港，比去外国还难。1995 年笔者由美国"海归"，开始在香港工作，教书育人，与老师和学生以及建筑业界有了大量的交往和合作，跟着香港社会和经济的潮流跌宕起伏。因此笔者写香港建筑，其实也是在描写 20 多年来一个漂泊游子对小岛的感受。感谢导师戴复东院士和项秉仁教授引介我到香港学习，香港大学刘少瑜、龙炳颐、坚立信（Sivaguru Ganasan）等恩师的帮助和教诲，令我难以忘怀。Ganasan 教授带我走上研究之路，断断续续走到今天。

衷心感谢香港建筑前辈钟华楠先生。我在 1980 年代，阅读他修养深厚的文章，1989 年初次拜见。他的真知灼见，指亮了此一课题的道路，他对战后香港的谙熟，也瞬间解开了许多疑团。钟前辈的实事求是、高风亮节、幽默大度，让我深受教益并敬佩。由钟先生那里，我见见到了他的同代人，在半个世纪前是那般生机勃勃。已经逝去的，在纸面和建筑上见到了他们的身影；依然健在的，和钟先生一样是谦谦绅士，这其中就有栽下香港现代建筑种子的菲力浦（Ronald Philips）先生。1989 年我初次来港，有数次机会与张肇康前辈交谈。五六十年前在香港工作的建筑师们，有的是从外地来寻找机会，有的是为避难来港，放下行李，他们在这个岛上立足，以他们的修养来处理战后资金紧绌时的建设，在混乱中尽可能创造秩序。他们大概不曾想到，当时谦卑的努力，在半个多世纪后受到社会的尊重和同行的注意，许多文章和书籍都在追逐他们的想法，向他们致敬。

何弢博士、刘秀成教授、关善明博士、严迅奇大师和李华武大师（Remo Riva）的作品和话语，是本书内容的一部分，也是笔者在香港建筑课题上经常受到启发的源泉。在他们依然精力旺盛的年代，本书和其他出版物对他们的工作条分缕析。我敬重的前辈、同事和朋友郑汉钧太平绅士、梅清宁博士（Brian Mitchenere）、谢顺佳、王炜文、冯永基、叶国强、李磷、毛朱国华老师，几十年来服务香港，他们对香港建筑和文化的熟悉，为我带来许多线索。

笔者对香港建筑的学术关注，起始于对高密度建筑环境的兴趣。香港城市大学策略研究基金对我多次立项资助，使得许多本科生、博士生和研究员加入各个专项的研究。感谢我的研究团队的诸位成员，谭峥、邹涵、臧鹏、殷子渊、翟海林、马路明、刘新、肖靖、杨珂、许家铨、丁光辉、陈家俊、肖映博、陈贝盈、卢颖姿、陈沼君、郭荣生和关杨旖，青年才俊朝气蓬勃，我们的合作和论文以及学生的调研，不断为本书提供新鲜的素材。书后和章节里的参考文献，已经列出了多数成果发表论文的标题资料。书中的线图和图表，主要由博士研究生臧鹏和杨珂同学绘制，两位同学也承担许多编务工作，还有些插图来自本科生的毕业论文。英文部分承蒙梅清宁和陈龙根老师修改指导。

建筑书离不开优质的插图。本书的历史和建筑图片，部分由建筑师和事务所提供，感谢林云峰、吕庆耀、罗健中、王维仁、何周礼、罗发礼、王蕾（Shirley Surya）、黄宣国、陈丽乔等朋友及香港特别行政区政府、房屋协会、香港大学、理工大学、浸会大学、汇丰银行的鼎力协助。香港著名学者、摄影家艾思涛先生（Edward Stokes），穿针引线，说服哈佛大学燕京图书馆，慨允本书印载摄影家赫达·莫里森（Hedda Morrison）1946 年拍摄的珍贵历史照片。谢谢艾先生和哈佛燕京图书馆的林希文（Raymond Lum）先生。

感谢中国国家自然科学基金（项目号：51278438），诸评审委员对香港城市建筑课题的鼎力支持，使得是项研究得以顺利开展并出版此书。同时要感谢香港城市大学深圳研究院的同事们，尤其是陈俊铎、姜宜明老师在行政上的支持。

本书的初稿《城境：香港建筑 1946-2011》以繁体中文版本，由香港商务印书馆于 2014 年出版。特别要感谢沪港才女韩佳博士和毛永波总编的悉心编辑和呵护，使其成为香港的畅销书。繁体版出版后，得到很多宝贵意见和反馈，都反映在这本增强扩充的简体版上。如果《城境》是这一专题的"抛砖"，这本《营山造海》依然是砖，但煅烧得稍为精致。简体版得到同济大学出版社社长支文军教授的大力支持，秦蕾和杨碧琼编辑的创意设计、耐心、细致和包容，加上左奎星先生精益求精的装帧设计，使本书以新颖的面目和我国内地读者见面。编辑们的建设性意见，使得书稿的质量不断提高。有关香港建筑研究的稿件初步完成，要感谢我的老师郑时龄院士和老同学缪朴教授的鼓励，他们几十年来对我的教诲和提点，时时让我受益和警醒。

在香港这个港口城市，老房子不断拆除，新房子不断建造，工地处处，建成环境瞬间即逝。在战后 70 年的岁月里，香港政府的官员、业界和民间人士，将许多事实和资料写入档案、年报、书籍和杂志，而这些纸质资料，又由大学和政府的图书馆、档案馆完好保存和守护着。几代人的默默工作，为后人了解逝去的历史、房屋、生活和当年的想法，留下了珍贵的资料。今天，翻阅半世纪前的那些书页、档案、图纸和签名，宛如暗夜中路旁有人擎起火把，彼此相连，再现昨天。我们对前人的拓荒和守望工作，不禁肃然起敬。本书希望继承此一传统，留住一段时间。那是激荡岁月、汗流浃背或是树影斜横、草木芬芳的年代，是我们在这个南方岛屿观察、惊讶、细嚼和擦身而过的建造和生活痕迹。

薛求理
2015 年仲夏

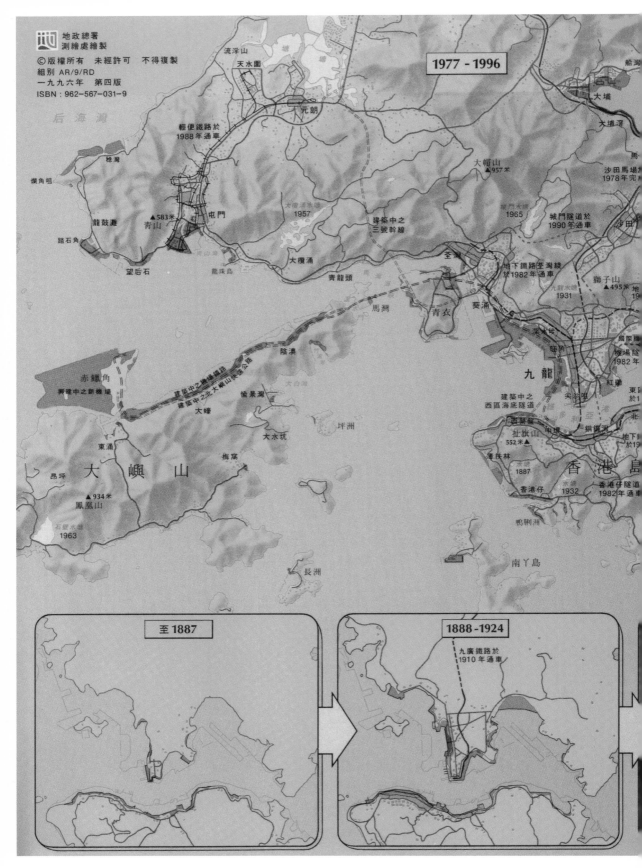

1977 - 1996

流浮山

天水圍

后海灣

元朗

輕便鐵路於
1988年通車

船灣

大埔

大埔滘

稔灣

大帽山
▲957米

沙田馬場於
1978年完成

燦角咀

青山
▲583米　屯門

大欖涌水塘
1957

城門水塘
1965

城門隧道於
1990年通車

沙田

龍鼓灘

踏石角

望后石

龍珠島

大欖涌

青龍頭

建築中之
三號幹線

荃灣

九龍水塘
1931

獅子山
▲495米

馬灣

青衣

葵涌

地下鐵路至荃灣
於1982年通車

深水埗

旺角

國際機
機場隧
1982年

赤鱲角

興建中之新機場

建築中之機場鐵路
建築中之北大嶼山快速公路

東涌

大嶼山
▲934米
鳳凰山

石壁水塘
1963

愉景灣

大蠔

大水坑

梅窩

坪洲

大白灣

九龍

尖沙咀

建築中之
西區海底隧道

西營盤
上環　中環　銅鑼灣

扯旗山
552米▲

蓮茂林

水塘
1887

香港仔
水塘
1932

香港島

香港仔隧道
1982年通車

地下鐵
於19

紅磡

東區
於1

北角

地下鐵
於19

鴨脷洲

南丫島

長洲

至 1887

1888-1924

九廣鐵路於
1910年通車

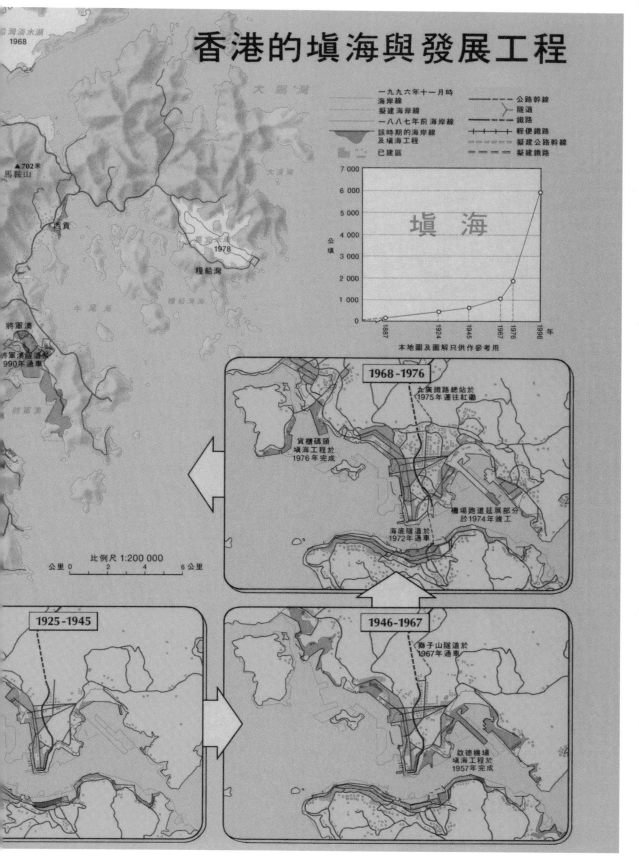

香港的塡海與發展工程

前 言

本书的缘起

香港作为中国领土的一部分，从 1841 年到 1997 年经历了 150 年的英国殖民统治。港英政府在各种压力下的管制，加上香港各阶层人民的奋斗努力，创造了 20 世纪后期有活力的城邦城市（city-state）。这个城市有自己独特的社会制度、政经模式、价值观念和生活方式。从 1841 年到第二次世界大战结束的一百年间，香港形成了市区的格局和基础设施。战后的 50 年见证了香港从一个中转贸易港到国际金融和服务中心的转变，城市建筑由萌芽走向成熟。1978 年中国大陆改革开放后，香港成了内地搞活经济的榜样，市中心形成了今日所见的形象，而香港的投资和专业经验直接贡献于中国内地。1997 年后，香港的主权回归中国，香港成为中国的一部分，实行"一国两制"，将其有益经验传播于中国其他省市。

1950 到 1960 年代，香港忙于应付涌来的难民潮，草创本地的工业。1970 到 1990 年代，亚洲"四小龙"（香港、台湾、韩国和新加坡）崛起，其蓬勃的建筑业是经济繁荣的实在表征。战后 50 年香港的城市是产业发展、人口增长和地理因素结合的产物，香港的城市建筑是本地社会、经济、技术的合力，是外地和本地的业主、规划师、建筑师和建设者共同努力的结果。香港弹丸之地，就建设用地和人口压力而言，其客观条件远逊于中国内地。但战后香港的发展，既未重蹈英国和其他殖民地的旧路，又和中国内地的发展迥异。香港的建筑崇尚经济实用，不受政治思潮影响。西方现代主义的原则，在香港得到充分的发挥，因此形成独立、独特的城市系统和建筑环境。香港的建筑和城市开发，无论从学术还是实际层面，都值得深入探究。

香港开埠于 19 世纪。许多战前甚或 1950 年代的建筑，在 1970 年代经济起飞之际被拆除了。战后的重建和拓展，主要依循现代主义的经济、实用原则，和西方 1950 年代的现代主义潮流一致。在 21 世纪的发展浪潮和不断推高的房屋及土地需求的压力下，现存的战前建筑极少，许多上世纪五六十年代的建筑正在消失，硕果仅存的建筑则面临被推倒的威胁。重建更高密度的建筑，在市场和土地经济的推动下，有着巨大的诱惑力，而现有法律对近 50 年来当代建筑的保护，几乎束手无策。这些情形，使笔者感到对香港 1950 年代以来的建筑进行整理和研究的紧迫感。而下列一些萦绕心头的问题，进一步促成了本书的形成：

- 殖民地最后 50 年及回归以来，香港建筑的面貌是怎样的？
- 哪些是这段时期的里程碑开发／建筑？突出的人物和公司有哪些？
- 重要建筑是如何设计和建造的？背后又有怎样的故事？
- 香港建筑的发展，有哪些主要线索？欧美的现代主义如何影响到香港？
- 香港建筑为何呈现这样的面貌？又如何容纳港城的多样性生活？
- 香港建筑如何贡献于中国、亚洲和世界？

关于香港城市规划和建造的书籍文章已有许多（详见下文介绍），但关于战后香港建筑的系统整理和有份量的著作，尤其是英文作品，尚未出现。笔者在中国当代建筑研究的领域（少量也涉及香港）已经发表了几本中英文专著和数十篇文章及书之章节，希望将研究扩展到包括香港在内的大中华地区，使得中国大陆和香港在同一时期的建筑可以进行比对、分类和借鉴。通过回答以上提出的问题，期望建立战后香港建筑研究的框架，为这一城市的建筑历史研究作出贡献。继往开来，为中国现代和当代建筑研究增添新鲜的材料和话题。香港建筑的研究，在实际的层面，可以为香港的建筑设计和开发实践做出归纳和总结，便于建筑师、发展商、政府、学者和公众参考。香港建筑在高密度开发、设计、管理和建筑开发控制等方面作了许多有益的探索。这些问题，可望为中国各地城市的建筑实践和政府管理，提供实用的参考和借鉴。

关于香港建筑的已有研究

香港建筑的研究，将围绕着几个论题展开。篇幅所限，以下只对每一论题的典型作品进行简述。

英国殖民地和香港历史

关于香港历史的书籍约有几十种，分别涵盖通史和某一方面的演变。英国海外殖民地数量在 19 世纪达到高潮，罗伯特·霍姆（Robert Home）所著《垦殖和规划：创建英国殖民地城市》（1997）涵盖了英国殖民地城市设计的内容。吴德荣（Tak-Wing Ngo）所著《香港历史：殖民统治下的国家和社会》（1999）则提供了香港殖民地发展的历史图景。与此类似的还有约翰·卡罗尔（John M. Carroll）在 2007 年、弗兰克·韦尔什（Frank Welsh）在 2010 年、王赓武在 1997 年出版的著作，韦尔什探索了香港从海盗时代到战后的发展，而王赓武主编的《香港史新编》则涉及考古、社会、政策、城市开发和经济、教育、宗教、习俗等等。程美宝（Ching May Bo）和科大卫（David Faure）在 2003 年的著作研究了香港的社会构成，社会演变的内部和外部因素，以及香港的文化特征。李彭广的《管治香港》（2012）揭开了殖民地后期的港英政府政策考虑。科大卫的著作（2003）剖析了 1960 年代以后香港政府的去殖民化和不再依靠伦敦的过程。阿巴斯（Acbar Abbas，1997）研究在资本主义制度下文化和建筑会产生的结果，他对香港建筑的批判，与本雅明（Walter Benjamin）、哈维（David Harvey）等学者的城市论述一脉相承。

一些著作以个人经验汇集成战后香港社会珍贵记录的第一手数据，如前代港督钟逸杰所著回忆录《石点头》（2004），白莎莉（Sally Blyth）、胡德品（Ian Wotherspoon）所著 30 余人的口述历史《说吧，香港》（1996）及吕大乐的著作（2012）。《说吧，香港》以每 10 年为一个主题，生动地记述了各阶层人士和社会的关系。一些研究则关注香港某一地区的发展，如格雷格·吉拉德（Greg Girard）和伊恩·兰伯特（Ian Lambot）在清拆前探索九龙寨城现状的图文（1993），李浩然（Lee Ho Yin）和狄丽玲（Lynne D. DiStefano）对新界村庄的研究（2002），以及赵雨乐、钟宝贤对九龙城区的研究（2001）。而对各阶段人口、房屋等的数据统计，则记录在自 1946 年起历年出版的香港年报中。

香港城市和规划制度研究

香港城市研究主要是沿着城市地理、地产、填海、土地用途、市政建设、行政政策和城市规划等方面展开的。例如，薛凤旋在《香港发展地图集》（2001 年初版，2010 年再版）中，以统计和图表展现了 150 年来土地、经济、城市、小区和环境的变化状况。亚历山大·霍姆斯（Alexander Holmes）和琼·沃勒（Joan Waller）的书《香港：城市发展》（*Hong Kong: Growth of the City*, 2008），与世界上一些重要城市作对比，来显示香港城市的历史发展。冯邦彦所著《香港地产业百年》（2001），总结了香港 20 世纪地产发展的各个阶段，及地产和经济的起伏关系。何佩然从经济史的角度，撰写了关于港口、土地、基础建设和建筑施工等的专著（2004，2008，2011）。罗杰·布里斯托（Roger Bristow）的两本书（1984，1989）回述香港的规划历史和新市镇的开发，展示了政府和私人公司配合在服务公众方面的作用。卡斯泰尔等（Castell，Goh & Kwok，1991）的研究，揭示了香港和新加坡政府提供的"社会集体消费"，使公屋建设福利开支与经济建设产生良好互动，为老百姓减轻实际负担，从而帮助了香港的工业和经济发展。

郑宝鸿的著作（2000）从收藏家的角度出发，以旧照片汇编香港和九龙的街道。李森（Roger Nissim）的书（1998）解释了土地管理的历史发展和当前实践。香港政府《香港规划标准和准则》是决定各种土地用途、设施、规模的指引。卢惠明、陈立天所著《香港城市规划导论》（1998），以简明通俗的方法介绍了香港城市规划的问题。黎伟聪（Lawrence W. C. Lai）独著和合著的一系列书籍（1997，2000，2004），着重于规划程序、经济和土地问题。姚松炎则以土地控制、房屋改建问题做成 E- 博物馆的网页，提供大量城市开发的新个案和讨论（2009—2015）。香港城市大学建筑科技学部撰写的书籍，广泛简要地涵盖香港规划建筑业的各个方面，对一般建筑业人士起到入门导读的作用（2003，2011）。

香港建筑

关于香港建筑的书籍文章多为中文出版物。龙炳颐所著《香港古今建筑》（1991）勾画了香港 150 年来的主要阶段和建造物，奠定了这一主题的框架。彭华亮主编的《香港建筑》（1990）收集了建筑师和学者的文章，论述历史、规划、新市镇、公共屋邨、私人住宅、商场等建筑类型。在现有关于香港战后建筑历史的书中，此书的学术性最强，作者都是各个专题的专家、香港活跃建筑师和学者。龙和彭书所述资料到 1990 年为止。张在元和刘少瑜的著作（1998）分析了 19 世纪末 20 世纪初的港口，特别是香港和上海、横滨的比较。2005 年，香港建筑师学会编撰了《空间之旅：香港建筑百年》，各位建筑师介绍了公共建筑、公屋、唐楼、戏台、商场、茶餐厅等建筑类型，读者对象为社会公众。在此基础上，同批作者出版了两本读物，一为《热恋建筑——与拾伍资深香港建筑师对话》，另一为《建闻筑迹——香港第一代华人建筑师的故事》。这些书籍都生动地记述了著名建筑师 1950 至 1970 年代在香港的业绩，也显示了作者对于本土生活习惯和建筑的兴趣。

顾大庆的著作（2011）则研究了香港中文大学崇基学院在 1950 至 1960 年代的建校过程，突出范文照、司徒惠等前辈在艰苦条件下对现代主义建筑的发扬。《建闻筑迹》和顾大庆的书，涉及或包含了王浩娱的博士论文内容。王的论文（2008）研究了中国大陆一批建筑师 1949 年后来到香港的发展，补充了中国近代建筑史的后续材料。另外一些书籍，以普及和社会的角度关照建筑，例如方元的《一楼两制》、胡恩威的《香港风格》和建筑游人的《筑觉》，皆写得饶有趣味。

英文书籍中有部分论述到香港建筑，例如托尼·沃克（Tony Walker）和史蒂芬·罗林森（Stephen Rowlinson）为香港建造业商会写的专书（1990），描绘了 70 年来建造业的成就。巴里·谢尔顿（Barrie Shelton）、贾斯蒂那·卡拉奇威茨（Justyna Karakiewicz）和关道文（Thomas Kvan）2010 年的著作研究了香港土地及地理限制下的高密度问题，和由此激发出的高密度设计。钟华楠（W.N. Chung，1990 & 2000）和兰佩纳尼（Lampugnani，1993）追溯了香港建筑的特殊问题并刊登建筑实例及方法，这与彭华亮（1990）的写法类似。有些作者，专注于香港高密度环境下产生的特殊设计趣味，如克莱斯特（E. Christ）和甘腾宾（C. Gantenbein）所著《香港建筑类型研究》（*An Architectural Research on Hong Kong Building Types*），以及亚当·弗兰姆普敦（Adam Frampton）、乔纳森·所罗门（Jonathan Solomon）和克拉拉·王（Clara Wong）所著《无底的城市》（*Cities without Ground - A Hong Kong Guidebook*, 2012）。在《无底的城市》一书中，作者以加工过的轴测图展示了大量香港城市设计的实况。张为平所著《隐形逻辑》（*Invisible Logic*），以图式、照片和简要文字，介绍高密度环境下的建筑和室内设计手法。这些都是建筑师从设计角度对这个高密度城市的观察。而在关于高密度、亚洲城市、巨构建筑的各种会议和文集里，香港作为一个实例高频率地出现，如在吴恩融（Edward Ng）的著作（2010），以及迈克·詹克斯（Mike Jenks）和尼克拉·登普西（Nicola Dempsey）的著作（2005）里。

香港大学编的测绘图集（1998）分别刊载了中式和西式的传统建筑。其他谈及香港的建筑书多是以相片集和咖啡桌书的形式，由一些旅游掌故类出版商出版，如 FormAsia。对于香港主要的建筑类型，如公共屋邨方面的研究，香港房屋署通过委托或者自行出版了一些相关的书籍（Yeung and Wong, 2003）。此外，建筑署还出版了公共建筑作品的图集（2006）。原九广铁路和香港地铁都结合自身的运营范围进行城市设计和经济研究，成果一般以研究报告的形式发表（Tang et al., 2004）。上述书籍和文章的详细资料请参见本书的参考文献。

中国内地对香港城市建筑的研究，散见于杂志。如 1997 年北京《建筑师》丛刊和《世界建筑》杂志的香港建筑专辑，《建筑学报》《城市规划汇刊》《新建筑》上偶见的文章（也包括笔者的文章）。但建筑杂志上的零散文章，流于对一些并非典型的孤例之分析、介绍和赞叹。香港出版的建造和设计类月刊或会刊，频繁并及时地刊登本地进行的大型工程，但较少文字分析。包括《建筑与都市》、*Building Journal, Vision, Pace, Space, Hinge, Perspective, Hong Kong Institute of Architects Journal, Asian Architects and Contractors* 在内的杂志为本研究提供了充分的资料。

综上所述，在香港历史、社会、地理、城市、建造方面，已经有了大量的深度研究和出版物，而关于战后香港的建筑学及建筑设计，则缺少有分量的研究，1980 年后香港建筑的发展线索研究几近空白，英语文献尤其欠缺。这段历史，或历史中的某一段，对许多规划建筑人士而言，都已熟稔于心，但并未见到完整记述和总结文字的出现。作者希望通过此一研究和重新整理，填补这项空白。

本书的关注和方法

本书考察香港建筑，其参照系是两岸四地和同时期世界建筑的趋势。笔者阅读了上述的大部分书籍和资料，并且在 20 年的香港生活中，追寻重点建筑、参与一些工程项目和社会事件，并与许多建筑师共事和活动。在具体的接触和宏观的反思中，逐步体会着香港建筑的意义，并形成对香港建筑的观感。

写建筑的书，一般以作品为主；写城市建筑的书，如纽约和芝加哥，也多以图画为胜。笔者原来只是想聚焦在建筑设计和形式演变方面，但越深入半个世纪前的史实，越能体会1950 年代及其后香港城市拓展的脉动，以及其和建筑设计的紧密关系。建筑师的创造力和形式的演变，则是可见的结果。在城市建筑形式里面，蕴含着行政者的指令、社会的愿望和各种合力下的最后妥协折衷。香港的个别建筑，值得专书；但一般的建筑，只是为这个高密度的城市机器运转服务，尽可能多地为业主和用者开辟使用空间，并没有眩目的形象和突出的质量。香港建筑的意义，在于从最后的殖民地向（亚洲）国际都市的转变，以及在这个转变过程中建筑的生产和运行。这是笔者的认识和本书的出发点，书中也将结合文字和图片来说明这一进程。附录中的"香港建筑大事年表"则补充了香港建设 70 年来的重要事件，使作者不必在章节里面面俱到。

香港从战后重建开始了新的历程，这是本书叙述的起点。1946 年至 1970 年间，社会忙于应付各种突起的事件和灾难。文化方面，1950 年代的香港还沉浸在"上海化"之中。[1]社会经济在 1970 年后出现了明显的新面貌。中国大陆由乱而治，香港社会逐渐趋于稳定，经济开始起飞。如果要做更精确的划分，则可以 1971 年港督麦理浩就职为界。以两段论来看，前后都是二十八年，差不多对半：1946 年至 1970 年可以视为是战后重建、安抚难民阶段；1971 年至 1997 年则是经济腾飞、走向国际的阶段。这两段的建筑发展，类型和设计手法各有其侧重，相应呈现出的面貌也不相同。1997 年以来，社会经济持续发展，理性规划及文物保护受到社会的广泛关注，环境保护呼声高涨，公众参与到一些重大工程的决策中，而香港和内地的专业合作互动也更为紧密频繁。

相应以上所谈的三个历史阶段，城市建设和建筑面貌有明显的特征。因此，本书也就顺理成章分为三个部分：战后到 1970 年，1971 年至 1997 年，和 1997 年以来的建筑。本书以时间进程为纵轴编排章节，各章节就某个时期的重点问题展开讨论。第 1 至 4 章的题材，主要围绕前一阶段的战后重建。公共屋邨和公共建筑都写到了 21 世纪，但它们的起因和推动力还是从 1950 年代开始，而且其中蕴含的经济实用的精神一直延续到现在。由于战后的经济困难和国际上的制约，香港从泥潭中挣扎而起，主要依靠政府在基础建设、公共房屋和公共建筑方面的大力投入，虽然政府文件中少用"现代化"这个词，但对科学、理性、效率、卫生和现代文明的追求，是十分明显的。因此这一部分的主题，是政府牵头的现代化。现代主义建筑倡导的方法和美学特征，和这一时期香港的经济基础一拍即合。在大规模的公屋生产中，公费问责，避免不必要的浪费。结构树立起遮蔽空间，同时也划定了建筑的用途并成为设计的语言，没有多余的装饰。相比于之前和同时期的其他建筑，这类干净利索的建筑在社会上受到好评并一度成为风气。

第 6 至 9 章的内容沾上了后一阶段的色彩，包括经济起飞、全球化在香港建筑上的烙印，教育扩张后校园建筑处理山地的技巧以及高密度城市环境。第 5 章写建筑条例对设计和实践的影响，它是香港（私人开发）建筑恒久的推动或制约力量，跨越了各个时期，在土地愈发紧张的最近几十年，法规起到了平衡私人和公众利益的作用。整个第二部分突显了香港土地、地理、人口对建筑设计的制约和由此引发的独特创作。经济起飞使社会上财富增加，工业社会转变成后工业的消费社会，私人开发渐渐地集中于少数大开发商。在原本"清教徒"式的建筑上，有了较多的装饰。

第 10 和 11 章写 1997 年以来香港建筑的发展趋势和社会大众对城市及公共建筑的参与。这种发展和整个世界追求保护、对快速现代化反思、节约能源消耗的趋势一致，是永续发展精神在香港建筑的体现。这样的三段三篇将香港建筑活动归纳到一个分类框架，便于实例的合理排放。香港建筑实例很多，本书只是选取有代表性的人物、事件和建筑，不求面面俱到。在结构和写法上，各篇以时间为轴，各章以该段时间内的主题串连。内容铺陈宽泛，希望能够比较全方位地记录香港 70 年来的建筑发展。

香港建筑的特点之一，是由殖民地到全球化转化过程中的烙印。殖民地的动因是发达国家对不发达国家的侵略和掠夺，但殖民的过程，也是该地区现代化和文明化的过程，殖民城市是全球化城市的先行者。[2] 20 世纪以来，亚非拉的殖民地纷纷独立。这些殖民地是在西方文化和本土文化互渗和浇灌下生长出的奇葩，是早期"全球化"的一种表现。在全球化浪潮拍岸后，这些前殖民地又迅速成为全球化城市网中的重要一环，在世界经济中起到作用。新加坡、吉隆坡、台北和（半殖民地）上海如是，香港也如是。这种印记可能并未直接打在某幢建筑物上，却在各阶段的连续发展中得以体现。这在本书第 1、3、6、10 章中有所反映。

　　香港建筑的特点之二，是土地紧缺条件下催生出的高密度环境和处理手法。土地资源从来就是紧缺的，1948 年阿伯克龙比爵士制定香港规划的时候，就惊呼"世界上最高的密度"，以每平方英里或平方公里来计算人口，并不能完全说明今天的问题。以香港700 万居民计，每年 5 000 万的流动人口是常驻人口的六至八倍。[3] 轨道站之上和周边巨型架构形成"铁路村庄"，半数香港居民在铁路站附近生活和工作。高密度、山地斜坡环境加上紧凑的公共交通设施，直接造就了许多特殊的建筑处理和环境效果，惊鸿一瞥，在路的上下左右，有意想不到的空间存在和运行，人民的智慧令人惊喜。高密度巨构建筑在1980 年代地铁通车后已经初露端倪，到 21 世纪有了升级换代般的发展。这在本书第 2、5、7、9 章中有所反映。

　　香港建筑的特点之三，是不谈"主义"的实用性。殖民地时期，从官员到平民，都怀着过客心态，高效率获得利润。土地狭窄，生活节奏快速。在困难的客观条件下，实用精神奉为原则，实用性体现在功能布局尽量合理，在不违反建筑条例的前提下容纳更多的使用和可售面积。从中体现的机器般的建筑处理手法，都是以实用和商业价值为依归。实用也是工业和科学的精神之一，本书第 4、5、8、9、10 章中的内容和实例，多是实用精神的产物。

　　和中国内地的建筑相比，香港建筑比较注重施工质量和运营时的保养，建筑设计公司有相当一部分工作是管理施工进程。而房屋管理公司也是一个兴旺的行业。香港少有纯从"艺术"出发的房屋，许多建筑并无特别炫目的形象，却实实在在地解决了使用的问题，如地铁车站，许多站屋已经用了三十几年，墙面装饰都未动过，却依然干净整洁。我国内地 1980 年代造的职工住宅楼，如今多已成为残破旧楼；而香港在同时期开发的私人楼宇，很多屋邨至今仍被认为是"豪宅"。 因此，施工和管理的持续性可以视为香港建筑的第四个特点。本书第 3、4、6 至 9 章的实例，一般都反映出这一特点。

　　一幢屹立的建筑物，是无数人劳动、千百张图纸、许多机械和材料合作合力的结果。工程规模愈大，愈显现集体合作的力量。但毋庸讳言，个别建筑师在某些建筑物或类别的诞生过程中还是起着主导作用。香港战后的公营房屋、公共建筑，多是当时工务署内政府建筑师设计或监造。1950 年代工务署内的建筑师，多来自英国或英联邦；华人建筑师，也主要是在英美澳洲受教育和训练。他们年轻有为，满腔抱负。通过公共建筑，政府和社会实现理想，建筑师则实现其抱负。第二股力量是来自中国内地（主要是上海）的建筑师，来港前已经积累了三十余年的实践经验。他们共同创造了战后香港建筑的面貌。第三股力量是本土的大型公司，如 P＆T，L＆O，S＆R.，而 1980 年后的国际建筑师则在商业总部大楼上创造地标。本土建筑师的成就在 1970 年代后逐渐彰显。本书的第 3、4、6、8和 11 章介绍了这些起主导作用的建筑师。

　　建筑是生活的容器，每个年代有其自己的建筑。在穿旗袍、摆渡船的年代，唐楼和第一代公共屋邨容纳着那样的生活；电子和信息的时代，则要有更为精密、复杂和灵活的建筑空间来容纳人们的生活和精神需要。本书的图文，除了显示那个时代的房子外，也希望部分再现当时人们的生活场景和节奏。

　　从 1946 年到 1997 年，香港走过殖民时期的最后 50 年。然而，全球化的浪潮方兴未艾，全球化的建筑在香港才刚刚开始。本书的时间终点放在最近，各类别的建筑物都有 21 世纪的实例和前半世纪的房屋放在一起，时间跨度长，内容也丰富。在香港这片"借来的土地"和这段"借来的时间"里，来自各国各地的人们，将有益的经验在狭窄的土地上实验，由仓惶而渐入佳境，由水土不服到如鱼得水，由荒漠岛屿到繁华都市——这是融入现代和文明的过程。香港的高密度发展，在特区仅有的 1/4 建成地域上，在山和海之间，形成新的人造簇群，也改变了原有的山海景观，这是本书主题"营山造海"的由来。一个写作者需要在特定的时间、平台上对研究主题进行观察和探究，本书的范围和内容是笔者 25 年来对香港建筑观察、体验和思考的结果。

　　1950 年代以来，大中华的各个部分分而治之。中国大陆走社会主义道路，1978 年开始改革开放。大陆的建筑设计主要是在设计院的体制下，为国计民生提供服务，大城市的官方建筑受意识形态影响，布扎（Beaux-Art）的设计方法受到青睐。台湾在战后的建设部分受到美国的熏陶，建筑师来自本土或是从海外留学归来。戒严时期官方建筑受到意识形态管辖，和大陆略有相似。解严后，台湾建筑在现代主义的园地里开花发芽。澳门的主要建设，起步于 1980 年代填海之后，葡萄牙建筑师为此做出积极贡献。相比于大中华的其他地区，香港的建筑师少受意识形态的桎梏，最先完全拥抱现代主义建筑精神，主要体现在 1950 年至 1960 年的一系列作品中，其当时的设计水平和提倡的美学标准远远领先于大中华的其他地区，可以和世界上其他地方比肩对话。积蓄着这样的动能，1980 年后，香港建筑师之所以能在中国大陆长驱直入，是以其坚实的设计和工程管理能力为后盾的。笔者在本书中的叙述揭示了这种动能的形成。希望本书能为大中华建筑的多元分支和源流整合，提供新鲜的视野和材料。

注释

1　李欧梵:《香港，作为上海的"她者"》,《读书》杂志，1998 年第 12 期。上海来的建筑师在此时期的活跃，也部分说明了这点。

2　殖民地推动现代化的观点，请参考 Duanfang Lu (ed.), *Third World Modernism: architecture, development and identity*, New York: Routledge, 2011. 关于殖民城市是全球化城市先驱的论述，见 Anthony D. King, *Spaces of Global Cultures: architecture urbanism identity*, London and New York: Routledge, 2004.

3　1950 年以来的香港政府十分重视旅游业在经济中的作用，香港游客与本地居民人数之比逐年增加，2010 年后更甚。历年《香港年报》反映了这一点。

(I)

第一篇

政府牵头的现代化

Part I

Government
Led
Modernity

1945 年二战结束之后，香港社会和经济处于恢复时期，大量涌入的难民和资金、技术带来了危难和机会。政府投资的基本建设、公共屋邨和少量的政府建筑，是这一时期建设的主体。私人投资的房地产规模虽小，却十分活跃。无论是大的设计公司，还是当时的主要设计力量，都直接承接了上海来的人才和技术。

第 1 章

战后复兴 重拾秩序

收拾残局

1945 年 8 月 15 日，日本投降。经过三年零八个月艰苦卓绝的奋斗，中国人民在盟军的帮助下，终于重获光明。英国舰艇重新进入香港水域，军政府暂时管理香港。日本进犯香港时期，港英政府总督杨慕琦被掳走，关押于香港、台湾和沈阳。1946 年 5 月 1 日，杨慕琦复任香港总督。此时的香港，满目疮痍，百业待兴。

战后城市房屋尽毁。日本人城市管理不善，将房屋肆意拆毁，将金属件运回日本铸枪造炮；1945 年光复前，又遭盟军猛烈轰炸，20% 中国居民居住的唐楼，要么被摧毁要么严重受损，10% 的房子已经完全破坏。16 万华人唐楼的居所和 70% 的（半山）欧式住房损毁，共计 20 636 栋。除了中环德辅道、皇后大道等地较为热闹外，半山、铜锣湾经炮火轰击，破烂不堪；湾仔骆克道、半山的西摩道、罗便臣道，九龙区的吴淞街、上海街等地，层层楼空，千疮百孔。工厂停产，外贸停顿，市场萧条，公用交通象征性地维持着，市内垃圾堆积如山，粮食、副食品和燃料奇缺。和市区相比，新界的乡村因偏远和分散，幸免于难。[1]

只有重建或者大修才能弥补损失，但修建的材料匮乏和劳力费用高昂，比 10 年前贵了一倍，到了 1952 年，重修房屋的费用比战前贵了六倍，费用过高使得业主却步。[2] 本地仅有的一所大学，香港大学，在战时损毁严重；许多中小学校建筑也遭受了同样的命运。工业建筑稍微好些。一些劳动力回到了港口——香港要复兴，首先要靠转口贸易。当香港挣扎求存之时，国共内战正激烈。南京国民政府的金元券一落千丈，香港此时还要接济危难中的国民政府。[3]

在困难的情况下，房屋即使残破，还得勉强使用。香港战前人口曾经达到 160 万，在日据时期，许多人逃回家乡或被日军遣返中国内地，人口下跌到 60 万。战后，每月涌入的人口达到 10 万，到了 1946 年年底，人口重返 160 万。1946 年的《香港年报》称城市"严重拥挤","许多新来者对城市生活毫无所知,忽视卫生规条。成千上万的人们,在破损的房屋里寻找居所,没有卫生设备,从污染的井里取水"。而大批外籍人士及其家属返回香港工作,仅有的几家酒店统统爆满。[4]

房屋稀少,求之者众,这给行政管理带来巨大压力。不仅是砖瓦水泥要重砌,房屋经济更要梳理,特别是业主和租户的关系。1938 年,日军侵华导致大量人口涌来香港,当时香港通过了《防止驱赶条例》,使租户可以避免过量加租和被房东驱赶。1946 年 5 月,由廖亚孖打(Leo D'Almada, Q.C.)担任主席的一个委员会汇报了针对业主和租户的调查,"只有大规模的建设才能医治本地严重的房屋短缺,目前材料和工资高涨,限制租金只会打击这些业主的投资意欲,不可避免地拖延目前的严重形势。"1955 年,条例修订,当业主准备重建时,不必向租客过量赔偿。这项措施刺激了业主重建和投资新建筑的信心。商人霍英东在此时以 460 万港元创立了霍兴业堂置业公司,首创预售楼花、分期付款的方法,刺激了民众购买自己的物业。[5](图 1.1,图 1.2)

图 1.1 / 中环石板街,1946 年。

图 1.2 / 德籍摄影家赫达·莫里森(Hedda Morrison)眼中的香港,1946 年拍摄。**a** / 战后,香港银行和最高法院依然屹立;**b** / 商贸与运输;**c** / 港岛的华人民居

a

b

c

大师规划

经过第二次世界大战后，英国政府制定了《1945 年殖民地发展和福利条例》（*Colonial Development and Welfare Act of 1945*），根据此一条例，英国政府向各殖民地拨款 100 万英镑，香港获得 50 万镑，以支持订立十年综合发展和福利计划。这些计划包括在坚尼地城建造渔业批发市场、在香港仔填海造码头、买柴油机实现渔船机械化等。而制定香港十年城镇规划也是其中一项。[6] 为此，港英政府邀请英国著名规划师阿伯克龙比爵士（Sir Leslie Patrick Abercrombie，1879—1957）来港制定规划。在此之前，阿伯克龙比在英国的规划领域已经纵横了 30 余年。他曾经主持了伦敦县规划（1943）、大伦敦规划（1944）和英国其他 20 多个郡市的规划，如普利茅斯、巴斯、爱丁堡、赫尔（Hull）、保纳茅斯（Bournemouth）等；他是英国著名学术期刊《城镇规划综论》（*Town Planning Review*）的创刊编辑，利物浦大学和伦敦大学学院的教授；1946 年他从伦敦大学退休后，做过马耳他、塞浦路斯、卡拉奇和澳大利亚的规划顾问工作；1947 年出任世界建筑师协会（International Union of Architects）的首任主席。规划界普遍认为他是 20 世纪最有影响的城市规划家。[7]

阿伯克龙比于 1947 年 11 月 2 日到 12 月 6 日，访港 37 天，期间参观各处并与官员和各界座谈。1948 年 9 月，他给香港政府寄来一式三份《香港规划的初步报告》（*The Hong Kong Preliminary Planning Report*）。在这份包含 108 项条款的报告中，他吸取了战前的一些规划主张，如两位欧文先生（David. J. Owen 和 W. H. Owen）关于港口城市和大众住宅的报告，并以自己的规划理论、方法和观察加以改进。[8]

这份报告分为三个部分。第一部分定义时间框架，经济的作用和发展的限制等；第二部分提出各种研究和建议，如维多利亚港，人口规模和组团，住房密度和分布，商店和工厂，工业地点和分区，香港到九龙的隧道，铁路，撤出军事设施，中央地区，开放空间，新界，旅游业和附属设施；第三部分讨论如何在政府内建立规划办公室和制定规划法律，来实施这些推荐措施。

阿伯克龙比在大伦敦和其他城市的规划中，提倡花园城市、卫星城镇和有机疏散，他期望这些观念在香港的规划中也有所体现。他希望这份报告能够兼顾短期和长期的政策（例如一些私人企业的操作，可能会包含进规划期内），并认为"香港的主要功能是集散转口港"。他觉得这份报告不是一个极为细致的"城镇规划的方案"最终版，而是一个"发展"的规划，允许在需要和技术条件变化时不断修改。[9]

该报告认为香港面对两项困难，一是土地稀缺，二是毫无限制的移民。他建议在九龙的郊外和新界建立新镇，将土地划分工业和住宅用途，从市中心移走军事设施。观塘和长沙湾被指定为工业用地。九龙和港岛居住着百万人口，之间一水相隔，报告以七个条款来讨论建立水下隧道。

阿伯克龙比指出："和世界上其他规模相当的城市相比，香港最缺少的是公共建筑，没有市政厅、市民会堂、美术馆、博物馆、公共图书馆、剧场和歌剧院。"（第81条）（图1.3）

阿伯克龙比观察到，"就大范围来说，人口密度是世界上最高的，人们已经习惯了这样的密度。"阿伯克龙比的报告完成时，解放军的战线摧枯拉朽，正在逐步南推，大批难民涌入香港。香港人口从1945年二次大战结束时的60万，迅速膨胀到1949年的300万，每平方英里内的人口达到5万，处于当时的世界高位水平。阿伯克龙比的报告被仔细审议，1950年代初在政府中得到共识。[10]可此时除了难民不断涌入外，韩战的爆发又引发了香港进一步的经济危机。这份报告只好被束之高阁。1957年的政府年报提到这份报告，"（阿氏的）这些提议都是大举动和耗资的措施，如果香港在战后的灾难世界里，能有两三年平静岁月，实现这些措施还是有可能的。但是阿伯克龙比报告订立的目标，我们未敢忘记，大方向也依然清晰。"1953年1月1日，工务署土地测量办公室下设城市规划分部，而规划署直到1990年才成立。

阿伯克龙比的建议虽然没有立刻实施，却影响了以后的规划和城市规划部门的思路，许多行政建议和立法内容都跟随了阿氏的建议。[11]例如关于填海问题，他写道，"大规模填海在醉酒湾、荃湾是可能的，但在港岛，填海的规模就要小。例如在坚尼地城、油麻地码头到美利路的海湾……北角以东……海军码头到铜锣湾……筲

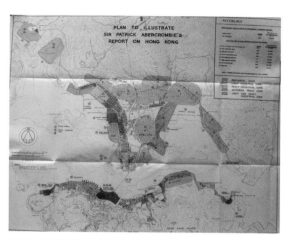

图1.3 / 阿伯克龙比规划报告中的分区，1948年。

箕湾。"[12]1952年进行了观塘的填海；随后，1957年在北角，1967在油塘（九龙东）和九龙湾，1983年在长沙湾、醉酒湾、荃湾，1989年在红磡进行了填海工程，一直延续到2002年。1996年以来关于维多利亚港填海的争论，也部分证实了50年前阿氏的预言。阿氏关于分散中心和重组人口的想法，在1970年代后的新市镇规划中得到体现。1972年，阿氏报告24年后，第一条海底隧道在红磡和铜锣湾之间建成通车。

1950年代香港的转型

1951年，因为难民不断涌入，政府划出一些临时房屋区，港九新界到处布满棚户区，最多的是在九龙的西北面，维港两岸，山脚下，空地上，到处都是违章搭建，满谷满坑。同时，私人建屋也达到高峰，1950年房屋投资创历史纪录，

共计一亿一千四百万港币。韩战期间，联合国对中国大陆实行物资禁运，香港的经济也暂时受挫，三年间私人房屋投资下降。

自从 19 世纪中叶港府开拍土地以来，香港对土地一直十分饥渴，土地价格一再上升。1954 年时港岛的土地价格，比 1947 年已经上涨了 10 倍。在 1951 年立法会上，港督葛量洪提出了在五年内将承担的公共工程项目，价值达一亿港币。他说，政府建议专门抽出 1 500 万港币，建 2 500 个住屋单位（平均每个单位的造价为 6 000 港币），可为 12 500 人提供居所。他又要求政府殖民地发展和福利署支付土地平整的费用。同时，香港房屋协会也在试行两个实验性低造价住房项目。

正当香港面对战后的一副烂摊子时，中国内地的政治形势骤变。大批上海的商人举家南下香港，投资各种生产领域，如纺织、搪瓷、铝业、橡胶、塑料等工业。香港对人口出入不加限制，实行自由经济贸易政策，推动了资金的涌入。由于这批人员和资金的到来，房屋需求大增。1947 年时，香港工厂不及 800 家，工人数目五万人；到了 1957 年，工厂已剧增到 3 370 家，工人数目增至 15 万。[13]

维港两岸，微型的摩天楼已经出现，从三至四层的唐楼中向上穿出。那种旧式带门廊的、高天花、有着许多柱子、风扇和宽大"殖民地式"外廊的房子，一下子显得落伍。商业和住宅建筑的新趋势，是功能性的方盒，有采光通风，六至十层高，最大程度地利用基地。1957 年时，房屋的平均高度达到七层。城市里，旧的办公楼系

统地拆除，让位给新的高楼，在同样土地面积内，可以容纳更多的使用者。在城郊和山顶，原来别墅的位置，正在造公寓，原来的草地和花园，现在用来做车库。（图 1.4）

影响香港新建筑的因素，首先是土地匮乏。可供发展住宅、商业和工业，无需大动干戈作场地平整的土地，当时的殖民地内只有 11 平方英里。一些有潜在可能性的土地，要么是满铺贫民搭建的棚屋，要么是受制于业主和租客条例而不能触碰当前租户。由于建设基地昂贵，造多层楼房成为当然的选择，建筑设计上的原因之外，更主要的是经济上必须如此。无论是政府或私人投资，都无例外。一方面发展商不顾质量，谋取短期利益，搵快钱；另一方面房屋无论质量好坏，都被一抢而空，售价租金皆高，市场需求殷切。（图 1.5）

对土地的另一需求，来自本地的工业。涌入香港的资本和劳力，像是带来一场工业革命。但主要的生产要素——土地，是短缺的。工业革命的第一波发生在九龙，特别是旺角、马头围区。许多工厂，尤其是纺织厂，向西面和荃湾发展，那一带迅速成为工业市镇。其中又以纺织业发展最快，接着是生产搪瓷、胶鞋和塑料产品的行业。鉴于此，政府于 1955 年兴建了观塘工业区。初始时期，观塘偏远，交通不便，缺少生活配套设施，没有多少厂家愿做开荒牛。

大型商厦和银行开始向多层建筑发展，在一些地方，战后也出现了高质量的建筑和时髦的宿舍地区，如在扯旗山顶、赤柱村、浅水湾、内陆

图 1.4 / 经过几年的恢复，香港城市逐渐重现繁荣，战前的旧建筑和战后的新建筑都在为城市的新生活服务。右图为英国画家劳伦斯·莱特（Lawrence Wright, 1906—1983）绘制的香港楼景，下铺上居。

图 1.5 / 1950 年代市中心的小型建筑为施工承包商开发。

的大埔路。一些原本不适宜建屋的地块，也纳入用途，使得平整斜坡土地的费用大增。例如有的地方，路高过房屋的基地，入口就开在四楼的顶上，进门后往下走。此时，香港的建设速度冠绝亚洲。葛量洪训练学院的多层建筑 1951 年开工，当年就完工，这在施工上是有所突破的。

香港以前靠贸易港起家，到了 1950 年代，政府计划将本地发展成工业中心。造政府办公楼和宿舍，只是公共工程的一小部分，更多的钱用来筑路排污、建设渡轮码头、建设港口、建造学校、医院、医疗所、市场和满足其他小区需要。政府的两项重大责任，是填海造地和修筑水库。人口增多，战前的水库不敷使用，战前的大屿山大榄山谷水库又恢复了。北角和铜锣湾填海；中环填海，造大会堂、码头和车库；红磡、荃湾、观塘都在填海，以增加土地。 相比于在市区内收地的困难，在市区边填海增加土地，对社会影响小，没引起抱怨。

工业的发展，使工人和白领职员对低造价住宅的需求增加。香港房屋协会成立，以市价的

1/3 获得土地，由殖民地发展和福利署资助场地平整，政府提供低息贷款建屋。第一栋低造价、非牟利的住宅楼于 1951 年建成，但贫穷市民依然负担不起。于是政府就提议建立房屋委员会。香港政府的"安置"（resettlement）主要是为了拆除寮屋区，而房屋委员会着眼于为低收入住户提供长期的廉租屋。（详见第 2 章）

1953 年石硖尾大火，五万人流离失所，加速了政府重建和安置的步伐。（详见第 2 章）到 1957 年，已有 60 栋楼在六个不同屋邨建成，安置了 137 000 人。房屋署的北角邨，提供近 2 000 个住宅单位；苏屋邨，面积比北角邨翻倍，安置了 31 000 人。政府也鼓励本地（低级）公务员成立互助合作社建屋，土地以市场半价出让。238 个住宅合作社应此而生，总共造了 5 000 多个居住单位。[14] 第一栋这样的公务员合作住宅，1954 年在港岛薄扶林现今宝翠园的位置落成。之后在长沙湾保安道也有，楼高五层，无电梯，每户约 1 200 平方英尺，设计不尚花哨，使用率高，至今仍是几十户退休公务员的家。公务员住宅合作社的做法一直延续到 1960 年代。1950 和 1960 年代政府所建公屋中，15% 用来解决低级公务员的住房问题。政府除了自己投资，还鼓励各行业来解决市民的居住问题。私人公司也为员工建造宿舍，例如汇丰银行、电车公司、巴士公司、电力公司等；而纺织厂等工厂则在厂区设置员工宿舍。1957 年，建造各种形式的住宅年投资达一亿港元，以期赶上人口增长的步伐。（图 1.6）

1956 年，贸易复兴，工业发展，房屋建设又起高潮。私人房屋投资的金额连创新高，1954 年是 0.95 亿港元，1955 年 1.48 亿，1956 年 1.63 亿，1957 年是 1.75 亿。1955 年通过了新的建筑物条例，允许建筑物的高度是街道宽度的 3 倍，而旧条例只能是 1.25 倍。新建筑物的层高比较低，这样在一定的高度内，就可以造更多层，于是吸引了较多的投资者。以北角为中心，从鲗鱼涌到铜锣湾，形成了临海港的一条无休止的建设带。大型屋邨、私人公寓楼、旅馆、电影院、商店纷纷建成，俨然是个新的卫星城镇。铜锣湾的填海而来的区域形成公园和泳池，起到市肺的作用。

1950 年代，更多的房屋投资则集中在九龙一带，从深水埗到荔枝角、沿界限街和窝打老道的九龙中部平坦地带，首先得到发展。像港岛一样，九龙的开发也到了山脚下。在九龙新界内陆地带发展工业成了趋势，主要用地在荃湾和观塘。观塘计划填海 140 英亩，1957 年末已经填了 50 英亩，这些新填海区全部划为工业用地，多被工业家购置。观塘工业区之后，是柴湾工业区的开辟。山边土地切平，为住宅、商店、学校、电影院和游乐设施提供发展空间。工厂建起来后，低造价住宅和多层的重置大厦随之建成。维港两岸的规划由工务署下政府土地和测量办公室的规划组制定。自给自足的新镇和"双城"在维港两岸建起。

图1.6 / 建于1950年代的公务员合作社住宅，九龙长沙湾。

创新的设计

上海外滩的中国银行于1934年落成，由巴马丹拿（Palmer & Turner）和陆谦受设计。1948年，陆谦受到港。巴马丹拿和陆谦受在中环原香港会的地址，共同设计了中国银行，并在1951年建成。这幢楼高17层，其采用的艺术装饰手法以及开窗、窗间墙、面砖等的运用都和上海的中国银行大楼设计相似。在1950年代初，这是香港的最高楼宇。（图1.7）

战后，政府许多部门无处办公，1950年代迎来了政府建设的高潮。下亚厘毕道的布政司楼建于1847年，战后已经不敷使用。政府建筑师打破传统风格，在中环半山建政府部门办公楼，东座、中座、西座在1956年至1959年间落成，称为"政府山"，以满足日益扩大的公务需要。

礼顿山、皇后花园和京士柏建起政府宿舍，皆为六至七层的混凝土建筑。警察宿舍显示了政府建筑可以和许多概念先进的私人楼宇一样，优雅而干净利索。1955年建于港岛荷李活道的已婚警察宿舍是长条板式大楼，共七层高，中间是走廊，一边是套房的居室和厅，另一边是开放式的厨房，将住房和厨房分在走廊两边，是想发挥走廊的社交功能，1950年代，英国在社会住宅上已经开始类似的尝试。这些建筑讲究功能实用，不事装饰。政府建筑师大部分来自于英国，他们将战后流行于欧洲的现代主义搬到了香港。（图1.8）

在中环，1950年代建的万宜大厦，两边的街道分别是皇后大道和德辅道，标高相差一层，通过商场部分的自动扶梯，把人流引向两层的商场。传统的唐楼，杉木梁的长度15英尺，两至三栋这样的楼并在一起，立面还是狭窄的。而在新的多层建筑里，建筑师通过色彩、马赛克瓷砖、突出线条，并通过强调窗台、过梁等方法加以修饰。中环的房子又高又重，造在填海地上，经常受到海水压力。新的历山大厦，桩基要沉到40英尺深，才能触到岩石层。设计和技术都在更新。（图1.9）

汇丰银行对着皇后像广场的花园，右侧是1951年落成的中国银行，左侧是1957年开始重建的渣打银行。广场的北面是个大车库，再北面，填出去差不多400英尺（约122米），是中环新填海的第一期。1958年建成的天星码头，每天接载10万上下班的乘客。[15] 在附近建了一个可停放200至400辆车的车库。20世纪初建

a

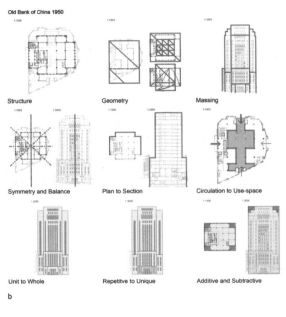

Old Bank of China 1950

Structure Geometry Massing

Symmetry and Balance Plan to Section Circulation to Use-space

Unit to Whole Repetitve to Unique Additive and Subtractive

b

图 1.7 / 中国银行总部，1951 年。a / 面向电车路的立面；b / 设计分析

图 1.8 / 已婚警察宿舍，1955 年。a / 从街上望建筑；b / 左侧为居住单位，右侧为开放式厨房，孩童在廊道嬉戏，大人在走廊和厨房交往；c / 平面图

a

b

c

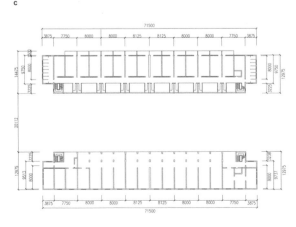

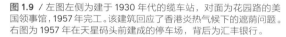

图 1.9 / 左图左侧为建于 1930 年代的缆车站，对面为花园路的美国领事馆，1957 年完工。该建筑回应了香港炎热气候下的遮荫问题。右图为 1957 年在天星码头前建成的停车场，背后为汇丰银行。

的高等法院（1905）和香港会，是实在的"殖民地风格"建筑。1951 年造的九层高新水星大厦，是电报公司总部，旁边一座在建的高层文华酒店，很快就把新水星大厦比了下去。

因为钞票源源不断，香港的建筑热潮才得以持续。不论住宅还是办公楼，无论多贵，都有需求并有人愿意买单，这使得投机的建筑商和分包商收益颇丰。1950 年代末，新的公寓楼达到 15 层高，不断推高设计和装修的标准，富裕的租户对这些公寓趋之若鹜。1950 年代，香港楼房的主要"开发商"多数是开营造厂的中小老板，其中又掺和了三合会的势力和利益。[16] 这些楼房开发与建造合一，在今弥敦道和铜锣湾一带依然可见。1955 年到 1965 年间，政府公务署审批新开工的楼宇年均 1 000 栋左右。[17] 到了 1963 年，全年的私营房屋达到 1 075 栋，涉及资金三亿七千万港币，平均每天投入 100 万港币。为了支持这样的发展速度，政府在 1963 年花了一亿

五千万投入市政基础建设。这一年，58 209 人受雇于建筑行业。[18]

医院和学校的建设则受到私人捐助，例如赛马会对西营盘赞育产科医院的捐助，使得后者在 1955 年建成。九龙的伊丽莎白医院 1958 年开始建设，拥有 1 300 个床位，是当时英联邦内最大的医院。政府在大屿山铺设公路和水库。在北角邨，三组公屋住宅楼完成，11 层共 100（约 30.5 米）英尺高，400 多米长，耗资 3 300 万。这样长长的房屋设计可能会流于呆板，但建筑师将其分为三个对海开口的大院落，饰以彩色阳台，其中一个院落是巴士总站和北角码头。设计的一个目标是使得 1 955 个单位都有日照和通风，不仅让入住的个人和家庭都有瓦遮头，还考虑他们的健康和幸福。香港以往和现今是个港口，以港口谋求生路和发展，历经战争创伤后，它不仅要成为破浪向前的轮船，还要为人民安居乐业的生活提供庇护。（图 1.10）

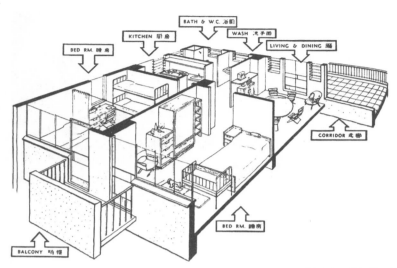

a

图 1.10 ／北角邨，房屋委员会的第一个项目，甘洛建筑师事务所设计，1957 年。a ／单元内景；b ／建筑群围绕面向港湾的三个广场

b

注释

1   摘自陈昕、郭志坤主编：《香港全纪录》（卷一 远古—1959 年），香港中华书局，1997 年。

2   本章的数据、摘引和统计资料，主要来源于 Hong Kong Annual Report 1957, Hong Kong Government Publication Bureau, 1958. 未注明者，皆来自于该书。战后的情况，也部分参考了 Henry Graye, "Looking back December 1941-1951", The Hong Kong and Far East Builder, June 1951.

3   据 Hong Kong Annual Report 1948 记载，香港于是年向上海市政府提供了一万吨大米的借贷。

4   Hong Kong Annual Report 1946, Hong Kong Government Publication Bureau, 1947.

5   参阅陈昕、郭志坤主编：《香港全纪录》（卷一 远古—1959 年），香港中华书局，1997 年。

6   Annual Report on Hong Kong For the Year 1946, Hong Kong Government Publication Bureau, 1947.

7   关于阿伯克龙比爵士的生平和业绩，参考 Marco Amati and Robert Freestone, 'Saint Patrick' – Sir Patrick Abercrombie's Australian tour 1948, Town Planning Review, 80(6), 2009, pp.597-626; Michiel Dehaene, Urban lessons for the modern planner- Patrick Abercrombie and the study of urban development, Town Planning Review, 75(1), 2004, pp1-30; Lawrence W-C Lai, Reflection on the Abercrombie Report 1948: a strategic plan for colonial Hong Kong, Town Planning Review, 70 (1), 1999, pp.61-87. 世界建筑师协会的城市规划奖，以阿伯克龙比命名，授予各国优秀的城市规划项目。阿伯克龙比爵士在赴香港之前，曾邀请其学生陈占祥共同参与，此时陈已在上海和南京工作，未能应邀。参见《建筑师不是绘图机器 —— 一个不该被遗忘的城市规划师陈占祥》，辽宁教育出版社，2005 年。

8   关于香港的战前规划，参考 Charlie Q.L. Xue, Han Zou, Baihao Li and Ka Chuen Hui, The Shaping of Early Hong Kong: Transplantation and adaptation by the British professions, 1841-1941. Planning Perspective, Routledge (Taylor & Francis Group, UK), Vol.27, No.4, 2012, pp.549-568.

9   Patrick Abercrombie, Hong Kong Preliminary Planning Report, Hong Kong: Government Printer, 1948.

10   关于阿伯克龙比报告的内容、评论和政府的态度，另请见 Roger Bristow, Land Use Planning in Hong Kong: history, policies and procedures. Hong Kong: Oxford University Press, 1984; Robert K. Home, Of planting and planning: the making of British colonial cities, London: Routledge, 1997.

11   Lawrence W. C. Lai, Reflections on the Abercrombie Report 1948: a strategic plan for colonial Hong Kong, Town Planning Review, 70 (1), 1999: 69.

12   Patrick Abercrombie, Hong Kong Preliminary Planning Report, Hong Kong: Government Printer, 1948.

13   香港工厂数目摘自庄玉惜：《街边有档大牌档》，香港三联书店，2011 年。

14   1950 年代建成的住宅多是四五层高。到了 21 世纪，要求拆去低矮建筑重建的呼声高涨。公务员合作社的住宅，如果重建的话，业主要求付全当年地价，开发商要补地价。牵涉十数亿银码，让重新发展却步。见《大公报》，2014 年 1 月 3 日。

15   中环的天星码头于 2006 年年底拆除，以便该部分的填海和中环绕道的建设。

16   关于承包商和三合会的关系，参考杜叶锡恩著，隋丽君译：《我眼中的殖民时代香港》，香港文汇出版社，2004 年。

17   房屋动工数据，取自 Hong Kong Report for the Year 1965, Hong Kong Government Press, 1966.

18   Hong Kong Report for the Year 1963, Hong Kong Government Press, 1964.

第 2 章

公共屋邨计划

城市卫生和安置难民

从中世纪或早期工业化城市走向现代文明、花园城市，欧洲大陆和英国在 20 世纪初都做了许多努力，居住卫生和公共房屋，是使一个肮脏破烂的城市走向现代文明的必由之路。19 世纪末 20 世纪初，欧洲的工业国家开始注重低收入劳工的居住问题，1920 年代，在德国、苏格兰和奥地利，工人和退伍军人相继迁入体面的社会住宅。到了 1945 年战争结束后，欧洲的社会住宅发展迅猛，但各国情况和步调稍有不同。[1]

纵观香港在二次大战之前的管治，公共卫生和降低华人贫民区的建造密度，一直是政府城市管理的核心。早在 1930 年代，港府就设立房屋委员会，并任命欧文（Wilfred Herbert Owen）为专员。在 1940 年的报告中，欧文建议由政府来改善居民居住条件，而不能仅仅依靠私人市场。因为第二次世界大战的爆发和香港沦陷，此事搁置。1946 年后，国共内战，大陆易帜，韩战爆发，

大批难民由北面涌入香港，人口由 1946 年初的 60 万暴增至 1950 年的 300 万。为了解决头上有瓦的燃眉之急，政府指定一些区域由民众自行兴建寮屋，大量民众在山边搭建简易棚屋，称为寮屋区（squatter area）。自此，火灾在寮屋区频繁发生，波及九龙城区、钻石山、荃湾等地。1953 年圣诞之夜，石硖尾寮屋区大火，五万民众痛失家园。[2] 中外历史上，火灾成为许多城市重建并修订建筑条例的契机。1950 年代初，港府已经在着手准备公共房屋的兴建，石硖尾火灾事件推动了港府的步伐，第一步是进行临时安置。1950 到 1960 年代，香港公屋建设的英文称谓、部门或档案，都有个关键词，叫 resettlement（徙置），即是指临时安置。

第一代公屋（Mark I）是"临时安置"的典型：每层的房间背对背，四面外走廊。政府的分房标准，五口以上家庭的居所为 120 平方英尺（约 11 平方米），[3] 月租金为 14 元港币；小些的单位为 86 平方英尺（约 8 平方米），月租金为 10 元港币。当

时寮屋区居民每天能挣得 2 元左右。而当时市区一个稍微像样的 300 平方英尺（27.9 平方米）的私人公寓单位，月租金为 100 元港币。[4] 据笔者对美荷楼的实测，每间房净面积约 2.2 米 × 2.8 米（7 英尺 × 9 英尺），由于房间背对背，中间要有气孔相通，以助空气流通。每层 62 间这样的标准房间，平面呈 H 形，两翼之间是公用的厕所和浴室，每翼的一端，是储藏室。两翼的中间，是 10 米（35 英尺）的空地距离。1954 年，先是造了八栋六层的 H 形大厦，之后又在石硖尾陆续建了九栋七层大厦，容纳 8 500 个标准居住单位，是五万人居住的家园。[5] 从 1954 年到 1961 年，政府共建成 115 座 H 形及 31 座 I 形大楼，分别位于石硖尾、大坑东、李郑屋、红磡、老虎岩（乐富）、黄大仙、佐敦谷、观塘及柴湾。而当时观塘和柴湾都是偏远地区，远离市区工作地点，所以人们往往不愿迁去。（图 2.1，图 2.2）

这样 120 平方英尺的标准间，容纳的是一家五至六口或更多人。以最基本的床的面积为单位，这样的房间连四张双层床都很难放下，更不用说"家"的其他基本功能。虽然如此简陋，但对于许多原先住在寮屋棚户的居民来说，已经是幸福的居所了。有瓦遮头之外，还有了可以互助的邻居。香港房屋委员会的许多出版物和一些香港回忆录，都记载了居民分到公屋时的喜悦，和开始新生活的历程。[6] 建设公屋，让寮屋拆迁者搬入，而完成拆迁的寮屋区，又为新的高密度建屋或基础建设腾出空间，这一过程是 1950 至 1960 年代政府安置建设的重点。

a

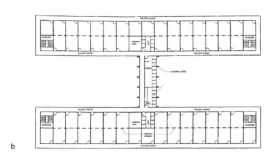

b

图 2.1 / 第一代公屋。a / 至 2006 年仅存 40 多栋这样的楼宇；b / 第一代公屋平面图，两翼为居住单元，中间为厕所

图 2.2 / 柴湾的第一代公屋，位于港岛偏远处。

公屋类型演变

第一型徙置公屋当时仅为了应付临时的徙置需要，其中居住单位的条件仅符合最低的文明标准。1970 年后，部分第一型徙置大厦前后单位打通，加装厨房厕所，更多的则是拆除旧楼，建设新标准的大楼。到了 2007 年，所有第一型 H 形徙置大厦统统拆除，只留下第 41 号美荷楼作为历史文物建筑保留，并在 2013 年改建成青年旅舍。

1960 年代，板式大楼（Mark III）出现，这种大楼标准层的布局是中间走廊，两边房间。房间在标准间内的一侧，靠窗为厨房，厨房后是厕所。以石硖尾邨的公屋为例，这样的标准房开间为 4.57 米，进深为 6.53 米，中间走廊宽 1.78 米（笔者现场实测）。以后无论公屋的基本单位尺寸如何变化，或是标准层变更为其他组合形式，标准间布局的大致（拓扑）关系如此。大楼建到 16 层高，装有电梯。从走廊里望过去，长长的走廊两边全是住家。公共屋邨的分房标准，1950 年代是每位成人 2.23 m^2，10 岁以下儿童减半。到了 1968 年，成人的标准提高到 3.25 m^2。[7] 到 1971 年，香港已经有一半人口近 200 万居民住在政府的公营房屋内。[8]

1972 年，新上任的港督麦理浩提出，在 1973 年至 1982 年的 10 年间，为 180 万香港居民提供设备齐全、有合理居住环境的住所，重组新的房屋委员会。这一举措被称为"建屋十年"，到 1982 年，计划再延五年至 1987 年。"建屋十年"的目标是为 180 万人提供独立居住单位，单位内有厕所、厨房和自来水，人均居住面积至少有四平方米。在这 15 年中，共建成 53 个新屋邨、12 个改建的旧屋邨和 12 个乡村屋邨。公屋的设计和建设也开创了新的面貌。（图 2.3）

图 2.3 / 新建的安置房取代寮屋区，安顿大批低收入阶层。

1970 年代，除了板式大楼外，出现了双塔式大楼，房间窗户向外，中间一圈内走廊，两环咬接之处，有电梯厅。这样每层的中间就出现天井供通风和采光，环廊成了这一层的公共活动空间，邻居守望相助。但这种中间带大天井的高层公屋，邻居能够相望，当然也带来噪音和视线干扰，走廊采光昏暗，有时不免令人情绪沮丧。[9]

公共房屋的出现，节省了低收入阶层的住房支出，十余年后，公屋中部分住户已经积累了相当的财富。1978 年，政府推出"居者有其屋"即"居屋"计划，提供比公租屋标准较高、尺寸较大的单位，供公租屋居民及一定收入标准以下的市民购买。这些居屋多位于公屋邨附近，以便于居民在自己熟悉的小区继续居住并提高生活水平。而由此腾出的公屋可以分配给等待申请、更有需要的市民。居屋的出现，使公营房屋的设计又出现了新形式。[10]（图 2.4）

1980 年代，出现三叉形和十字形的标准层平面大楼，每层八户或以上，主要供居屋计划出售。1990 年出现"和谐式"设计，十字形平面，十字的每一翼排列四户，这样每层就有 16 户，中间有六部电梯。这样的大楼可以造到 30 多层。而居屋则采用称为"康和式"的十字形，一层八户。居住单位的建筑面积从 500 多平方英尺到 900 多平方英尺（46.5 ～ 83.6 平方米）不等。"和谐式"的十字形式，可以在中心核心筒的支持下，服务于较多单位。十字形的平面，多翼并有缝隙，使各单位的厨房厕所都有采光通风，而早期公屋的厕所多数密闭。（图 2.5）

1970 年后，香港的公营房屋开始逐步采用预制构件，以节省建造成本。预制件包括整开间外墙板、部分楼板和楼梯。这就使得开间和标准单位的做法固定，以大量重复构件减少现场的湿作业，到 1990 年代后期，预制件已经占了公屋建设生产总构件的 60%。承包预制件的生产厂家位于深圳和东莞。预制外墙连带已经装好的窗架、内埋管道和外墙面砖，直接运到工地吊装，在接头处和现场浇筑件连接。（图 2.6）

从 1970 年代到 21 世纪，公屋居住单位平

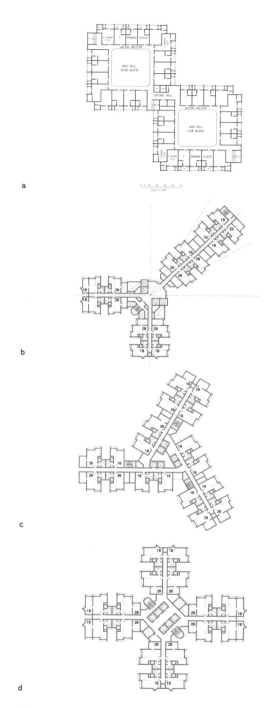

图 2.4 / 1970 年至 1990 年间采用的楼宇平面。a / 在双院式平面中，电梯是连接部分，这样服务效率高，但中间天井与环绕过道给居民带来干扰；b / 其中一种和谐式平面；c / 和谐式：三叉形平面；d / 和谐式：十字形

a

b

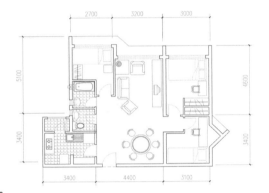

c

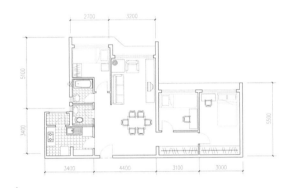

d

图 2.5 ／公屋标准平面。**a** ／一室；**b** ／两室；**c** ／三室；**d** ／三室

a

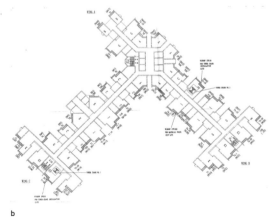

b

图 2.6 ／公屋的预制施工。**a** ／构件被运往现场；**b** ／预制构件主要用于外墙

面的标准未变，供 5 ～ 6 人居住的单位，实用面积不到 40 平方米，随着层数增加、结构面积增大和一些休憩地方的加入，每户的实际面积反而下降，引起居民不满。[11] 公屋毕竟由公款资助，增大面积会使照顾的覆盖面降低。但大楼的标准层则随着地形作各种变化，典型的如九龙石硖尾、红磡邨和牛头角上下邨等 2007 年后落成的各种公共屋邨。

公共屋邨规划

香港的公共屋邨，若论设计上的意义，在于其总体规划。如 1960 年建成的苏屋邨，以长条形的板式住宅楼排在外围，纵横交错，形成内部的院落；山上的则是三叉戟形式的点式住宅。在这块一公顷左右大小的土地上，容纳了 5 152 个居住单位，供 31 000 多人居住，除了有顶或敞开的公共空间外，还有两间 24 班小学和 30 多家店铺。苏屋邨已于 2013 年拆除，建造更高密度屋邨。（图 2.7）

1962 年至 1964 年落成的彩虹邨地块约四公顷，八栋 21 层高板楼（60 多米长）纵横排布，七层高的板楼则在高楼的围合里穿插转折。在低层住宅的底楼，全部是居民日常购物的小店，两所小学和两所中学处于地块中间。这些楼容纳了 7 448 个住宅单位，单位面积介于 21.4 到 69.2 平方米之间，供 19 700 人居住。（图 2.8）

1967 年至 1969 年落成的华富邨一字形、折线形、L 形板式围合成高低空间，沿山坡和等高线逐渐而上，后面是高层住宅，尽可能多的单位面向海景，这块约 10 公顷大小的土地上，建了 4 346 个单位，共有 16 000 人居住，中间还设立了图书馆，西南面朝大海，拥有 600 多米长滨海的瀑布湾公园，居民可以在海滨的公园散步和锻炼身体。华富邨建成 45 年，政府建议拆除重建，以提供更多的居住单位。（图 2.9）

1973 年至 1975 年建成的九龙何文田爱民邨，则是将板楼排放在中央，较高的双塔点式排布在外围。低层和中央是商场、街市和有"冬菇亭"的熟食中心和幼儿园。这块约 10 公顷的山地上，建造了 6 300 个单位，供 19 600 人居住。[12] 1975 年爱民邨刚落成时，英国女王伊丽莎白二世到访；2009 年，时任国家副主席习近平也访问了爱民邨。这样的规划和标准，代表了香港草根阶层的居住水平。（图 2.10）

进入 21 世纪，政府把楼龄在 30 年以上的楼房定义为旧楼，将上世纪 50 至 70 年代建的公屋逐渐拆除，腾出地方，建造更高层的楼房，在同样的面积上容纳更多的居民，并提供更好的休憩环境。如 2002 年和 2009 年建成的牛头角上邨，原来是廉租屋邨，第一期高层住宅落成后，接收上邨的其他居民，接着清拆上邨的所有旧楼。2009 年，牛头角上邨的九栋大楼全部建成，接收下邨的动迁居民。原牛头角下邨 1969 年建成，全是 20 层高的长条板式大楼，房屋署在这些大楼上首次使用混凝土预制构件。牛头角下邨从 2009 年年底开始拆除，2015 年新楼全部建成，

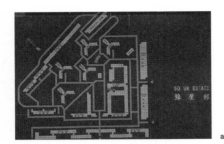

图 2.7 ／九龙的苏屋邨，1962 年全部落成。**a** ／总平面；**b** ／底部住宅；**c** ／山上住宅

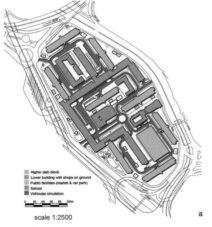

scale 1:2500

图 2.8 ／彩虹邨，1964 年。**a** ／总平面；**b** ／该邨结合了高层住宅、低层住宅与学校

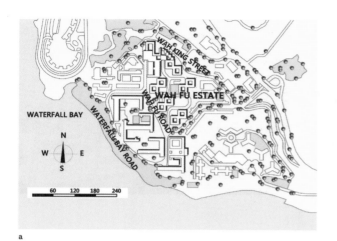

a

b

c

图 2.9 / 华富邨，1969—1972。a / 总平面；b / 人行与日常活动位于平台层，车辆在下层行驶；c / 商店毗邻车站；d / 该邨位于港岛一角

d

a

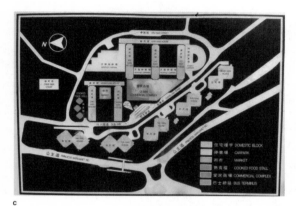
b

c

d

图 2.10 / 何文田爱民邨，1975 年落成。a / 主干道路连接城市；b / 商店位于屋邨中央；c / 总平面；d / 住宅室内情景

是一万多户居民的家园。牛头角上下邨的屋宇位置考虑了地区的主导风向，楼房虽高，但热天的大部分时间都是风频凉爽。从九龙湾地铁站沿天桥进入屋邨，行人和车辆完全分离，行人在上层的花丛和草坡中走动，车辆在地面行驶。行人步道有近千米长，跨越街道，时有重点景区出现，如半圆形入口、牌楼、大阶梯、张拉帐篷结构等。而贴近居住大楼入口，则有更为紧密精致的景观和硬地设计，使人们在回家的路上，私密度逐渐增加。一些 1960 年代的雕花铁闸、招牌和家具放入屋邨的展示区，在高密度居住中体现更多的地区特色。边拆边建，原地安置并加入新住户，房屋署进行了精确的工程和管理运作，使得新区在少影响居民生活的情况下逐步形成。（图 2.11）

这些总体规划排列有致，虽然是高层高密度，居住单位内面积有限，但户外活动空间充分，闲坐的空间、儿童游戏和锻炼身体的场地、球场等多有配置。菜市场、超市和日常便利小店都在几十米距离之内或就在楼下。许多屋邨都呈现安居乐业、生活美满、生机勃勃的景象。政府的公共

屋邨规划，遵照了各地区所定的分区大纲图和容积率、覆盖率。以笔者对本章所述屋邨的调查，每公顷可容纳 400 ~ 600 个居住单位，即每公顷 2 000 人左右。若以这些住宅用地和其上建成的房屋和居住人口而论，1960、1970 年代直到现在，这些公共屋邨都创造了世界上极高的居住密度。

　　香港公共屋邨的规划，并不仅仅局限于建筑功能和空间组织的合理化，还非常注意其他市政配套设施，例如公共交通、医院、公园等，特别是交通方面，所有公共屋邨都配有非常便利的公交枢纽，给居民提供巴士、小巴和接驳地铁（或港铁）的穿梭巴士，方便他们上下班或日常外出。由于香港的巴士和小巴公司均为私营，这类交通规划，除了政府内部部门之间如房屋署和运输署密切协调外，也是地铁和私营巴士公司积极参与及配合的结果。此外，有不少公园位于公共屋邨集中的地段，例如港岛的柴湾公园，九龙的乐富公园（乐富邨）、寨城公园（美东邨、东头邨）、牛池湾公园（彩云邨）、蒲岗邨道公园（凤德邨）、石硖尾公园，新界的天水围公园、青衣东北公园（长安邨、长发邨）、北区公园（天平邨）、中葵涌公园（丽瑶邨）等，为基层居民创造了良好的康乐休憩环境。（图 2.12）

　　由于公共屋邨多临近交通枢纽，新建的屋邨常常服务几万居民。21 世纪后，房屋委员会在新建屋邨设置大型商场，如在油塘地铁站边，山坡平台上是多栋居住大厦，平台边是五层高的大型商场"大本型"，该商场的各层连接到天台花园，还连接到马路对面和周边地块的屋邨。九龙湾彩

图 2.11 / 牛头角上下邨。a / 1969 年落成的牛头角下邨是第一个采用预制构件的公屋项目。2009 年被拆除；b / 牛头角上邨，2012 年，50 层高的住宅楼；c / 牛头角上邨入口处更为精致的景观；d / 牛头角上邨中的市场

图 2.12 / 青衣公园为附近的居民提供休闲场所。

德邨的商场建在山坡上，服务山上和下层的许多楼宇居民，该商场底层为商店，中间几层为停车场，五楼和六楼又为商场，五楼的入口服务于更高地坪的楼宇。在场地平整和特别设计的高低错落的商场里，居民可以眺望九龙湾，其环境和私人住宅相若，甚至更胜。在九龙湾和将军澳等地，公共住宅和私人住宅毗邻穿插，共享公共空间、商场服务和公共交通。这在一定程度上提升了公共住宅的使用方便和环境档次。

　　在美国、英国、加拿大和其他西方国家，在市中心公共交通便利处，建造了政府补贴的低收入住宅。长走廊连接多户的公共房屋，在使用了若干年后，往往易成犯罪的温床和居民的噩梦，中产市民闻地名而心惊。在香港，长条 L 形转折的平面，住宅楼面对外面的建筑群或内部院落，阻挡了通风，内部加长了走廊，过去也有些案件发生。采用十字形平面后，楼群之间有了更多的缝隙，让风穿过。内部的户数则不多于 16 户，走廊的长度缩短。这些措施，能更好地保障各层居民的安全。新建和重建屋邨，使得住户更新，老化程度减慢。公共房屋的租金，只及收入水平的 1/10，使得住户积蓄财富，具有一定的消费能力。因此，多数屋邨商场都生意兴隆。（图 2.13）

　　香港的公屋，早期主要是由政府房屋署委托私人设计师设计，例如，房屋署的第一个项目北角邨由甘洛设计，1957 年落成；1960 年落成的苏屋邨，由甘洛牵头规划，单栋建筑则由当时著名的事务所如陆谦受、周李建筑师事务所、司徒惠和李柯伦治等分别设计；1963 年落成的彩虹

图 2.13 ／公共屋邨商场。a ／油塘公屋区，前面左手为地铁油塘站，右面为"大本型"商场，地铁站和商场在平台上相通，并由跨街天桥联系到后排高层住宅楼群。油塘公屋区于 2000 年后陆续建成，"大本型"商场于 2012 年开幕；b ／九龙彩德村商场，建于山上，服务周边的公屋区

邨，则由巴马丹拿规划设计，此项目获得了香港建筑师协会颁授的首个设计奖。之后，房屋署开始拥有自己的建筑师，华富邨和马头围邨由房屋署建筑师廖本怀先生设计，廖先生是香港大学建筑系 1955 年的首届毕业生。1973 年，房屋委员会及房屋署重组成立后，新机构肩负起筹划、制定标准、规划设计、分配、管理维修的职责。如此安排的好处是由一个政府部门提供低收入住

房的一条龙服务，缺点是标准和设计上比较单一。考虑到这一点，21 世纪后，根据地块进行总图设计，房屋体量组合出现新形式，逐步改进了设计单一的情况。前述的牛头角上下邨就是此形势下的典型例子，这两个屋邨由时任房屋署总建筑师的伍灼宜先生领导设计。

1997 年回归之际，全港已经有 70 多万个公屋居住单位，供 250 多万人居住，即是说香港当时总人口的 39% 生活在公屋之中。[13] 量大面广，这些公共屋邨构成了香港城市建筑的主要面貌。战后香港建筑的成就，应以公共屋邨为最。

房屋协会

和香港政府房屋署并行进行公共房屋建设的还有非（半）政府机构，例如香港房屋协会。1948 年，战争创伤尚未抚平，一群热心的英国人士获得伦敦市长"空袭救灾基金"14 000 英镑的赞助，成立了非盈利机构房屋协会。房屋协会的成立早于政府房屋委员会（1954）。其他非盈利组织也相继成立，例如香港模范住宅协会（Hong Kong Model Housing Society）、香港经济协会（Hong Kong Economic Society）、香港定居者房屋公司（Hong Kong Settlers' Housing Corporation）和香港平民屋宇公司。当时的北角是山脚海旁的乡村。当时其他救助组织提供的都是单层棚屋，但房屋协会和上述几家机构已经开始建造多层的楼房。在土地稀少的香港，这是十分有远见的做法。

香港模范住宅协会 1951 年在北角建造模范邨，当时的北角是山脚海旁的乡村。过了 60 多年，北角模范邨迄今仍在使用中，它毗邻地铁站，是港岛市中心的一景。（图 2.14）时过境迁，如今这些协会中只剩下房屋协会仍在活跃地运作。这些组织开始是为低收入家庭提供廉租屋，之后主要从事平价出租屋、夹心阶层的居者有其屋、郊区公共房屋、长者租屋和市区重建计划。房屋协会的设计和建造，补充和协助了政府的工作。房屋协会的设计，标准稍高于政府的安置计划，例如在 1950 年代，成人的住房标准为每人 3.25 平方米，10 岁以下儿童减半。[14] 一些物业，出售和出租混搭在同一屋苑中。其他计划的性质也比较特殊。房屋协会物业请私人建筑师事务所设计，在并不宽裕的标准中，产生出有设计意味的屋邨，补充了政府房屋署的工作。在其 60 多年的运作过程中，房屋协会产生出许多优秀的设计作品，如 1965 年落成的荃湾满乐大厦、1984 年落成的红磡家维邨、1995 年落成的油麻地骏发花园等。

图 2.14 / 北角模范邨，1951 年。

满乐大厦位于荃湾,由周耀年李礼之建筑师工程师事务所设计,1965 年落成。共有四座大厦 968 个单位,是房屋协会资助房屋,标准与公屋相同。四座围合的建筑,低的 7 层,高的 11 层,大厦的各层有宽敞的门厅和通透的楼梯间,居住建筑围合出中央的花园供居民休憩。院外有部分车位、商店。大厦群体自然地成为周边零售、街市的一部分。这是一个十分普通的屋邨,当荃湾通了地铁和西铁,周边街市和零售商店成熟后,这样的屋邨就显得方便,居民安居乐业。(图 2.15)

骏发花园是房屋协会的另类计划。这个屋邨中的四座房屋用来出售,896 个单位卖给香港的"夹心阶层",这些单位面积在 500 ~ 800 平方英尺(46.5 ~ 76.3 平方米)之间,是香港典型的夹心阶层住屋标准;另外一栋作为出租屋,提供 668 个单位,单位面积在 100 ~ 500 平方英尺(9.3 ~ 46.3 平方米)之间,和香港公共屋邨的标准一致。骏发花园是在油麻地旧街区收地的基础上进行的全新建设,由伍振民建筑师事务所

（香港）有限公司设计,1995 年落成。合院花园的硬质铺地,由内而外,对着百老汇电影中心,商场里有房屋协会的长者安居资源中心,附近是被列为历史建筑的油麻地警署。虽是低造价的住宅区,但对面的百老汇电影中心却是以放映实验电影为主的服务于小众的娱乐设施,其建筑设计和骏发花园互相穿插配合。从破旧繁忙的果栏街道走到这个区域,人们可以体验到良好的步行环境和活泼的居住气氛。对于油麻地旧区,骏发花园的环境树立了更新的榜样。[15] (图 2.16)

房屋署作为政府部门,在住宅标准方面总是量入为出,满足居住的起码要求。而房屋协会是民间机构,在标准方面就比较灵活,它提供了高于公共屋邨标准的住宅,支持了低收入"中产阶级"的生活,在设计方面也呈现多样性。

房屋协会的一项工作,是旧区重建。而旧区重建的更大责任,则由 1988 年成立的土地发展公司(简称土发公司)承担,该公司于 2001 年改组为市区重建局。市区重建局的工作,是在旧区寻找收地重建的机会,一方面要改造旧市区,另一方面也要考虑收地和重新发展过程中的经济原则。从土发公司到市区重建局,重点是旧区重建,改善旧区居民的生活环境。在"楼换楼"、改善环境的同时,也提供新的私人住宅单位。市区重建局起的作用是收地和在旧区中提供新的发展土地,而楼宇则由私人发展商开发建造,市区重建局在土地买卖或参股中获利。香港市区的一些著名建筑,都由市区重建局和前土发公司统筹收地,私人发展商建成有特色的商业和私人楼宇,

图 2.15 / 荃湾满乐大厦,1965 年。

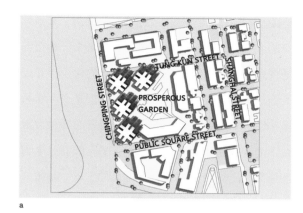

a

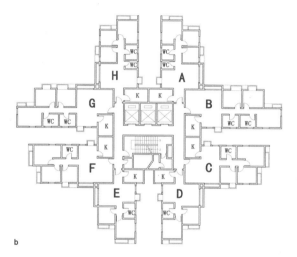

b

例如铜锣湾的时代广场（1992）、上环的中环中心（市建局在此办公，1998）、上环中远大厦及前面的花园广场（1996）、旺角的朗豪坊（2004）和尖沙嘴河内道的 K11 大厦（2011）。这些大厦的所在地曾经都是残破危楼和凋零街区，市区的大规模重建配合着地铁和公共交通的发展，盘活了整个街区的活力。（图 2.17）

市区重建局的工作得以开展，是因为旧城中有大批容积率在 3~5 的街区，经过重建，可以将容积率提高到 7.5 或更高，因为有开发面积上的差距，市区重建局在 1988 年成立时生逢其时，得以获利。随着旧区中这类低容积率建筑的消失和收楼价高涨，市区重建局几乎找不到新的发展机会，项目大减，陷入财政危机，要么政府注资或给予其他优惠条件，要么就蜕变成纯发展商。在市场经济的条件下，尽管社会高擎正义的旗帜，市区重建也只能在市场波涛中起伏和生存。[16]

图 2.16／骏发花园，1995 年。a／总平面；b／标准层平面；c／该邨混合了租用与自置居所

图 2.17／上环两栋商业大厦间的街道花园，房屋和花园均由土地发展公司于 1995 年开发。

c

乌托邦的理想

　　香港的公共屋邨设计和建造始于 1950 年代，其时正是西方战后重建、工党执政、社会主义思潮和现代主义建筑盛行的年代。在香港大规模进行屋邨建设的时候，类似的公屋建设也如雨后春笋般出现在欧洲城市和部分美国城市。荷兰、奥地利、英国、法国、丹麦、瑞典和当时的东德、苏联，都有大规模的公共住宅建设，其整体尺度之大，和欧洲的传统房屋或小镇截然不同，显示了当时（工党执政）政府改善人民居住条件的决心。公共房屋的规划设计也是左派知识分子理想在居住方式和建筑形式上的实现。在我国，1950 年代后，主要由政府进行棚户和街区改建，工作单位提供住房，标准和设计参差，但也为城镇居民提供了各种类型的简易适用住所。1998 年房屋制度改革，我国的住宅基本放弃了单位支持，实行住房公积金，进入全面私有化，标准更高。2010 年，上海的人均居住面积已经达到 17.5 平方米。[17] 但为低收入阶层服务的经济适用房仍在初始阶段，且覆盖面小。

　　香港的公屋建设，虽然面积标准远低于英国和欧洲其他国家，但其中体现的现代主义、实用主义和理想精神，是一脉相通的。1970 年代后，大型或高层的公共房屋在欧洲国家受到普遍批评并逐渐被放弃，香港却沿着更高密度和高质量的道路发展至今，创造了为一半人口提供公营房屋的世界奇迹。[18] 香港有超过 30% 的居民住在公屋，近 20% 的居民住在政府补贴的居屋。乌托邦的社会主义和勒·柯布西耶的"光明城"理想，其指导思想和实体形式，在欧洲曾经初露曙光，却在香港得到了发扬光大。香港公共屋邨的建设，并未受到任何建筑理论的直接影响，它们是在土地稀缺、经济紧绌、人口压力和公费问责等等外力塑造下的大胆实践结果，却与现代主义的部分原则不谋而合。60 年来香港公共屋邨的发展，是政府主导和现代主义建筑持续发展的一个有力例证。

注释

1 关于欧洲住宅，请参考 Kathleen Scanlon, Christine Whitehead and Melissa Fernandez Arrigoitia (ed.), *Social Housing in Europe*, Chichester, West Sussex: Wiley Blackwell, 2014.

2 斯麦特（Alan Smart）的专著，透视了香港寮屋区火灾及其相关的社会问题，请参考 *The Shek Kip Mei Myth: squatters, fires and colonial rule in Hong Kong*, Hong Kong: Hong Kong University Press, 2006.

3 香港政府从 1976 年起，所有的建筑工程都改为国际公制，在设计业界也都以公制讨论问题。但在民间，有时习惯用呎寸形容。本书在讨论 1950 至 1960 年代的建筑时，多用英制；在说到民间说法时，也用英制。一般的工程描述，则用公制。

4 公屋租金和私人租金，参考了杜叶锡恩著，隋丽君译：《我眼中的殖民时代香港》，香港文汇出版社，2004 年。

5 关于第一代公屋的尺寸，笔者量了美荷楼的图纸，并和现场核对。总单位数量 8 500，来源于何佩盈：《香港建造业发展史 1840—2010》，香港商务印书馆，2011 年。

6 关于公屋居民的生活和感想，参考梁美仪：《家——香港公屋四十五年》，香港房屋委员会，1999 年；Sally Blyth and Ian Wotherspoon, *Hong Kong remembers*, Oxford University Press, Hong Kong and New York, 1996; 刘智鹏：《我们都在苏屋邨长大——香港人公屋生活的集体回忆》，香港中华书局，2010 年。

7 E.G. Pryor, *Housing in Hong Kong*, Hong Kong: Oxford University Press, 1983.

8 1971 年的情况，参考了 Edward George Pryor and Shiu-hung Pau, "The growth of the city – a historic review", in Vittorio Magnago Lampugnani (ed.) *Hong Kong architecture: the aesthetics of density*, Munich and New York: Prestel Verlag, 1993.

9 关于中间带天井公屋平面的气氛，可以参考风水师的现场考证，林国诚：《爱民邨自杀案玄机》，香港《头条日报》，2014 年 12 月 30 日。

10 公共屋邨的分配由房屋委员会根据申请者的情况打分，申请者依得分高低和先后次序排队。公共房屋申请者的基本资格是其收入和资产水平，房屋委员会根据全港收入水平和通胀指数每年或每几年调整。如 2015 年香港政府对于公屋申请的入息限额如下：1 人家庭，每月 10 100 港元，总资产在 23.6 万元以下；2 人家庭，16 140 元，32 万元资产；3 人家庭，21 050 元，41.7 万元资产；4 人家庭，21 050 元，48.7 万元资产；5 人家庭，29 050 元，54.1 万元资产；6 人家庭，32 540 元，58.5 万元资产；7 人家庭，36 130 元，62.6 万元资产；8 人家庭，38 580 元，65.6 万元资产；9 人家庭，43 330 元，72.4 万元资产；10 人家庭以上，45 450 元，78 万元资产。而申请居屋的家庭收入上限为 4.6 万港元。据《大公报》，2015 年 2 月 27 日。

11 参见《居民抗议新公屋单位"缩水"》，《头条日报》，2015 年 4 月 20 日。

12 本章涉及的公共屋邨居住单位数目，来源于香港房屋署相关网页资料，2012 年 4 月 21 日抽取。地块大小，由谷歌地图读取。

13 参见《香港年报 1998》，香港特别行政区政府，1999 年。

14 关于房屋协会住宅面积标准，参考了 Edward George Pryor and Shiu-hung Pau, "The growth of the city – a historic review", in Vittorio Magnago Lampugnani (ed.) *Hong Kong architecture: the aesthetics of density*, Munich and New York: Prestel Verlag, 1993.

15 本章关于房屋协会的描写，参考了香港房屋协会网页，http://www.hkhs.com/chi/about/index.asp，2014 年 1 月 10 日抽取。

16 市区重建局以本地区七年楼龄作为收购旧楼价格，2014 年时，很多地区的收购价达到每平方尺万元以上，因此市区重建局在财政上举步维艰。见姚松炎：《市区重建游戏的终结》，《头条日报》，2015 年 4 月 14 日。

17 参见《上海统计年鉴》，北京：中国统计出版社，2013 年。

18 在为居民提供公屋方面，可与香港媲美的是新加坡，新加坡 82% 的人口居住在公共组屋中。参考 Belinda Yuen, Teo Ho Pin and Ooi Giok Ling, *Singapore Housing: an annotated bibliography*, Singapore: Faculty of Architecture, Building and Real Estate, National University of Singapore, 1999.

第 3 章

设计力量在香港

在殖民地开拓时期，就有英国设计师在香港活动。相比于不断增长的填海筑路、开拓新区，有资格够水平的设计师和事务所数量总是不够。1949 年，香港华人建筑师有 46 人，超过西方人（42 人）。1955 年，70% 的建筑师为华人。1956 年 9 月 3 日，香港建筑师协会（Hong Kong Society of Architects）创会，有 27 名成员，其中 15 名为外籍人士。协会附属于英国皇家建筑师学会（RIBA）。到 1964 年，有了 182 名会员；1966 年，有 243 名成员；1990 年，有 1 026 名成员。[1]1972 年，建筑师协会改名为香港建筑师学会（Hong Kong Institute of Architects，HKIA）。及至 2014 年，该会拥有 4 000 多名个人会员和 170 个公司会员。[2]（图 3.1）

香港政府对建筑安全和质量进行控制，其中一项措施是注册认可建筑师（authorized architect，以后工程师、测量师也可获得"认可"头衔），1953 年注册的认可建筑师有 95 人，其中 35 人为外籍人士，11 人战前就开始执业；[3] 1967 年，认可人数达到 183 人。[4] 据华侨日报社出版之《香港年鉴》的记载，设计公司的数目由 1949 年的 16 家增加到 1967 年的 71 家。到了 1980 年代，华人建筑师在认可建筑师中的比重已经超过 80%。[5] 房屋建造是牵涉成百上千人的集体劳动，但建筑师始终起着主导作用。探讨战后香港建筑的发展，必然要追溯到那一代建筑师的活动。

英国人开办的事务所巴马丹拿、马海，自 1868 年和 1904 年成立以来，就活跃于香港、上海和其他中国沿海城市。成立于 1874 年的李柯伦治则主要在香港活动。1938 年后，内地城市少有建设活动，外国设计公司纷纷撤回香港，主要活动也集中于本地。它们虽然是英国人开设，在 1970 年代前也主要以英国和海外来的专业人士为主，但都可以视为"本地"事务所。若仔细分类，可以把战后香港的设计力量分为传统大行、本地华人建筑师和从内地主要是上海来的建筑师三类。

图 3.1 / 建筑师协会会员在 1950 年代的聚会

大型设计公司

20 世纪初，香港和上海最重要的建筑设计事务所，当属**巴马丹拿（Palmer & Turner）**，该公司在上海时的中文名叫"公和洋行"。上海外滩 26 栋近代留存建筑中，有 12 栋是公和洋行设计的，包括外滩的汇丰银行（1923）、海关大楼（1927）、百老汇大厦（现上海大厦，1934）和沙逊大厦（今和平饭店，1928）。[6] 1939 年，巴马丹拿关闭在上海的办事处，撤回香港。太平洋战争期间，靠马来西亚新山的项目捱过困难时期。巴马丹拿在 1950 年代的香港大展拳脚，中环最重要的地段，从皇后大道中到原天星码头边，方圆四五百米范围内，有 21 栋大厦由巴马丹拿设计，时间从 1951 年的中国银行大厦到 1997 年的中汇大厦和 2004 年的创兴大厦。在过去 150 年的历程中，巴马丹拿的设计手法从维多利亚时期的哥特复兴到新古典主义，从艺术装饰到现代主义，从"现代古典"到自由形式。[7] 有的楼，

在同一地点，拆去重造，如此几代，都由巴马丹拿设计。如渣打银行总部，1958 年造起高楼，隔了 30 年，最近的一代新大楼在 1991 年建成。从殖民时代早期起，巴马丹拿的业主为汇丰银行、置地公司和香港政府；在 21 世纪，主要客户为新鸿基、中信泰富和与中国经济有关的公司。建筑设计服务于主导经济，由巴马丹拿 150 年来的历史可见一斑。（图 3.2）

1946 年后，巴马丹拿公司在其 1936 年设计的汇丰银行里租用一层，1970 年迁入其设计的中环太子大厦 19 楼，后又移到湾仔。21 世纪后，巴马丹拿搬到鲗鱼涌的大楼，占据六层。1955 年，香港建筑条例进行重大改革，以基地立方体来控制建筑发展，太子大厦依照新条例设计，于 1964 年建成。（图 3.3）太子大厦将楼上天桥连到对面的东方文华酒店。两座大厦都由置地公司拥有，这一早期天桥引领了中环的天桥步行网和香港日后的上千座天桥。

巴马丹拿公司在 1960 年有 60 名员工，到

图 3.2 / 香港中环，白色建筑为 P&T 公司设计。

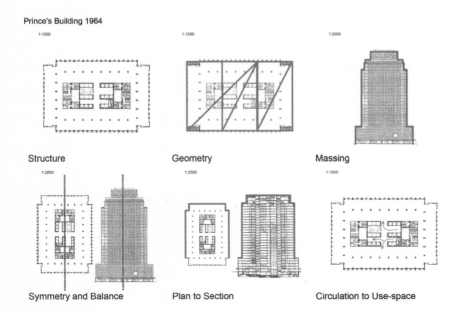

图 3.3 / 中环太子大厦设计分析，该大楼是 1955 年建筑条例改革的产物。

1970 年代增至 200 人，1997 年时，整个集团有 600 多名员工。从 1972 年起，以香港为大本营，集团不断向外拓展，逐渐在新加坡、台湾、澳门、曼谷、越南、马来西亚、印度尼西亚、迪拜、阿布扎比、阿曼、卡塔尔、上海、北京、武汉、大连、重庆、深圳等地设立分部。现在其业务遍及亚洲各地，雇员近 2 000 人。从 2010 年起，其在中国大陆和台湾的项目，占了总业务的 40%。除了新加坡和泰国的分部自己设计方案，其余地方的设计都由香港公司发出，各地的分公司专职管理市场、项目、施工图和报批。香港公司内包括五个方向的设计团队：学校和教育设施、住宅、办公楼、酒店和服务型公寓、总体规划和城市设计。

巴马丹拿公司设计过不少学校和公共屋邨、私人发展住宅大厦，并获得奖项。但该公司的最大贡献是设计优质（甲级）办公商业综合体，例如 1967 完成的位于湾仔的 AIA 大楼。该建筑采用预应力混凝土结构。裙房从山谷中升起五层，裙房内是停车场，裙房的平台上是办公楼的入口。23 层高塔楼由此升起，标准层中间为核心筒，楼板从筒中跨越到周边的外墙体，跨度近 10 米。而办公室使用部分就无需用柱。该建筑的立面清晰地表达了混凝土结构的形式、模数和重复的韵律，结构成了该建筑表达的重点。该建筑由巴马丹拿公司合伙人木下一（James Kinoshita）主持。（图 3.4）

1982 年，置地广场在中环建成，平台上顶着斜角布置的两幢 44 层高塔楼——公爵大厦和告罗士打行。两栋楼 160 米高，总建筑面积 112 500

平方米，写字楼面积 95 500 平方米。大楼双筒体结构，外筒体为开间 3.75 米的立柱，自底层至九层，立柱截面 1.5 米 ×0.6 米，从第九层升至顶层逐渐减少为 1.2 米 ×0.6 米。内筒壁厚度由低层的 0.5 米逐渐过渡到 0.23 米。四层高的裙房内设计有中庭，边长为 42.5 米的大堂。楼层的面积为 1 600 平方米，是比较经济和合理的标准层面积。中庭内有角锥格架天窗（隔热反射）、喷水池，四边是环廊和高低平台。中庭连接周边

图 3.4 / AIA 大楼，1967 年。

的三条马路往地下则可连接到中环地铁站。这是香港第一幢现代意义的带中庭的商业建筑。AIA大楼和置地广场采用干脆简洁的结构作立面，不带附加装饰。南京的金陵饭店采用同样的设计语言，1983年建成时让中国的同行和使用者惊讶。这三幢建筑都由木下一设计。（图 3.5）

考察巴马丹拿设计办公大楼、企业总部的思路，可以延伸到1973年建成的中环怡和广场（木下一主持）、1985年至1988年建成的交易广场，以及同时期在香港、澳门、新加坡、台北、上海、北京、雅加达等地建成的企业商业大楼。这些端

a

图 3.5 ／ 置地广场，1982 年。a ／ 中庭；b ／ 设计分析

b

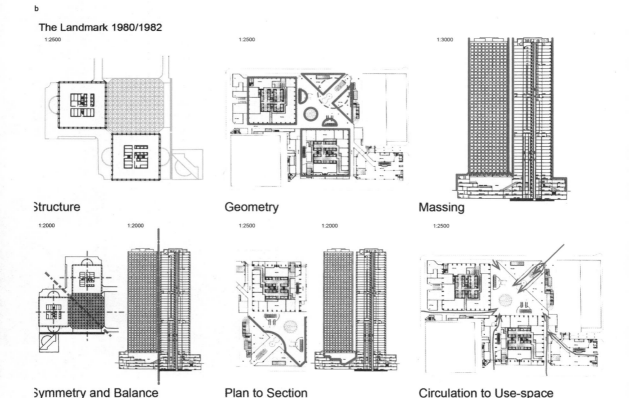

庄典雅的高楼和综合体，定义了亚洲崛起后中央商务区的品格和质量。

巴马丹拿新古典建筑风格的主笔，是该公司董事李华武（Remo Riva）先生。李先生是瑞士人。1972年，20来岁的李华武背包在亚洲环游，踏上港岛偶见怡和大厦在施工，他根据工地外挂牌的号码，打电话到事务所欲请教高层建筑的设计问题，上楼后竟然获得工作邀请。之后，他就一直留在巴马丹拿工作了40多年。[8] 李华武的草图和巴马丹拿设计立面的方法，都十分精到。他们会仔细研究挂石在每层之间的尺寸，窗间墙的尺寸，光面与糙面，邻近色的配置，做到尽量不斩石块。因此，台湾和大陆的许多商业楼宇和住宅的开发商都将平面图送来，请该公司设计立面，这方面生意不断。（图3.6）

a

b

图 **3.6** ／中环娱乐行，1993年。**a** ／皇后大道立面；**b** ／李华武与他的设计，2014年。所有模型均为1:400比例；**c-f** ／李华武绘制的设计草图

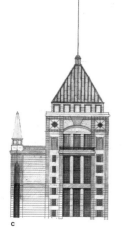

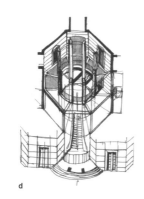

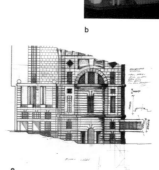

c   d   e   f

李柯伦治（**Leigh and Orange**，中国大陆改革开放后将中文名改为"利安"，以适应内地习惯）事务所在战前设计了尖沙嘴的圣安德烈堂（1906）、香港大学主楼（1912）和法国传道会大楼（1917，现香港终审法院）。20 世纪初广州沙面很多建筑也是李柯伦治设计的。太平洋战争结束后，该公司参与了中环的一些建设，如文华东方酒店（1963）。较有影响的是海洋公园，1977 年建成开放。海洋公园的早期建设由香港赛马会赞助，公园位于香港岛南面，占地超过 87 公顷，分为山上、山下以及大树湾三大景区，提供动物展览、机动游戏和动植物研究保护等参观游玩项目。海洋公园的创意加上设计者的专业，使其成为香港的旅游热点，每年有 500 万人次的参观者。另外，李柯伦治擅长赛马会、体育建筑、会所和大型综合项目的设计，在香港、内地和亚洲其他地区建成众多是类建筑。目前在北京、上海、福州和中东的多哈设有分公司。（图 3.7）

马海（**Spence and Robinson**），1904 年成立于上海，初时在上海设计许多带有线脚的新古典办公楼，包括 1932 年在南京路西藏路重建的跑马厅。这栋房子采用英国新古典式，以钟楼、巨柱和石材基座为主要设计语汇，1949 年共产党政府接管后，跑马会大楼曾长期用作上海图书馆，1997 年至 2013 年间作为上海美术馆。（图 3.8）1947 年，马海迁到香港。该公司在香港值得骄傲的设计是港澳客运码头，1985 年建成。这座建筑的地下是地铁上环站，地面是巴士总站、的士站，上层是候船厅和商场，售票处旁边是大大小小的饭店和商铺。码头上停泊的是开往澳门和珠三角各口岸的轮船，从早到晚繁忙熙攘。码头上有飞往澳门的直升机停机坪。陆上的建筑部分，由大直径机造沉箱、钢筒桩及 250 米长的新造海堤承托，上盖为钢架结构和混凝土楼面。在

图 3.7 / 李柯伦治作品。**a** / 海洋公园，1977 年；**b** / 沙田赛马会赛马场，1980 年代

a

b

数层满铺基地的商场码头基座之上，是信德中心
和招商局两座塔楼，41 层高，防火层、顶层和基
座等楼层以红色油漆桁架，十分醒目。这幢建筑
以码头客运带动了商场和交通的转换，是香港早
期由交通引导开发的优秀实例。（图 3.9）

　　港澳客运码头的主笔设计是马海事务所当
时的负责人海夫纳（Christopher "Kit" Haffner,
1936—2013）。海夫纳毕业于英国利物浦大
学，1961 年到香港工作。他曾参与巨构和跨街
综合发展的讨论，港澳中心是巨构和交通引导开
发在香港的尝试。海夫纳于 1989—1990 年度
任香港建筑师学会主席。他在香港时，同时是
基督教区的负责人，1994 年退休回伦敦后，他
又修得神学硕士学位，并写成一本关于共济会
（Freemasonry）的书。[9]

图 3.8 / 上海跑马会大楼，1934 年。

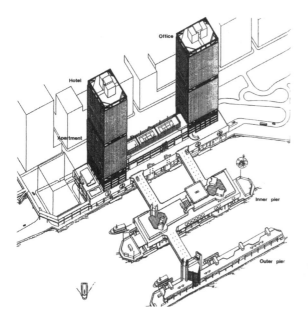

图 3.9 / 港澳客运码头，1985 年。

王董建筑师事务所成立于 1963 年，创始人王显麒先生（William Wong, Jr., 1928—2012）和董公濠先生（Albert K. H. Tung, 1931—2010）先是在美国南方德克萨斯州完成大学教育和设计实践，在美国南方和香港开展设计业务。王董公司因和美国开发商的关系，设计了尖沙嘴的喜来登酒店。公司擅长大型居住社区的规划，如 1969—1976 年间落成的美孚新邨、1980 年代初的太古城和大屿山上的愉景湾。美孚新邨建于原美孚石油公司的船坞，安排了 99 栋十字形的住宅，18 ～ 21 层高，在不到 20 公顷的土地上，安排了 13 149 个住宅单位，近四万人居住。（图 3.10）美孚位于深水埗区，公屋居多，很多富裕了的公屋住户搬入美孚成了业主。太古城是在鲗鱼涌原太古船坞的位置约 16 公顷的土地上，排下 61 栋住宅和办公楼、酒店，提供 12 698 个居住单位。在这些大型屋邨里，跨街天桥、平台层、中央花园等手法，俨然是个小型城镇，为大型住宅楼宇之间的联系提供了便利。太古城中设立太古城广场，不仅跨街区发展，还设立大型溜冰场以及分作数期的商业和办公楼开发（王董事务所的总部即设于其中）。（图 3.11）在美孚新邨之前，香港的私人住宅开发多为独栋楼宇或两至三栋楼宇。美孚是大型私人屋邨的先锋，其后港岛东太古城成了中产社区，2011 年的调查统计显示，太古城居民人均收入 62 370 港元，仅排在半山区之后。[10] 太古城楼龄 30 多年，仍然是中产人士趋之若鹜的屋苑。美孚和太古城为日后的大型住区和商场树立了榜样。

a

b

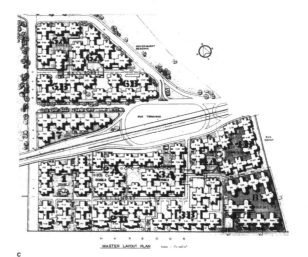

MASTER LAYOUT PLAN

c

图 3.10 / 美孚新邨，1969—1976。a / 购物与娱乐的内部空间；b / 贯穿美孚新邨的主干道；c / 总平面

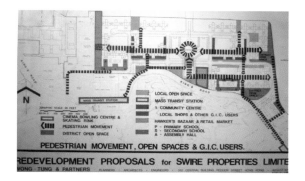

图 3.11 / 太古城，1979 年设计，1983 年后陆续建成。

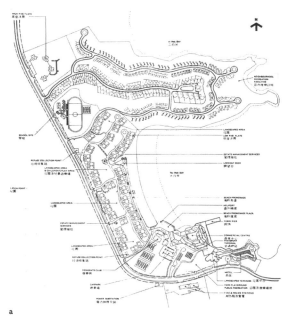

a

b

c

大屿山的愉景湾由兴业有限公司开发，王董设计，是香港首次在离岛上开发大型高档住宅区。愉景湾水路距港岛 12 公里，占地 650 公顷，包括几个海湾，分 15 期开发，具有独立花园住宅、低层洋房、高层公寓、购物商场和国际学校。至 2011 年，愉景湾有 18 000 多居民，来自 30 多个国家，俨然一个国际社区，而氛围则像美国的公寓。（图 3.12）

图 3.12 / 愉景湾高层、中层与底层住宅结合且围绕中心景观及海景。a / 地图；b / 住宅；c / 码头及商场

大陆改革开放之初，王董事务所积极开拓，其设计的上海新锦江大饭店成了 1980 年代上海的著名建筑。创始人卸任之后，1963 年毕业于香港大学的何承天先生领导王董几十年。何先生曾为香港立法、行政两局议员，他多才多艺，还擅长拉小提琴。王董事务所目前在香港的员工约有 210 人，在北京、上海、重庆、深圳有分公司，在世界其他地方也有办事处。

王欧阳（香港）有限公司的前身是 1957 年成立的王伍事务所，王泽生（1930—1993）和伍振民同为香港大学建筑系第一届（1955）毕业生，欧阳昭（1927—2010）为上海圣约翰大学毕业的结构—建筑工程师。1964 年三人成为合伙人。1972 年，伍振民退出，事务所改名为王欧阳。王欧阳擅长大型开发项目和酒店设计，如 1970 年代的中环和记大厦，1988 年金钟的太古广场及平台上的酒店和办公楼，1992 年的铜锣湾时代广场，1997 年的会展中心二期，2004 年的旺角朗豪坊，1990 年至 21 世纪的太古坊（图 3.13），21 世纪的九龙站圆方广场和观塘裕民坊重建等。

当 1980 年代美孚新邨和太古城在如火如荼建设的时候，王欧阳公司在红磡原黄埔船坞为和记黄埔设计黄埔花园，这个屋苑的 88 座楼房分 12 期建设，以花园城市为主题，每一期建设都形成一个街区，零售商铺在街面层和地下，上下以中庭贯通，停车场也在地下。商场上是平台和花园，各街区间有天桥连接。整个黄埔花园的会所、电影院、美食坊和巴士总站位于一座大楼内，旁

有船形的商场。（图 3.14）黄埔花园和美孚、太古城一样，都是香港中产阶级的"蓝筹"屋苑。王欧阳的名字，和香港大型商业开发项目紧密联系一起，在第一代创办人渐退之后，1967 年毕业自香港大学的林和起先生领导了公司的许多主要工程。改革开放之初，王欧阳在上海等地十分活跃。目前在香港的员工约有 250 人，在上海和广州有分公司。

a

b

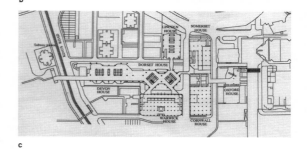

c

图 3.13 ／太古坊，1990—2010。a ／大厅连接不同楼宇；b ／人行天桥连接高层楼宇；c ／总平面

a

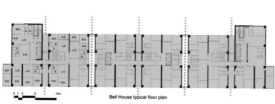

b

图 3.14 ／黄埔花园，1980 年代。**a** ／该项目分 12 期开发；**b** ／中心购物区的透视图，由黄宣国先生绘于 1986 年

李景勋先生是香港大学建筑系的第二届（1956）毕业生。他从马来西亚和澳洲工作归来后，于 1962 年开设自己的事务所至今。50 多年来，他的公司设计了大量高层住宅和学校建筑（图 3.15），港大、中大、城大的教学楼和宿舍，很多都是他公司的作品。在香港紧绌的建筑面积里，他首创了剪刀式楼梯和外挑窗台（飘窗）。这两项发明其后被香港和内地的众多楼盘所借鉴。内地改革开放后，他的公司在上海设计了当时最高的建筑希尔顿饭店（1988）。李景勋先生如今年近 85 岁，精神矍铄，仍坚持在设计前线。

图 3.15 ／九龙弥敦道宝宁大厦，1964 年。

吕元祥先生也自澳洲归来，他于 1976 年创办了自己的公司，如今公司扩充到 550 多名员工，分作十几个工作室，分部开设在北京、上海、广州和深圳。吕氏事务所近年的项目包括许多学校建筑和文化项目。该公司注重环保概念的研究和应用，活跃于实务和学术之间，频获奖项，在香港的著名作品如城市大学第三教学楼（2013）、东九龙汇基书院（2010）、小西湾社区大楼（2011）、华润大厦改建（2011）等等。通过与弗兰克·盖里及其他海外事务所的合作，该公司不断获得宝贵经验。（图 3.16 －图 3.19）李景勋和吕元祥两家事务所的共同点，是公司的管理权交棒到了家族的第二代，因此岁月流金，老树新花，萌发新意和活力。

　　香港的大公司还包括刘荣广－伍振民事务所（约 350 名员工）、胡周黄（WCWP，约 200 名员工）、凯达（Aedas）、阿特金斯（Atkins）和 AECOM。[11] 后面的几家公司都在多国设有分公司，董事几十人，这样的实力可以承接大工程，但设计的套路就比较模糊。和美国大公司及中国内地国营设计院（十几个分院，数千名员工）相比，香港的设计公司普遍规模较小。香港建筑公司的规模和运行模式，反映了此地经济实体以中小型为主、经营方式灵活的特色。

图 3.16 / 城市大学第三教学楼，2013 年。

图 3.17 / YWCA 大屿山梁绍荣度假村，2010 年。

图 **3.18** ／小西湾社区综合楼，2011 年。

a

b

c

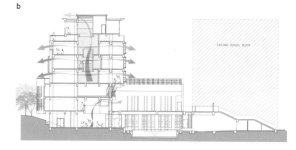

图 **3.19** ／东九龙汇基书院，2010 年。**a** ／从屋顶花园到学生宿舍；
b ／剖面；**c** ／楼宇间空留庭院以促进通风

华人建筑师

    太平洋战争前，香港人口曾接近 100 万，但商业活动却远不如上海发达，建筑设计只为少量的政府建筑和私人楼宇服务，蔓生在街边的是"没有建筑师的建筑"。在以西方人为主的设计市场，本地华人开设的设计事务所寥寥无几。**周李建筑工程师事务所（Chau and Lee）**是仅有的几所之一。合伙人周耀年（Chau Iu Nin）生于 1901 年，香港大学土木工程专业毕业；李礼之（Richard Lee）曾在英国学习建筑。周氏家族是华人银行的大股东，家族生意大，关系多。周李事务所在战前就开业，设计了一些和东华三院有关系的建筑，以及现今仍存的铜锣湾圣马利亚堂。1950 年代后，周李的业务繁多，成了香港最大的华人建筑事务所。作品如 1950 年代初建造的中华总商会大厦，楼高 10 层，地块面积约 415 平方米。底层是门厅、商店和餐厅，楼上是出租办公楼，六楼是会员俱乐部，七楼是商业管理部门，八楼是会堂，可容 192 名观众和 27 个讲坛席位，九楼有回廊俯视海港。此楼的设计突出竖线条，节节后退，是 1950 年代的优秀建筑。同样的设计手法运用于 1950 年代初期的香港大学校长宅邸，内部空间庄重，外部以弧形水平线条作装饰，和当时其他一些吸收现代主义思潮的设计一致。 1950 年代后，生意和设计逐渐由周耀年的儿子打理。（图 3.20）

a

b

c

图 3.20 ／周李事务所作品。**a** ／中华总商会大厦，1954 年；**b** ／香港大学校长宅邸，1951 年；**c** ／崇基学院小教堂，1962 年

司徒惠先生（**Wai Szeto**）生于 1913 年，自香港圣保罗书院毕业后，去上海圣约翰大学学习建筑工程学；1938 年至 1940 年间，因获英国工业联合会奖学金（Federation for British Industries Scholar），以毕业工程师的身份赴英国深造；1945 年回到重庆，任职国民政府水电工程局的高级规划工程师。他考获英国土木、机械和结构工程师资格。1948 年，他回到香港，成立司徒惠建筑师事务所。在 1950 到 1960 年代，司徒惠事务所设计了大量小区和学校建筑，如九龙加士居道的循道卫理联合教会九龙堂及学校（1951），德辅道中的李宝椿大厦，般含道的圣宝罗书院（1969），天后庙道的建造商会学校（1958）和九龙油麻地的新法书院（1971）等建筑。

循道卫理联合教会九龙堂及学校 1951 年建成于九龙油麻地加士居道的山坡上，它是循道卫理会当时在香港最大的建筑，也是司徒惠公司在香港的第一个项目。学校条形的体量插入高大的教堂中，主教堂有池座和楼座，可容纳 800 名信众，除了礼拜仪式外，也兼做学校的礼堂。循道会在湾仔和北角的教堂都经历了重建，而循道会的九龙堂延续 60 余年，迄今仍堪称优质，如彩色水磨石地板、楼梯栏杆和家具，都还在沿用当年的物品，耐用而优雅。九龙堂里的百年堂，十字架边开侧高条窗，光线含蓄地射入木地板和护壁的方室内。整个建筑外墙只用两种颜色，学校的白色和教堂的棕色。学校和教堂的外立面上，横着水平向遮阳板，出檐深远。体量在阳光下的变化，已经使得外立面有生动的效果。（图 3.21）

1960 年代，司徒惠公司还设计了附近窝打老道上的卫理公会安素堂，质感粗犷，光影效果强。

在范文照、周李事务所设计崇基书院之后，香港中文大学的校园建设延宕 40 余年。1963 年，中文大学成立，包括了三个书院，而书院的设置，部分来自英国大学的理念和教会精神，即学生以书院为家，开展课余活动，以利全人发展。建校之初，校园面积 273 英亩（约 110 万平方米），上下高差七八十米。在中文大学的校园里，崇基学院在山下，近火车站也近海；位于中部的台阶平地用来放大学总部；新亚书院和联合书院的教学楼和学生宿舍，则被安置在另一块地势较高的

司徒惠先生

a

b

图 3.21 ／九龙循道教堂及学校，1951 年。a ／白色部分为学校，
与教堂相连；b ／教堂及山上的学校；c ／查经室；d ／ 60 余年
来建筑细部经久不衰；e ／主厅

c

d

e

平台上；山的西北部，是校长、学院院长和教授的住宅。（图3.22，图3.23）

司徒惠合伙人公司于1963年至1978年间，接手了中文大学主校区、联合书院和新亚书院的总体规划、场地平整、基建工程、建筑设计和施工监造，司徒惠被任命为校董、大学建筑师和"大学发展计划"策划人。主校园的台地，东西长近250米，南北宽40至50米，东西两端设置图书馆和科学馆，两侧有校政中心、中国文化研究所等建筑，这个广场称为"百万大道"，十分有纪念意义。往山上走，则是自成组团的联合和新亚两书院。司徒惠公司的设计，巧用地形，房屋之间的布局紧凑，外敞廊的运用十分适合南方的气候。（图3.24）

1963年至1975年建校之初的所有建筑，科学馆、主图书馆（2012年增建了一部分）、中国文化研究所、范克廉楼、联合书院、新亚书院几乎全部由司徒惠公司包办。科学馆中间的讲堂，混凝土结构悬挑十几米，是1960年代末十分先进的技术创举。建筑立面是垂直、水平遮阳板和窗的结合，楼梯筒的外墙是粗糙质感的"灯芯绒"混凝土，端庄而亲切。前述的九龙窝打老道上的安素堂和这些建筑相似，它们是经济紧绌下的产物，和英国及欧洲战后的现代主义思潮（如"粗野主义"等）十分契合。[12]

司徒惠在准备中文大学校园设计的时候，招聘了一位能干的英国建筑师**费雅伦（Alan Fitch）**，费雅伦在政府工务署设计的香港大会堂其时刚在中环落成（见第4章）。费雅伦参加了校园规划，并主力设计了中国文化研究所。这个建筑环绕院落水庭，栏杆、阳台、立面都干净简洁，气氛宁静。（图3.25）1970年，日本在大阪举办世界博览会，这是亚洲国家第一次举办此类活动，香港首次参加世博会，费雅伦建筑师赢得香港馆的设计。香港馆展览香港生产的轻工业产品，并展示香港的文化。设计师做了一个如船形的主馆，通向另一单体，内设饭店，水池环绕建筑。展馆的屋顶上，插着13支桅杆，10～22米高度参差不等，张开尼龙船帆。每日不同的风向，船帆缓缓转动，使建筑总处于变化和动感之中，屋顶和建筑前的平台上有香港的民间舞蹈表演。香港特色吸引世博会的几十万观众。[13]（图3.26）

司徒惠于1960年至1961年间任香港建筑师协会会长，决意带领香港建筑走科学的道路。如果将香港、中国大陆和台湾同时期的建筑作品放在一起比较，司徒先生和他领导的公司无疑是这一时期建筑设计水平最高的公司之一。除建筑设计业务之外，司徒惠担任大量政府公职。他曾任香港立法、行政两局议员，交通咨询委员会主席，就海底隧道和地铁等议题提出许多建议。他两次被英国女王授勋，获得香港大学和香港中文大学的荣誉博士学位。1978年中国大陆改革开放，香港殷商利铭泽（1905—1983）和中共元老廖承志（1908—1983）共同发起在广州开发花园酒店，由司徒惠事务所设计。该酒店是1980年代中国内地酒店的样板。1985年酒店完成后，司徒惠即开始退休生涯，长居纽约，潜心绘画。

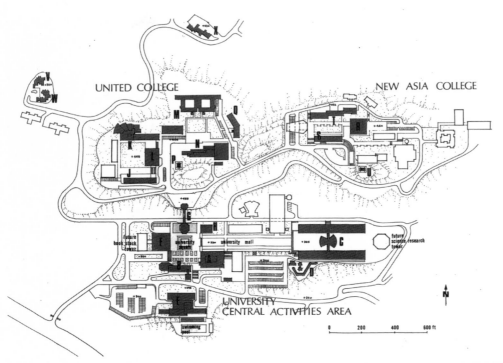

图 3.22 ／香港中文大学主校区总平面，司徒惠事务所设计，1960
年代。

图 3.23 ／香港中文大学中央校区建筑。**a** ／图书馆；**b** ／科学馆，
均建于 1970 年

a

b

c

图 3.24 ／香港中文大学联合书院。a ／学术大楼；b ／学生宿舍；
c ／建筑依坡而建

图 3.25 ／香港中文大学中国文化研究所，1970 年。

图 3.26 ／日本大阪世博会香港馆，1970 年。

从上海到香港

1940 年代末和 50 年代初，大陆易帜，香港来了一批中国内地的建筑师，主要来自上海，如甘洺、徐敬直、范文照、朱彬、陆谦受等，他们的实践与原来大陆移来香港的主顾有密切联系，给香港带来许多新的理念和气氛。关于他们的成就，在王浩娱（2008）、吴启聪、朱卓雄（2007）的论文和书籍中已经有大量详细论述。据王浩娱的研究，此一阶段大陆移民香港的建筑师有 67 人。1949 年时，华人在建筑师数量中占 52%；到 1955 年时，达到 70%，主要是因为从大陆来港的华人建筑师。[14] 本章在引用现有资料的同时，补充作者调查搜集的材料和感想。

甘洺先生（**Eric Cumine**，1905—2002，在上海时中文名为甘少明[15]）是 1950 至 1970 年代香港重要的建筑师。他 1905 年出生于上海，父亲是苏格兰人，建筑师。他除说英语外，操流利的上海话和广东话。1925 年 20 岁时，从伦敦 AA 建筑学院毕业，加入其父的公司克明洋行。1928 年，他设计的德义大楼（Denis Apartment）在上海公共租界建成，这栋大楼位于静安寺路（现今南京西路）和卡德路（石门二路）转角交界处。（图 3.27）

占地面积 2 563 平方米，建筑面积 11 774 平方米，建筑 9 层，局部 10 层，钢筋混凝土结构，底层为商店，楼上为公寓。平面沿马路弧形展开，外墙贴褐色面砖，突出竖向线条，是典型的艺术装饰风格建筑，二层墙面有挑出的雕花座。这栋

图 3.27 / 上海德义大楼，1928 年。

甘洺先生

建筑在当时是高标准的公寓，历经 85 年，现在依然住着很多居民，站立在周围尽是 21 世纪时髦摩天大楼的南京西路上，德义大楼丝毫不显逊色。此楼完成时，甘先生 23 岁；同年，巴马丹拿设计的上海和平饭店和香港尖沙嘴的半岛酒店落成。抗战期间，由于甘洺的英国身份，他曾被关押于江苏龙华的盟国侨民集中营。1946 年，甘洺参与了国民政府"大上海计划"的编制。[16]（图 3.28）

1949 年，甘洺到香港开设事务所，到 1956 年公司已有 30 多人，其中包括一些相当能干的中外建筑师，如后来协助李嘉诚在加拿大开拓房

a

c

图 **3.28** ／甘洺设计作品。**a** ／澳门葡京酒店，1970 年；**b** ／尖沙咀海港城，1980 年；c/ 经 1994 年重建后，海港城的现状；d/ 甘洺书中对 1970 年代香港天桥建设的描绘

b

d

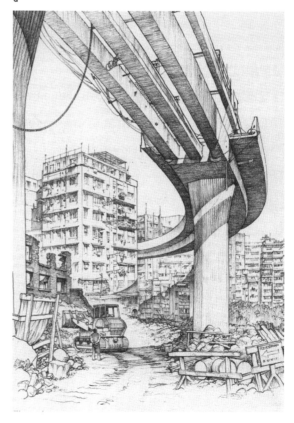

地产业的名建筑师郭敦礼（Stanley Kwok）和下文将提到的张肇康先生。从 1949 年到 1987 年，甘洺建筑师事务所完成的项目包括香港和澳门的 12 座大型酒店、73 幢大小不同的住宅、29 幢办公大楼，以及 700 个其他类型的建筑项目。这些建筑在当时都是香港引以为豪的作品，如公共屋邨中的北角邨、苏屋邨规划，铜锣湾嘉兰大厦、油麻地信义会真理堂、邵氏片厂行政楼、香港大学图书馆、中环希尔顿酒店、澳门葡京赌场等。

位于油麻地窝打老道上的信义会真理堂，建成于 1962 年。这一区有面向马路的教堂、教会所辖中学、住宅楼。教堂前临繁忙的窝打老道，信众入门厅后，底层是活动室，上楼才是教堂主厅，可容纳 750 人，其中楼座有 150 人。信众拾级而上，可以滤去都市的烦嚣。大厅的结构为拱起的混凝土门架，开间为 4 米，五跨，跨度为 24 米。圣坛的背后，是彩色玻璃窗。外立面上，教堂的微拱形和钟楼连为一体，全是白色粉刷，两个大尖拱连成图案，内镶深色面砖。这一立面处理，和香港其他教堂都很不一样。（图 3.29）

甘洺先生早期在上海设计德义大楼，遵循了艺术装饰的路线。来到香港后，采用更加功能性的现代主义，偶尔才实践一下艺术装饰的风格，如上述的教堂邻街立面。1960 年间，他设计香港大学图书馆，在高厅中设计夹层，摆放书架和阅览桌，立面则是大玻璃窗。港大的图书馆，简单的材料和平面，灵活的布局，和 1960 年代英国院校所建的图书馆十分相似。他在山顶和南区设计的多层高级公寓（Friston & Balmacare, 1959；Carolina Garden, 1964；Luginsland Apartment, 1965），一梯两户，两厅三房、厨房厕所摆得四平八稳，客厅和主次卧室皆有阳台，各卧室有壁橱。厨房向后开门，有大工作露台通往后面的佣人房和工人厕所，而工人则走自己的后楼梯，和主人家互不干扰。（图 3.30）此设计和他 30 年前在上海的设计十分相似。这样的平面，可能面积会比较大，却是十分合理，和欧美的公寓或住宅有相通之处。甘先生 1981 年出版了一本书，介绍香港的文化习俗，主要是写给外国人看的通胜词典，其中许多条目写到了他自己和同时代的城市建筑，写得机智，画得风趣。[17]

图 3.29 / 九龙基督教信义会真理堂，1962 年。

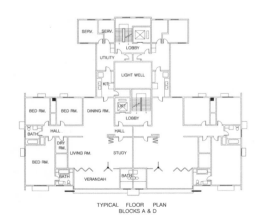

图 3.30 / 山顶嘉乐园（Carolina Garden）平面图，1964 年。相似的平面在 1950 年至 1970 年的住宅设计中被广泛采用。

范文照先生（**Robert Fan**，1893—1979）是中国第一代建筑师中的重要人物。他1917年毕业于上海圣约翰大学，获土木工程学士；1922年在美国宾夕法尼亚大学获建筑学学士学位。1928年，他和赵深、李景沛合作设计了南京大戏院（现上海音乐厅），建筑设计采用新古典主义风格。2001年因市政施工，上海音乐厅整体平移50米，搬到现在的位置。音乐厅声响效果良好，至今仍是上海的重要演出场所。（图3.31）1930年代，他还设计了上海交通大学的执信西斋、美琪大戏院、广州市营事业联合办公署等建筑。在1946年开始的"大上海计划"期间，范

先生担任上海市都市计划委员会委员。

1949年，56岁的范文照来到香港，设计了戏院、教堂、私人别墅、百货大楼和公寓等许多建筑。1954年，政府在沙田马料水拨地10英亩（约4万平方米），供崇基学院建校。崇基由一批移（难）民教育家创办，而同为移（难）民的范文照被选定为建筑师。该地块北面为山，西面为道路，九广铁路和吐露港在东侧。范的设计，将教室、学生和教师宿舍层层建于山坡上，中间留出低洼地作为操场，依山就势展开风景画面，完全摈弃了对称庄严格局。范文照设计的教学楼和宿舍，在极其紧绌的财政预算下，满足功能上的要求，不

范文照先生

图 3.31 / 上海音乐厅，1930 年。

作无谓的铺张。在设计语言上，梁板结构直接暴露，以开间和柱的重复来体现韵律。他采用当地的牛头石作为山墙或主立面墙的饰面，阳台、隔墙以漏花格做装饰，屋顶微坡。崇基学院的设计，1950 年代末期渐由周李事务所和其他公司接手，但以后的建设都尊重了范文照和当年董事会定下的规划原则。崇基的山谷，除了操场外，还包括美丽的未圆湖和湖区风景。（图 3.32）范先生在上海时，事务所开在四川路 110 号，在香港中环历山大厦的设计事务所一直开到近 1970 年。[18]

图 **3.32** ／范文照所做的崇基学院校园规划，1955 年。建筑依山势而建，中间山谷是操场和公园，下为范先生画的草图。

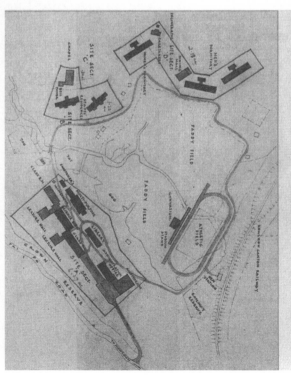
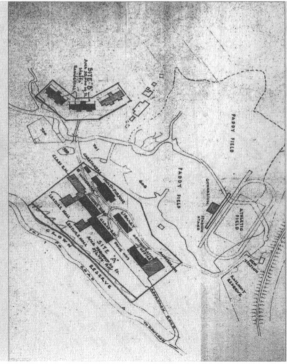

徐敬直（**Sü Gin Djih**，1906—1983）先生，上海人，1924 年至 1926 年就读于沪江大学，后转往美国密歇根大学，1929 年获得学士学位，1930 年获得硕士学位。徐敬直与李惠伯和杨润钧合伙创办兴业建筑师事务所。1949 年后，徐敬直将兴业开到了香港，这家公司暨今仍在营业。徐先生在香港设计了中环的教会、北角的卫理教堂、九龙的新亚书院和旺角的麦花臣球场。从 1948 年到 1956 年，香港建筑杂志 *Hong Kong and Far East Builder* 报道了他的 22 个设计，数目之多列于华人建筑师之首。[19] 他在北角和旺角的设计，经过日后改动或重建，现已不存。1933 年，徐敬直在上海发起中国建筑师学会；1956 年，在香港又发起成立香港建筑师协会，担任首任会长，协会的宗旨是为了"土木建筑的进步，推动和帮助获取建筑艺术和科学的知识"。[20] 协会的成立，对香港建筑设计业的进步起了巨大的推动作用。（图 3.33）

图 **3.33** ／徐敬直和兴业事务所设计作品，已连拿利道崇基学院（左）、国民储蓄会大楼（右）和农圃道新亚书院，完成于 1951 年至 1955 年间。

徐敬直先生遍查当时可以获得的材料，以英文写成《中国建筑：过去与现在》一书，1964 年在香港出版。这本书首先挖掘中国古代的传统和遗迹，此时营造学社的书籍已经出版，徐先生读了，再写成英文。最可贵的是，这本书评述了 1930 到 1960 年代台湾和中国大陆"民族形式"的建筑，许多设计者是他的同辈和晚辈。他在书中介绍北京 1959 年的十大建筑和 1950 年代针对"民族形式"的争论和批评，对内地的政治气候严厉抨击，对台湾修植兰等设计的阳明山庄等建筑则加以赞赏。在 1960 年代，还没有哪位

徐敬直先生

第一代中国建筑师如此评论他的同辈。童寯在1976年至1983年的写作，多介绍外国，对近代当代中国没有着墨。徐先生身在殖民地香港，关心着北京和台北的建设，思路还沿着1930年代的轨道。书中事实和图片来源于北京《建筑学报》，和一些内地出口对外的宣传杂志。这本书写作时，中国大陆正在搞"四清"运动和设计革命，狠批 "洋、贵、非"；台湾则在蒋介石的提领下，百事尊孔。身处香港的徐先生秉持自己的观点，书中图版案例包括他1930年代设计的南京国民党中央博物馆建筑（图3.34），但全书只字未提香港的建筑。他在书中感谢正在哈佛大学念研究生的青年何弢帮他收集资料图片——1950年后，徐先生无机会踏足大陆，书中中国古建筑图片是何先生从美国大学里翻拍来的。直到1980年后，中国大陆才重新大张旗鼓地评述"民族形式"。从1938年到1978年的40年里，客观而实事求是地评论"中国式文艺复兴"，只见到此书。（台湾也有出版物，如黄宝瑜的著作，但晚于徐著。）[21]

图3.34 / 南京中央博物院，设计竞赛第一名并部分建成，徐敬直及兴业事务所设计，1934年。

陆谦受（Luke Him Sau，1904—1992）

出生和成长于香港，饱受国学熏陶。他在香港的英国人建筑事务所实习四年，1927年赴英国伦敦AA建筑学院读书，插入三年级。在英国期间，他与中国银行行长张公权先生巧遇，张邀请他到上海主持中国银行建筑科。1930年毕业后，他游历欧美，考察银行建筑，然后到上海任中国银行建筑科科长。他先是设计了青岛的金城银行，1934年建成；又与巴马丹拿（公和洋行）合作设计了上海外滩的中国银行，1936年建成。中国银行大厦的设计，受到当时艺术装饰派的影响。它的体量形似"中"字，四角缵尖、斗拱撑檐，正门楣上有幅"孔子周游列国"的浮雕。抗战时期，陆谦受随中国银行撤到重庆，战后回到上海，曾在上海圣约翰大学任教，并和王大闳、陈占祥、黄作燊、郑观萱合开"五联"事务所。在内地的近20年里，陆作为中国银行建筑科的负责人，参与各地银行的建设，如上海虹口区海宁路和南京西路的银行公寓楼。此外他也设计了不少住宅。1946年，陆谦受在"大上海计划"中起关键作用，担任上海市都市计划委员会委员、工务局技术顾问委员会都市计划小组专家、都市计划总图草案工作人员。由会议记录和签名顺序看，他在"大上海计划"初稿时起了主要作用。[22]（图3.35）

1949年，45岁的陆谦受放弃他在上海的所有，回到香港。（图3.36）之后，他受梁思成的鼓励，再回内地寻找机会。一年后，功败垂成，返回香港。他和巴马丹拿事务所再度合作，参与设计了中环的中国银行总部，1951年建成。这

a

b

图 3.35 ／陆谦受上海作品。a ／中国银行，外滩，1934 年；b ／中国银行，虹口分行及员工宿舍，虹口，1936 年

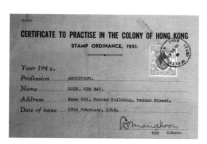

图 3.36 ／陆谦受在香港的执业证书，1949 年。

陆谦受先生

座大楼几乎就是 15 年前建成的上海外滩中银大厦的翻版，线条、面砖处理都相似。1950 年代，他参与了苏屋邨中部分屋宇的设计、北角丽池大厦、华仁书院小礼拜堂、浅水湾保华大厦和许多住宅及工厂的设计。许多业主是他在上海时发展起关系的赴港商人，如南海纱厂的唐氏家族，馥记营造厂老板女婿所开的保华建筑公司及杜月笙徒弟在北角的项目。（图 3.37）

在那些当时的（高档）住宅项目中，陆先生采用一梯两户，前后四户，共享中间的后楼梯的做法。这样的四户横向重复，形成前后街的街面。在北角丽池大厦中，四栋一梯两户（前后共四户）的住宅，在英皇道上形成长长街面，在每栋之间留出弄堂，通往后面。外面看是沿街近百米的立面。丽池花园的住户里，后来出了很多亿万富豪。[23]（图 3.38）

1950 年代，陆先生有机会为教会做设计，如名校玛丽诺书院、九龙华仁书院的礼堂和黄大

a

图 3.37 / 陆谦受香港作品。a / 浅水湾保华大厦，1963 年；b /
浅水湾保华大厦平面；c / 圣母医院，黄大仙，1958 年；d / 德辅
道中公寓，1960 年代

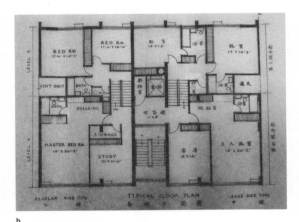

b

c

d

a

b

图 3.38 / 丽池花园大厦，1958 年。a / 透视图；b / 部分建筑，
2013 年。中间部分被一更高的公寓取代

仙圣母医院。圣母医院位于黄大仙地区的山坡上，建筑按功能分翼排开，住院部向着南面的花园。华仁书院是1924年中国人创立的中学，在港岛和九龙都有校园，九龙的校园1952年迁入何文田。校园内的建筑都简洁朴素，并且依循热带气候设置水平、垂直遮阳板和大平台。陆谦受设计的小教堂采用类似手法，教堂外包着通高走廊，外墙是混凝土框架，之间填着红色空心图案砖，活动室和神职人员宿舍利用教堂后面造了三层。空心砖墙通风荫凉、简易漂亮，在冷气机来临后的年代，这种民间做法几近失传。（图3.39）

1968年香港暴乱，陆先生如惊弓之鸟，他关闭香港的事务所，出走美国，以64岁之龄短期在纽约事务所工作，希望东山再起，但未能如愿，于1972年返港。退休后，他写下了1700多首诗歌，并阅读内地的《建筑学报》，以此感受到故土的"人才济济，内容包罗万象，应有尽有"。[24]

1949年前在中国内地的最大华人事务所**基泰工程司**，由关颂声、朱彬、杨廷宝合伙，在南京、上海、天津、北京和重庆完成大量官方和私营建筑。1948年底，基泰将重心迁往广州和香港发展，关颂声、朱彬携带新的合伙人张镈到香港开展业务，在其堂弟关永康建筑师事务所里办公，他们设计了皇后大道上的万宜大厦和陆海通大厦。皇后大道和德辅道的高差，由自动扶梯解决，这是香港建筑首次采用自动扶梯。万宜大厦之后拆除重建，但1950年代设计的原

a

b

图 3.39 / 华仁书院礼堂，1958 年。a / 背面；b / 礼堂过道，镂空墙通风荫凉

则依然受到尊重。1951年，张镈返回北京。朱彬还设计了位于青龙头的龙圃花园大宅，业主曾将其对公众开放，并成为多部中西影片包括李小龙电影的取景地。[25]

张肇康先生（**Chao-kang Chang**，1922—1992），1946 年毕业于上海圣约翰大学，后去美国哈佛大学攻读，毕业后在纽约工作。1954年，贝聿铭邀请张先生到台湾，一起设计东海大学、台湾大学的校园规划和建筑设计。1961 年至1965 年，张先生在甘洺事务所工作，后返美国，1970 年代再来香港，同时在香港大学建筑系兼课。1978 年改革开放后，张先生是返回内地做设计和讲学的第一批香港建筑师。他去往内地旅行 70 多次，晚年的心血都凝聚在一本写中国建筑的英文书中——《中国：建筑之道》，这本书描写了中国建筑传统及他采风到的民间建筑。[26] 1949 年毕业于上海圣约翰大学的欧阳昭先生，曾在甘洺事务所工作，1960 年代加入王伍事务所，成为王欧阳的老板之一。他身兼建筑师、结构工程师和生意人的三种身份。

内地来的建筑师，也非人人顺利获得机会。如广州名建筑师陈荣枝，曾经设计了广州的第一座钢结构高层建筑——爱群大厦（1934），1948 年时官拜广州工务局建设厅厅长。1950 年代来到香港后，生活困顿，曾在周李事务所短期打工，之后在专业上便无发展。而陆谦受刚到香港时，也居无定所。[27]

战后的香港建筑追崇实际，大公司、小公司均以自己的方式处理着设计的挑战和任务。建筑设计的从业人员主要受训于海外，香港本土培养的建筑师在 1960 至 1970 年代尚处于成长时期。从上海来的建筑师，都是 20 世纪初前后出生人士，典型的中国第一代建筑师。这一代建筑师的

主流，1949 年后留在内地发展，如梁思成、杨廷宝、童寯、赵深、陈植等，他们显赫的政治地位和社会影响力近年受到学术界的广泛关注。[28]而流到香港的分支，几乎被遗忘。后者到达香港时，年龄在 50 岁上下。香港当时的条件和形势，和 1930 年代上海的情况很不一样。他们的成熟期献给了香港的战后重建。战后的香港，承接着中国内地尤其是上海来的资本和人才，在殖民管制和人口压力下，因缘际会，在这个小岛上以一种混合和特别的方式发展起来。建筑和设计业，是这棵大树上生长出来的一枝。

由中国大陆移民至香港的这批建筑师和技术人员，现在只有徐敬直 1930 年开设的兴业建筑设计事务所仍在运作，但股权变动，仅存公司名称而已，其他公司都纷纷结束。这批人士年事已高，不见传承。香港本土生长的设计力量，与大陆来港的建筑师并无太多直接的（师徒）联系和交汇。内地来港建筑师的影响，主要是通过他们 1950 年至 1960 年代设计的一些建筑产生。1950 年代大陆来的建筑设计力量有力推动了香港的建设，30 年之后，香港的设计力量又反过来推动了大陆改革开放后的建设热潮。这是跨越 30年值得注意的两股双向互动。

培养生力军

香港大学 1912 年创立时已有工程系，培养了不少工程师。1950 年又开办建筑系，1955 年

培养出第一批毕业生。香港大学的毕业生在前辈的事务所里得到成长，到 1960 年代，已经有港大毕业生开始经营事务所，如王（泽生）伍（振民）欧阳（昭）事务所。香港大学建筑系的办学理念和早年毕业生，得益于首任院长哥顿·布朗（Gordon Brown，1912—1962）。布朗曾在爱丁堡大学和伦敦 AA 建筑学院任教。他既投身教育，本人也做建筑实践。后任院长格里高利（W.G. Gregory）原是系内教师，也是教学与实践并重，注重实际和工程的人物。格里高利在香港的双月刊《远东建筑师和营造者》上发表过十几篇文章，在这些文章中，他提倡本土文化滋生出的建筑（如大会堂，美国驻港领事馆、伊利莎白医院等），用结构来表现建筑的建筑师（如奈维 <Pier Luigi Nervi>，尼迈耶 <Oscar Niemeyer> 和丹下健三 <Kenzo Tange>），赞扬公共屋邨的规模和魄力，认为这些建筑和当时世界上的优秀建筑（如纽约西格拉姆大厦）相比毫不逊色。建筑是社会艺术、环境科学。同时，格里高利特别批评香港的许多建筑师，将建筑规范当成设计指引，只知道炒尽容积，寸土必争，而忘记了建筑设计的艺术和为人使用、令人舒服的功能。他讥讽这些为"守法房屋"（bylaw buildings），而不能谓之为"建筑"。这些观点也影响到他建筑教学的方法。[29]

1976 年，香港大学建筑系由黎锦超（Eric K. C. Lye，1934—2007）教授接管，直到 1996 年。黎锦超是马来西亚华人，他毕业于普林斯顿大学，在美国和加拿大做设计工作，1970 至 1976 年任加拿大曼尼托巴大学建筑系主任。他到香港大学

后，在纯粹的英国建筑教育制度里渗入美国特色。他提倡诗意创新的设计，认为一些技术可以在工作中学习。他本人虽不通晓中文，但倡导本土文化与地方建筑。1980 年代，香港大学成了海峡两岸建筑界沟通的桥梁。1950 年代，香港大学建筑系每年的毕业生 20 多个，到了 1970 年代，毕业生有 30 ~ 40 名；1980 年代以来专业学位增至每年 70 个学额。1958 年起，香港大学毕业生开始在香港注册成为建筑师。而该校的城市规划、景观建筑学和文物建筑保护等专业和建筑学互为提携，为香港的建筑教育提供标杆。香港建筑设计界能见到众多港大毕业生的身影。[30]

1988 年，香港城市理工学院开办建筑学高等文凭课程。理工学院的主要任务，是培养学位课程以下的技术人材。1994 年，香港城市理工学院正名为香港城市大学。2000 年，建筑学课程改为副学士，同年和澳洲昆士兰科技大学（QUT）合办建筑学学士课程。2005 年开办自资学士课程，2012 年建筑学学士课程获得政府资助。25 年来，城市大学培养 2 000 多名建筑学毕业生，多供职于建筑设计、施工、管理和政府部门。城市大学的建筑学专业，设在科技工程学院之下，偏重技术和实践。

1991 年，香港中文大学开办建筑系，设在社会科学院中，至 1998 年有了第一届毕业生。2012 年，中文大学建筑学院迁入新大楼，这是香港的建筑院系中第一个有专用大楼的。中文大学的建筑教育在设计之余，比较重视研究，如可持续发展的建筑、通风采光和文物建筑修复。这

和其中许多教师的研究息息相关。

　　香港各所大学的教师来自世界各地，是大中华土地上最为国际化的教师团队。建筑专业教育的制度，因循于英联邦的 Part I 和 Part II 阶梯，在 2013 年后，是以四年制的本科加上两年制的硕士学位。教学方向介于国际化和本土化之间。而国际化和本土化因各人的理解和视野，又各个不同。其长处是学生可以吸收来自各方面的营养，短处是难以形成专业优势和特色。当院长或系主任更换时，经常可以在某种程度上影响该院系的方向。当然，无论如何创新或变化，职业教育总是受命于专业学会的认证指导和大学对于高等教育的基本要求，这就使得各大学的建筑学专业，都必须遵从大同小异的路向，而难以在某一方向突破。除了上述的几所院校外，香港还有些其他院校提供各种类型的建筑教育，如香港大学社区学院（SPACE）办的高等文凭，通过和英国院校合办，将学生衔接到学士学位；私立珠海学院办的五年制建筑学士；香港职业技术学院和知专设计学院办的高等文凭和自资学位课程等。这些院校的课程配合了香港建筑设计行业对不同层次和特长人才的需求。

注释

1　1964 年、1967 年的数据，出自 *The Hong Kong Society of Architects Year Book* 1964, 1965, 1967。创会建筑师人数源自以上刊物上的创会章程。

2　引自 HKIA 网站，http://www.hkia.net/hk/AboutUs/AboutUs_02_01_new.htm，2014 年 10 月 11 日查询。

3　参考吴启聪、朱卓雄著：《建闻筑绩——香港第一代华人建筑师的故事》，经济日报出版社，2007 年。本章中大量事实和数据源出于此书。

4　参考 *Far East Architect & Builder: 1967 Hong Kong Directory*. Hong Kong : Far East Trade Press.

5　关于华人建筑师的统计，源自王浩娱《华人移民建筑师在香港：1948—1955》；顾大庆编《崇基早期校园建筑——香港华人建筑师的现代建筑实践》，香港中文大学崇基学院，2011，pp.48-55。

6　1938 年前巴马丹拿在上海的设计，1990 年后几乎全部被上海市政府列为历史保护建筑。

7　本章关于巴马丹拿公司的描述，多源自于巴马丹拿集团《巴马丹拿集团 P & T Group》，贝思出版有限公司，香港，1998 年；2008 年香港深圳城市 \ 建筑双年展上巴马丹拿公司的作品介绍；香港建筑师学会出版《热恋建筑——与拾伍香港资深建筑师的对话》，2006 年；Kwan Young Yee (Bonica), *The Trajectory of Office Design in Central, Hong Kong by the Palmer & Turner (P&T Group)*, Bachelor degree thesis, City University of Hong Kong, 2015.

8　李华武（Remo Riva）先生访谈，2014 年 8 月 22 日。

9　Christopher Haffner, *Workman unashamed*, Ian Allen Publishing; Rev Enl Edition, July 26, 2007.

10　香港统计署资料，《2011 年人口普查——主题性报告：香港的住户收入分布》（2011 Population Census - Thematic Report: Household Income Distribution in Hong Kong）。

11　这里所列公司的员工数，为各公司网站资料，2015 年 1 月 1 日阅取。

12　本章关于司徒惠公司的介绍，参考了 *W.Szeto & Partners Architects and Engineers, Selected Works*, 1975.

13 关于 1970 年世界博览会香港馆，参考了 Technical notes written by Mr. Alan Fitch, 1969; "Hong Kong will 'sail' into Expo 70"; *South China Morning Post*, Feb 9, 1968; 以及 Victoria Fitch 2014 年提供的图片。

14 同注 5。

15 "甘少明"的名字，出现于"大上海计划"，1947 年。参见上海市城市规划设计研究院编《大上海都市计划》，同济大学出版社，2014 年。

16 民国 35 年，即 1946 年，上海市政府着手"大上海计划"，由市长吴国桢牵头，工务局局长赵祖康总负责。总图草案初稿由八位建筑师制定，包括陆谦受、鲍立克（Richard Paulick，圣约翰大学教授）、甘少明（Eric Cumine）、张俊堃、黄作燊、白兰德（A. J. Brandt，圣约翰大学教授）、钟耀华、梅国超。前后三稿，第三稿完成于 1949 年秋，1950 年批准。参与讨论的其他建筑和规划师包括关颂声、范文照、庄俊、王大闳、郑观萱、陈占祥等。"大上海计划"可以和本书第 1 章所述香港规划相比较。参考上海市城市规划设计研究院编《大上海都市计划》，同济大学出版社，2014 年。

17 Eric Cumine, *Hong Kong: ways & byways – a miscellany of trivia*, Belongers' Publications Ltd，Hong Kong, 1981.

18 崇基学院的描述，主要参考了顾大庆：《崇基早期校园建筑——香港华人建筑师的现代建筑实践》，香港中文大学崇基学院，2011 年。范文照在上海事务所的地址，参见上海市城市规划设计研究院编《大上海都市计划》。

19 同注 5。

20 摘自 Deed of Constitution, Hong Kong Society of Architects, September 3, 1956.

21 Su Gin Djih, *Chinese architecture: past and contemporary*, Sin Poh Amalgamated (H.K.) Limited, Hong Kong, 1964.

22 参考上海市城市规划设计研究院编《大上海都市计划》，同济大学出版社，2014 年。

23 沈西城：《丽池风水地》，香港《苹果日报》副刊，2013 年 12 月 28 日。

24 本章关于陆谦受的记载，参考了王浩娱：《陆谦受后人香港访谈录——中国近代建筑师个案研究》，《第 4 届中国建筑史学国际研讨会论文集》，上海，2007；Edward Dension, Chinese whispers, *AA Files* 64, 2012; 以及香港大学图书馆的陆谦受档案。陆谦受晚年的感受，见陆谦受致方拥信，1984 年 7 月 12 日，刊载于杨永生编《建筑百家书信集》，中国建筑工业出版社，2000。

25 关于基泰工程司在香港的活动，参考张镈著《我的建筑创作道路》，中国建筑工业出版社，北京，1994；和王海文著《感恩人生——郑汉钧传记》，中国铁道出版社，北京，2010。

26 Chao-kang Chang and Werner Blaser, *China: Tao in architecture*, Birkhauser Verlag, Basel and Boston, 1987.

27 陈荣枝到香港后的情况，由钟华楠先生告知。2013 年 1 月 16 日访谈。

28 关于中国第一代建筑师的研究，请参 Jeffery W. Cody, Nancy S. Steinhardt and Tony Atkin (ed), *Chinese architecture and the Beaux-Arts*, Honolulu: University of Hawaii Press, 2011; 赖德霖，《中国近代建筑史研究》，北京：清华大学出版社，2007；张复合主编，《中国近代建筑研究与保护》，北京：清华大学出版社，1999。

29 格里高利的言论，综合采自 1963 至 1965 年的 *Far East Architect & Builder* (Editor: A.G. Barnett)。

30 香港大学的部分，参考了《热恋建筑——与拾伍香港资深建筑师的对话》中的黎锦超篇，部分内容由刘秀成教授告知。笔者和刘教授熟识已久，2013 年 5 月 8 日访谈，专门又谈了香港大学的教育。

第 4 章

公共建筑

在资本主义和自由土地市场中，私人主导的开发遵循的是私人财团和业主的利益，政府拨地和出资建造的公共建筑则担负着平衡公众舒适和便利的任务。公共建筑牵涉社会大众，而不是为一小群人服务。在世界城市中，公共建筑的多寡或成败常常引人注目。

达特纳（Richard Dattner）在其所著《市民建筑》中对公共建筑提出几点要求：第一，要具有纪念性，规模不必过量也不能不足；第二，要保护和提高公共生活；第三，可持续性，以较少投入办更多的事，要高效、持久、节能，为社会树立典范；第四，环境性，在放入自然环境时，要尊重自然景观；第五，方便公众到达；第六，包容社会的多元文化需要；第七，教育性，如同丘吉尔所说，我们塑造了建筑，建筑也塑造了我们。[1]

在《后九七·香港公共建筑》一书中，白思德说，香港建筑天生有一种公共性，"公共性"是本地生活有机的一部分。公共机构建筑在城市

的质量方面，占据着中心、微妙和决定性的作用。在同一本书中，吴享洪解释了香港公共建筑背后的独特原因。在拥挤的城市中，市民渴望好的公共空间。公共空间和建筑成了城市生活的一部分，这也在相当程度上促使建筑师和设计师在城市规划和房屋设计过程中去思考如何有效地利用空间。公共建筑于是成了多用途、多价值和多层次的作品。混合用途的环境提高了空间的有效性和灵活性，优化了一年和一天不同时段的用途。[2]

在殖民地的前 100 年，政府忙于应付各种临时的危机，很少考虑公共设施的建设。私人的聚会发生在教堂、庙宇或富人的会所，这些建筑只是满足小团体的需要。政府办公楼和法院建筑都是按殖民地手册设计。在战后的 1950 年代，政府开始着手学校、安置性公屋和医院的建设。"六七暴动"之后，政府意识到青少年必须有地方活动，才不至于流落街头，被坏人利用。2013年香港的年人均国民生产总值接近四万美元，但50% 以上的家庭依然居住在 40 ～ 50 平方米以

下的住房里。[3] 公共建筑对市民显得尤其重要。人们到大会堂去看演出，参加群众表演和艺术活动，少年儿童参加课余艺术班，老人们打拳健身。公共建筑、公园和开放空间总是人头济济。

香港战后的公营房屋、公共建筑，多是由当时工务署内政府建筑师设计或监造。1950 年代工务署内的建筑师主要来自英国或英联邦地区，年轻有为，满腔抱负。工务署建筑师设计的九龙伊丽莎白医院（主要负责人为黄汉威），有着整齐的混凝土剪力墙，1963 年落成，是当时英联邦地区最大的医院。同年，伊丽莎白医院建筑获得英国皇家建筑师学会铜奖。[4]（图 4.1）

建筑上的现代主义，在战后以粗野主义等形式出现，以适应当时的经济环境。而香港的公共建筑，讲究坚固、机器般的效率和机器美学，与当时正流行的现代主义风格不谋而合。如果第 3 章所述的私人公司和内地来港建筑师，正在用改良折衷的手法设计香港商业、住宅楼宇，则工务署的建筑师是在彻底拥抱现代主义建筑，给香港带来一股清新的气息。工务署于 1982 年解散。1986 年，政府成立建筑署，负责设计、监造和维修公共建筑，有专属的建筑师、工程师和测量师。原工务署内审批图则的部分，成为屋宇署。本地专业人士日渐增多，他们以自己对本地生活方式的理解，来设计各种服务于大众的工程项目。

为了全面直观地了解香港公共建筑的面貌，我们依照类型和年代对 1955 年至 2011 年的 173 个公共建筑项目进行了分类统计。从类型来看，其中医院、政府办公楼、民政设施占了

a

b

图 4.1 / 九龙伊丽莎白医院，1963 年。a / 落成时是当时英联邦地区最大的医院；b / 爱丁堡公爵菲利普亲王会见工务署设计团队，正在握手者为结构工程师郑汉钧先生

70%，文化中心、博物馆、图书馆和体育设施占了 22%；就建造年份看，建造于 1950 至 1960 年代的占了 10%，1970 年代的占 8%，1980 年代的占 30%，1990 年代的占 28%，21 世纪的则占 24%。从 1980 年代起，公共建筑的建造量一直稳定在每年 10 余万平方米的水平。1950 到

1990 年代的逐年统计显示，政府在建筑上的投资经常超过私人投资的规模，足见"积极不干预"政策时期，政府依然有所作为。[5]（图 4.2，图 4.3）

公立医院和政府办公楼在功能及技术方面的要求高，所以设计方面着重解决技术和使用问题。文化中心、图书馆和博物馆，在公共工程中只占 14%，设计的余地大，社会对其形象的期望比较高，即具有前述的纪念性。所以本章所述实例，以这些文化建筑类型为主。

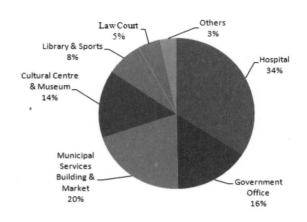

图 4.2 / 1955 年到 2011 年间 173 个所选公共建筑项目类型分布

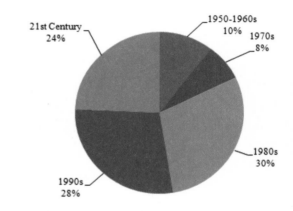

图 4.3 / 173 个所选公共项目建造年代分布

香港大会堂

市政厅是 19 世纪末以来欧洲城市经常见到的市民建筑类型，为市民办理各种事项，集会演出，并体现本城市民的骄傲。香港在被殖民统治的前 100 年，像样的市民建筑是没有的。以前的大会堂曾设在现汇丰银行位置旁，使用者是英国和欧洲侨民。1933 年汇丰银行扩充，将这块地买下，其余空地则给以后中国银行建总部。1950 年代战后重建，有关团体和人士提议建设文娱设施，为此于 1951 年 5 月成立了市政厅委员会，代表 55 个民间团体的声音。1954 年，政府在中环皇后像广场前填海，获得的土地用来建造渡轮码头和安置大会堂。大会堂由政府工务署建筑师设计，1962 年建成开放，耗资 2 000 万港币。大会堂的主笔设计由英国来港建筑师费雅伦（Alan Fitch，1921—1986）和罗纳德·菲利普斯（Ronald J. Phillips，1926— ）完成，两人分

别毕业于杜伦大学（University of Durham）和埃塞克斯大学（University of Essex）。[6]

大会堂占地 11 000 平方米，主要由两栋建筑物组成。低座包括 1 434 座位的音乐厅、一个 463 座的小剧场、展览厅和饭店；高座包括图书馆和婚姻登记处。这些建筑类型都是第一次在香港出现，在此之前，只在商业街区如铜锣湾，才有以放电影或演粤剧为主的戏院。大会堂高低座

之间，连廊围成花园，中间为 12 边形祭龛，纪念在二战中死难的市民。高座 11 楼，向上高耸；低座横向展开，花园和连廊面对海港和皇后码头。这种高低的功能和建筑体量分布，得包豪斯校舍的神韵。高低错落的简洁设计语言，则和当时欧美的主流现代主义作品一脉相承。高座的图书馆，透过楼电梯间前的落地玻璃，可以看见馆内活动，但出入口则在侧面。开放的楼梯间外是大玻璃，行人上下，可以眺望维港。（图 4.4）

香港大会堂承担着一些重要的政府礼宾功

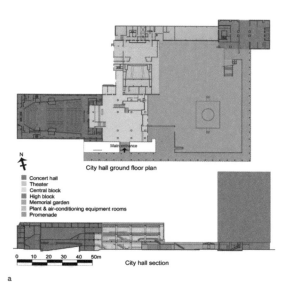

City hall ground floor plan

- Concert hall
- Theater
- Central block
- High block
- Memorial garden
- Plant & air-conditioning equipment rooms
- Promenade

0 10 20 30 40 50m

City hall section

a

b

c

图 4.4 / 香港大会堂，1962 年。a / 平面；b / 香港现代建筑的典范；c / 设计者费雅伦（右）与罗纳德·菲利普斯（左）；d / 面向庭院的立面

d

能，如举办总督或英国皇室人员抵埠欢迎仪式。它的形式端庄，具有一些纪念性。会堂内有音乐厅、图书馆、结婚登记处和花园，为市民生活提供着多样化的服务。1960 年代，香港的经济环境还比较拮据，这种设计崇尚简洁的美学，可有效节约建筑材料。大会堂在中环的心脏，靠近皇后码头和爱丁堡广场，便于民众到达。它是多功能的，各年龄层的使用者都有体验其服务的机会。市民在此可获得音乐、文化和艺术方面的熏陶，在建筑内外都提供着空间，创造了多样化的市民生活。在建筑设计方面，大会堂是香港现代主义建筑的代表。2007 年，大会堂北面进行中环填海和交通改造工程，皇后码头被拆除，大会堂和港口的亲密关系不复存在。[7]

在大会堂建造的 1950 年代，环绕其周边的中环建筑是古典的高等法院、艺术装饰感强烈的汇丰银行，其他建筑则是商业的砌筑。大会堂设计并未采用古典词汇，而是采用非对称、开放和轻松的姿态。设计师追随了欧洲的先锋设计，如当时的 Team X、粗野主义和热带现代主义，他们希望建筑朴素亲民。[8] 大会堂的设计，在建筑上引起香港的现代主义运动。在准备大会堂设计的时候，他们的办公地点在中环的一栋二层临时小楼里。同一组设计师还设计了政府部门办公楼"政府山"，同样是朴素干净的盒子形式，长走廊和两边的房间。50 年后，大会堂被列为一级文物建筑，而政府山则面临拆除的命运。[9]

大会堂的设计，最初委托给了港大的哥顿·布朗教授，后来移交给工务署建筑办公室，由费雅伦和罗纳德·菲利普斯设计。这组建筑师的另一件作品香港仔的警察训练学校（1964），同样简洁洗练。（图 4.5）在大会堂之后，费雅伦设计了皇后像广场的景观（1963）。草地和水池以长方形组织，侧翼辅以长混凝土廊。它们与前面的大会堂交相呼应。（图 4.6）大会堂的另一设计者菲利普斯设计了花园道的美利大厦，1970 年建成。这是现代主义在香港的另一里程碑作品。2014 年，美利大厦由英国福斯特事务所改建成旅馆，新改建者多番征求原设计者的意见，力图表现对原有建筑的尊重。（图 4.7）

图 4.5 / 香港仔警察训练学校，由工务署的费雅伦和罗纳德·菲利普斯设计，1964 年。

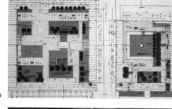

图 4.6 ／皇后像广场。a ／ 1969 年改造后的皇后像广场；b ／费
雅伦的设计草图；c ／皇后像广场的凉亭

图 4.7 中环美利大厦，1970 年。a、b ／该建筑服务于政府部门；
c ／罗纳德·菲利普斯在 1960 年代画的设计草图

a

b

c

沙田大会堂

香港大会堂完成于 1962 年。之后，香港经历了一连串的事件，包括"六七暴动"。新任总督和政府认为，只有为社会提供住宅和为青少年提供更多的活动场所，才能安抚社会和使年轻人精神有所依归。政府展开十年建屋计划，开辟新市镇，寻找疏散市区人口的途径。政府早在 1960 年代就开始研究在郊区设置新市镇；1970 年代沙田计划安置 47.5 万人。根据工务署的报告，新市镇要达到自给自足的能力，需要布置居住、工业、区内商业和文化设施。用现代观点看，沙田就是个"新城市主义"的典范，紧凑、有活力、步行方便又邻近公共交通。[10]

沙田大会堂位于新界沙田市中心，由政府建筑师设计，1987 年完工。总建筑面积 15 600 平方米，内有 1 400 座的演艺大厅，可上演音乐会、歌剧和舞蹈；有 300 平方米的文娱厅和展览厅，可俯瞰城门河；有许多供给艺术团体租用的房间，如排列室、琴房、书法室等。类似的会堂同期也在其他新市镇完工，例如荃湾大会堂（1980）和屯门大会堂（1987）。这一时期的设计都遵从现代主义原则，强调建筑的功能性，不事过度装饰。新市镇的大会堂服务于本地区居民，大会堂边还设有图书馆、表演场地和婚姻登记处等。它们都处于新市镇中心公共交通交汇处，平时和周末吸引着大量人流。人们在夜晚和周末去大会堂看演出，孩童在此参加各种课余活动，老年人在平台上进行健身操。沙田大会堂面对着新城市广场，

二者之间的大台阶供露天表演之用。这些地方，在周末或晚上，经常热闹非凡。建筑本身的设计看似平凡，却细致地满足了镇内市民的需要。沙田大会堂和沙田火车站屋上的新城市广场和周边私人发展的高层住宅物业，与大会堂差不多同时落成。沙田大会堂加强了沙田"市镇中心"的作用。私人发展和政府发展计划紧密衔接配合，连外墙的材料、色彩都相同，共同提供居民休闲、购物和聚会的空间，让美好的环境成为本地市民自豪的源泉。原来山海一隅的沙田镇，成了人口聚集的新市镇中心。本书第 9 章会继续探讨沙田镇的综合发展。（图 4.8）

1980 年代，政府比 1960 年代相对富有，但市民对公共设施的要求也急剧增长。几个相似规模的大会堂在各区建成。款项来自立法会批准，各区的大会堂采用类似的手法和外墙材料，使纳税人的金钱得到最大效益。

图 4.8 / 沙田大会堂，1987 年。a / 从商场平台看大会堂；b / 从图书馆看大会堂

a

b

香港文化中心

　　香港文化中心位于九龙尖沙咀海边。这块基地原是九广铁路的终点站，1982年火车站迁往填海后的红磡，尖沙咀的海岸就被规划为太空馆、文化中心和艺术馆用地。文化中心建成于1989年，但早在1970年，社会就有声音要求建这一设施，因为单靠大会堂无法满足市民日益高涨的文化活动要求。[11] 文化中心基地为5.2公顷大小，临海旁。在这块地上，造起了文化中心综合体，包括2 019座的音乐厅、1 734座的大剧场和303～496座（可依演出需要调整）的实验剧场及餐厅、大门厅等辅助设施，总面积82 231平方米。音乐厅和大剧院形成L形的两翼，辅助设施设在周边或见缝插针在各个地方。远看是L形，门厅内里，可以见到建筑体量的冲突，形成有趣的空间。文化中心和艺术中心的墙上，贴着日本出品的艺术面砖。门厅联系着海旁广场和交通通衢梳士巴利道，人们可以在门厅内流连、浏览各种海报和展览、观看普及演出、购买纪念品和喝咖啡。文化中心和艺术馆之间的空地，可供市民

坐在大台阶上观看周末的露天演出。

　　文化中心的选址是为了与对岸的香港大会堂呼应，项目本身也反映了1980年代经济起飞时期政府为市民提供公共设施的决心。鞋盒形的音乐厅和剧场，满足了交响乐和歌剧演艺的要求，室外的大台阶也十分受市民欢迎。2003年后，这一带的水边走廊被改建成"星光大道"，地上打上明星手印，吸引游客。文化中心外的空间成了游览路线的起始点。而九广铁路总站拆剩下的钟楼，成了这一室外景观的焦点。（图4.9）

　　香港文化中心邻近天星码头和巴士总站，易于到达，为旅游者和各年龄层次人们服务，提供了多样化的市民生活。这座建筑屹立于尖沙咀水边，人们原本期望它会像悉尼歌剧院那样突出，但从其建成时起，人们就质疑它的"纪念性"。那L形体量上的实墙面，因让人毫无联想而令众人失望。它建造的目的是通过提供高质量的演艺场所，丰富市民的文化生活；而它的设计，基本出自于实用的想法。临海的基地，观众却无法在室内看见海景。

　　1980年代，香港正处于升格为"亚洲四小龙"的兴奋之中。筹建尖沙咀的文化中心、艺术馆，希望能代表"小龙"的形象。新成立的政府建筑署全力出击，包揽政府的工程，而公共建筑设计竞赛的制度还未建立。文化中心主要是由建筑署内的高级官员设计的。它的设计，当时备受市民、专业人士和建筑学生的质疑。[12] 然而最近几年香港的庆典活动中，实墙面打上激光表演的光柱，人们渐渐发现了这座建筑的新用途。（图4.10）

a

b

图 4.9 / 香港文化中心，1989 年。a / 从维港看文化中心；b / 文化中心门厅向公众开放；c / 平面

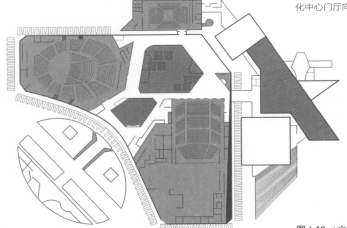

c

图 4.10 / 文化中心的实墙是激光 3D 表演的最佳背景。

文化博物馆

　　1990 年代回归前后，香港社会寻根的热情高涨。香港文化博物馆顺应这一形势建立，展览民间文物和艺术品。文化博物馆建于新界沙田，面积 7 500 平方米，内有六个永久展厅和六个主题展厅。该馆是跨越 '97 后兴建的文化建筑。

　　文化博物馆的建筑设计，采用了中国传统建筑的符号和合院形式。合院形式其实在东方和西方都有，并未达到较强的纪念性。通过展品，丰富和提高了市民的公共生活。设计方案用了较多的仿传统的手法。设计者的想法是通过合院提供自然通风，但在全空调关着窗的博物馆里，较难实现。文化博物馆位于沙田河边，本区和外区的观众都易于到达。仿中国传统的外形不算成功，但也激起市民对保护香港日益消失的围村和传统的重视。（图 4.11）

　　政府建筑师在设计文化博物馆的时候，着意本土"文化"和"遗产"的物质表达，但在现代建筑上仅装点些符号，难以表达中国建筑的意蕴。

b

图 4.11 ／ 香港文化博物馆，2000 年。**a** ／ 平面图；**b** ／ 面向宁静的城门河

海防博物馆

　　香港岛距离九龙半岛水路最近处，为筲箕湾鲤鱼门，约 400 多米距离。英军入驻香港后，凭借山势，在此建立堡垒炮台和地下室，并在山岗各个角度安放大炮，射程覆盖整个鲤鱼门水道。这一军事工事于 1887 年完成。

　　1941 年日军入侵时，英军在此顽强抵抗，但最后失守。1993 年，香港市政局决定将其修复。建筑署开始接到的任务，只是整固原有战壕结构，建个小房子，存放些数据。建筑师在构思后，提议用张拉帐幕结构，覆盖地下工事。在室内和室外，利用地形景观和原有军事设施，设立一些新的教育和展览空间，保存和展示香港 600 年的海防历史，这才有了海防博物馆。全馆面积达到 34 200 平方米，耗资 3 亿港元。海防博物

a

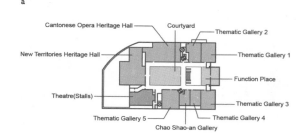

馆于 2000 年开放。这个建筑的建成，保存了香港具有本地色彩的历史，新加的张拉结构如同白帆归航，富有特色。原有的地下室保留下来，成了展览室。室内外地形和植物有机结合，形成良好的空间质量。这个建筑为改善环境和社会历史的可持续发展树立了榜样。（图 4.12）

a

图 4.12 ／ 海防博物馆，2000 年。**a** ／ 新建筑伏于山上，扼守鲤鱼门；**b** ／ 张拉结构覆盖主要下沉空间

b

市政大厦的突破

1970 年代，政府在各区开始建设市政服务大楼。典型的服务大楼，楼下是湿货市场、熟食中心，楼上是运动场馆和图书馆，垂直叠起，可上到 10 层。在拥挤的市区，这样的大楼紧凑有效地提供了社区服务的面积，但居民只能在一个大盒子里上下。1980 至 1990 年代，这样的标准化市政服务大楼，在港九新界建造了几十个。

1996 年，当时的市政局建议在赤柱空地上兴建一座三层高，既有市场又有熟食中心和室内运动设施的大楼。赤柱是伸向海中的半岛，山岗、沙滩使之成为著名的休闲度假地。赤柱巴士总站与市集之间的露天街市和大排档迁拆后，赤柱新街上的一幅空地被规划成一座市政大楼。可供发展的面积只有 2 800 平方米，街道陡峭，加上赤柱本身的特殊条件，设计这幢市政大楼便有不一样的考虑。

2000 年后，有关建议得到修改：既然附近一带已有市场和为数不少的食肆，何不让大楼集中提供区内匮乏的文娱康体设施？于是，在这个接近区内交通枢纽，又与历史悠久的赤柱市集毗邻的地段，建筑师创造活动空间，提供室内运动场、乒乓球室、儿童游乐室、图书馆、跳舞室、多用途活动室及会议室等种种设施，尽量减轻体量感。

大楼于 2006 年建成，6 000 多平方米的体量，善用地形，围绕着庭院散布。建筑师利用交错的框架，打破平衡对称的方正与规矩，令室外

与室内没有明晰的界线；即使是被四面墙壁包围着的舞蹈室，也借着一扇由底伸延及顶窄窄的玻璃窗，与室外保持密切的关系。

走进大楼内，室内的中间地带是一个庭园，满植竹子，打破密封式大楼常见的幽闭。庭园中部铺上一幅 8 米 ×6 米的磨砂玻璃，既是中庭的"地板"，亦是楼下小区会堂的屋顶。日间可让阳光直接透入会堂，晚上会堂的灯光则透出中庭。庭园的楼梯把人带到屋顶，大楼的天台以竹子筑起遮荫的交错棚架，成了中庭的延伸，丰富了上上下下的空间。它开创了市政大楼类建筑设计的新方向。[13]（图 4.13）

同组人员还设计了天水围的社区休闲娱乐大楼，于 2011 年落成。由西铁天水围站，可以直接进入社区大楼。天水围的社区大楼设计手法多数由赤柱大楼延续而来。在图书馆阅览室中围出室外的阅读庭院。室内室外，楼上楼下，空间时时在变化，材料的表现和组合趣味随位置不同而转变，使来阅读和打球的居民，处于自然、安静和美好的环境中。（图 4.14）

a

b

c

图 4.13 ／ 赤柱社区大楼，2005 年。**a** ／ 下面活动厅的灯光照亮上层庭院；**b** ／ 室内；**c** ／ 朴素的材料表达着立面；**d** ／ 墙与开放式平面定义了空间；**e** ／ 屋顶花园

d

e

a

b

c

d

e

图 4.14 ／天水围社区休闲娱乐大楼，2011 年。a ／立面向着主干道路；b ／室外景观渗入室内；c ／半透明玻璃墙；d ／图书馆室外阅读空间；e ／图书馆露天庭院

湿地公园

湿地公园位于新界天水围，河口对岸是深圳市区的林立高楼，背后也被新开发的公屋和私人屋宇高楼包围。湿地公园的所在地一直是米埔自然保护区，每年有千余种鸟类在此过冬。1998 年，一项可行性报告推荐在此建立湿地公园，在两个城市的共同努力下保护湿地，提供市民接受生态教育的场所，并开展生态旅游。政府划出的用地比铜锣湾的维多利亚公园大四倍，即 61 公顷的土地，每年可以接纳 50 万参观者。

湿地公园力求做到建筑、景观和生态的平衡。一万平方米的访客中心包括展廊、主题变化开心区和水生物展示空间。建筑半圆形的平面从地下升起，上覆泥土草坪，使之成为景观的一部分。而室内的中庭前，是面对湿地的大玻璃窗，引导观众看见水与天。自然塘沼和人工湿地穿插，吸引雀鸟。伸进湿地的，是小型的观鸟木屋。人工构筑都似从水中生出，而不是生硬强加。在建筑中，有遮阳、自然通风等传统设施，还有 400 根埋在地下 50 米深处的管道，将空调散热带入地下。（图 4.15）

与其他建筑不同，湿地公园不追求任何"纪念性"，力图谦卑地融入自然。它希望以保护湿地和提供野生动植物教育为主，并以此促进环境质量，提高市民的生活。它的设计和建造采用了可持续的策略。虽然位于远离市区的城市西北角，但有公共交通如轻轨可以到达，适合于家庭和青少年课外活动。公园背后被新建高楼包围，前临

深圳市中心的高楼大厦，它对深港两个城市都有所启发。

21 世纪后，公共建筑的设计逐渐委托给私人事务所，重要的标志建筑则由国际设计竞赛选出。建筑署保留了一些中小型、公园景观、旧建筑改造和特殊类型的设计项目，这些项目没有特别的商业压力，时间也稍为宽裕，建筑署内的建筑师利用这些机会，设计了许多有特色的项目，如前述的海防博物馆、赤柱政府大楼、湿地公园，以及粉岭联合墟广场、西贡的公园建筑景观等，这些都是建筑署的优秀作品。建筑署建筑师冯永基、温灼均先生和他们领导的团队，是上述作品的设计者。他们的设计轻松、有文化意味，也讲究建构和构造的创意。在寸土寸金，凡开发项目皆讲"炒尽"容积率的香港，政府建筑师的设计，发出了另一种声音。（图 4.16）

a

图 **4.15** ／湿地公园，2006 年。**a** ／
地形成为建筑的一部分；**b** ／公共与
私人楼宇享用湿地公园的景观

b

a

b

图 **4.16** ／建筑署冯永基团队设计作品。
a ／西贡公园；**b** ／西贡公园凉棚

本章所述的几个实例，是在几十个博物馆、文化建筑中挑选的。它们的建造，回应了社会大众对这类设施的强烈愿望，在建造过程中也受到了当时拨款、建造、工程等各种委员会和政府机构的审查和验收。它们的出现，提高和丰富了本地市民的生活。大会堂建造的 1960 年代，香港经济环境还比较拮据，所以简洁的手法不仅是当时设计的潮流，也符合经济原则。到了 1997 年回归前后，市民大众对文化建筑在交流传播过程中的作用，有了更高的期望。

从建筑学的角度，香港大会堂、海防博物馆和湿地公园有较高的水平。它们去除了多余的装饰，大会堂在中环的屹立，海防博物馆在山坡的构筑，湿地公园将建筑变为景观的一部分，都为社会和环境的可持续性做出贡献，可与世界上同类型的建筑媲美。沙田大会堂忠实于现代主义的原则，融入了新市镇的环境。文化中心满足了复杂的技术和演艺要求，为尖沙咀提供了一个室内室外的公共空间，但其位于水边显著地位的长处，并未充分发挥。中央图书馆和文化博物馆的设计，重装饰，设计上则比较一般。

香港公共建筑设计走过的道路，也可以这样来理解。最初在 1960 年代，设计遵循现代主义的简洁原则，如香港大会堂，沙田大会堂和文化中心等则更是实用主义的产物。来港工作的英国建筑师将现代主义的纯粹手法和风气带到了香港，之后这批建筑师相继离开。社会渐渐富裕，建筑设计有了不同的追求，如中国传统符号（文化博物馆），西方新古典拼贴（中央图书馆，详见第 11 章），这些建筑可以视为后现代主义手法对香港的影响，纯粹的以结构表达的朴素方法在香港渐渐失去。在 21 世纪，可持续发展成了大多数政府工程的主要追求和"合法"外衣，海防博物馆和湿地公园是顺应潮流的例子。而赤柱和天水围的市政大楼，则改写了这类建筑的原型。香港公共建筑设计，在紧张的用地和不宽裕的预算下，其实并不追随什么建筑理论，它们是轻声细语、令人温暖的建筑。本章应因着它们的设计特点，做些类别划分。当西方的现代主义、后现代主义策略（而非风格）来到亚洲，它们也要根据本地的形势和条件进行适应性的调整，以满足当地的社会需求。[14]

注释

1 参见 Richard Dattner. *Civil architecture: the new infrastructure*. New York: McGraw-Hill, 1995.

2 《后九七·香港公共建筑》一书，香港特别行政区政府建筑署，2006。

3 这些资料来自 *World Development Report*, Oxford University Press, New York, 2011；《香港年鉴》，香港特区政府，2012.

4 关于警察学校和伊丽莎白医院的设计，见 *The Hong Kong Society of Architects Year Book 1965*.

5 此两项统计图表的记录和计算，为许家铨研究员 2012 年所作。我们主要对香港各区的公共建筑进行清点，也参考了 *Far East Architect & Builder, Building Journal* 等杂志。1950 到 1990 年代公和私人对建筑的投资，以不同的形式刊载于各年份的政府年报。对公共屋邨的投资和公共建筑的投资，是分开统计的。以 1964—1972 年政府对公共屋邨的投入为例，公屋单位的落成量，通常是同年私人单位的 2～3 倍。见 *Report of Housing Board 1972*, Hong Kong Government.

6 关于建造市政厅的起议和选址，详见 *Hong Kong Annual Report, 1951; 1953. Far East Architect & Builder*, Hong Kong, April, 1959; Nov., 1965。关于香港大会堂的设计者，一般报导为工务署的两位建筑师设计。1962 年 3 月 3 日，港督罗伯特·布莱克（Robert Black）参加完开幕仪式后，写信向工务局局长 A. Inglis，向两位建筑师费雅伦、菲利普斯及工程人员致敬。而据廖本怀先生回忆，大会堂方案是由香港大学布朗教授设计，廖本怀、王泽生和 Gustavo da Roza 等学生协助。见《热恋建筑——与拾伍香港资深建筑师的对话》，香港建筑师学会，2007，p.32。据菲利普斯先生 2014 年 6 月给笔者的电邮，初次方案为布朗教授设计，但问题较多，后由工务署接手。

7 21 世纪，香港中环的填海及交通工程，为在高楼大厦前提供休憩绿地和地下的车辆通道，上世纪五六十年代建的天星码头和皇后码头不得不拆除。见本书第 10 章。

8 大会堂的设计意图，见香港《明报》，2007 年 5 月 10 日。关于"热带的现代主义"，见 Ola Uduku, Modernist architecture and 'the tropical' in West Africa: the tropical architecture movement in West Africa: 1948-1970. *Habitat International*, Vol.30, No.3, 2006,pp.396-411.

9 2011 年，香港中环"政府山"的办公部门迁往新落成的添马舰政府总部。曾有建议拆除"政府山"西翼，让私人发展商建办公楼和商场，以缓解中区办公楼之不足。此一建议引发社会抗议。抗议声音认为，不管这一设计如何，"政府山"建筑见证了香港战后的历史，应该予以保护。见香港《南华早报》，2012 年 6 月 20 日，12 月 5 日。

10 关于香港的新镇建设，见 Roger M. Bristow, *Hong Kong's new towns: a selective review*, Oxford: Oxford University Press, 1989. 关于公屋建设，见本书第 2 章和 Y. M. Yeung and T.K. Y. Wong (ed.), *Fifty years of public housing in Hong Kong: a golden jubilee review and appraisal*, Chinese University Press, Hong Kong, 2003；潘国城、姚展：《四、新市镇和建筑布局》，彭华亮主编《香港建筑》，香港万里书店和中国建筑工业出版社，1989。

11 民众关于文化中心的呼声，刊于 *South China Morning Post*, Jan 4, 1970。

12 香港文化中心的主笔设计是建筑署的前负责人李铭根先生。见《热恋建筑——与拾伍香港资深建筑师的对话》，香港建筑师学会，2007。文化中心的建筑设计，一直受到社会批判，其中香港大学学生的批评，见 *South China Morning Post*, Nov 15,1989.

13 本节关于赤柱市政大楼的描写，参考了《后九七·香港公共建筑》一书，香港特别行政区政府建筑署，2006。

14 William S. W. Lim and Jiat-Hwee Chang, *Non West Modernist Past – on architecture and modernity*, World Scientific Publishing Co. Pte. Ltd., 2012.

(Ⅱ)

第二篇

拥塞城市的特殊问题

Part Ⅱ

Constraints
in Crowded City

地少人多，如何平衡发展和社会的利益，是建筑规管的首要问题。香港土地、地理和法规的限制，成了建筑创造的起点。轨道交通引导的开发，让巨构建筑更适合步行城市的需要。全球化时代的来临，使香港拥有了相应的中央商务区和建筑。而本土建筑师也在竞争的环境中成长起来，不断提高。

第 5 章

建筑条例的演进

建筑条例（ordinance）的演进对香港建筑一直有着制约和影响。除了新界村庄和一些特殊地方外，政府拥有香港大部分的土地。早在 19 世纪中叶开埠时期，殖民政府就将港岛部分地区的土地划分开卖，每次拍卖（或称批租），土地就被抢购一空，建造土地紧缺始终困扰着香港，在这种形势下，严格的土地管制和建造管理就显得十分必要。讨论香港建筑，把它们放在建筑控制和条例演变的背景中，可以理解城市建筑面貌形成的条件、机制和规律。[1]

香港建筑规管起源

19 世纪，英国和欧洲殖民者在港岛太平山修建别墅，中国居民被限制在山脚下发展，如太平山地区。人口大量涌入，棚屋不断搭建。1882 年，港府聘请英国卫生工程师查维克（Osbert Chadwick）来港调查。查维克的报告指出了华人聚居区的恶劣卫生条件，建议控制建房密度，留出房屋之间的间距，以利通风。1883 年通过了公共健康条例。1887 年修订的公共健康条例要求增加后院（开放空间），房屋必须获得卫生当局批发的入住许可，以避免霍乱等流行病的爆发。

1889 年，港府初次订立了专门的建筑物条例。1901 年，修订了建筑物条例，房屋不得高于四层，房屋后面的开放空间必须有八英尺（约 2.4 米）宽，这一条例中规定的空间被称为后巷（service lane），后改为至少三米宽。那时的普通民房以砖为承重墙体，修订的条例规定，房屋下部必须用高质量的砖，只有顶层才能采用质量较差的青砖。1903 年，制定了公共健康与房屋条例，以后 30 年的修改都是基于此一条例。那一时期的房屋多数现已不存，但街道的宽度和轮廓今日仍然依稀可见，如港岛皇后大道中向山上的一些道路，以及湾仔山脚下的旧区部分。[2]（图 5.1）

图 5.1 / 香港岛太平山区 20 世纪不同阶段建筑混杂。

踏入 20 世纪，各方难民涌入香港，殖民地的卫生条例少有人愿遵守。1935 年制定的建筑物条例；对建筑物的日照、通风和防火有了更高的要求，影响了以后 20 年的建设。1941 年日军进犯香港，一切建筑活动都被迫停顿。

控制密度

战乱时期，许多人逃离香港。1945 年太平洋战争结束之初，香港人口为 60 万；到 1950 年，人口已经激增到 300 万。新到的难民需要房屋，城市必须容纳更多的人口。1955 年，建筑物条例进行了重要的修订，放宽建筑可造的高度，原来沿街房屋的高度不能超过街道宽度的 1.25 倍，高度则限制在 35 英尺（约 10.7 米）以下，房屋都是二到三层。修订后，房屋高度可以为街道宽度的 3 倍。条例控制建筑的体积，如地盘面积 × 街道宽度 × 系数（可以是 2、3 或更大）。在城区中，建筑物向上空发展，1950 年代的许多私人楼宇，利用当时建筑条例的允许条件，尽量发展。今天九龙土瓜湾、大角嘴和深水埗一带街道的私人楼宇都是 1955 年建筑物条例修订后的产物，多建于 1958 至 1961 年间。这种楼宇没有电梯，有的高至九层，加上顶上的违章搭建，可到 10 ～ 11 层，现泛称这类建筑为"唐楼"。[3] 在具有艺术价值的"民间建筑"较为匮乏的香港，唐楼也一直被视为有本土特色的建筑物。[4]（图 5.2）

建筑物条例为香港法律第 123 章。在 1955 年修订并实施的建筑物条例中，同时包含了三项规例（regulation）——《建筑物（管理）规例》、《建筑物（建造）规例》以及《建筑物（规划）规例》，以便在设计、管理和施工时皆有例可循。之后又对私家街道及通路、垃圾房、卫生设备标准、厕所、通风系统、能源效率、拆卸工程、检验修理等作出分别规例。1955 年的修订，在香港建筑管理上具有里程碑的意义。

香港在战前开始实行"认可建筑师"制度，

图 5.2 ／ 土瓜湾和红磡遵循 1955 年建筑物条例的建筑。

如第 3 章开始所述，通过学校教育和工作培训可以成为政府登记的"认可建筑师"。而英国本土并无此项制度。这是因为殖民地时期建设繁忙而政府无暇对报建图纸进行仔细审查，通过"认可

建筑师"制度，相当的责任便落到认可人士身上。"认可建筑师"是种专业保护的特权，但房屋工程的认可人士一旦在图纸上签名，其责任也是重大的，轻则房屋漏水、墙面开裂，重则房屋坍塌、人命伤亡，认可人士要承担刑责或至少是赔款。在房屋施工期间，项目认可人士若要短期离开香港，必须写信给屋宇署，提名另一认可人士在此期间代行责任。

1955 年后，政府开始颁布"认可人士作业备考"（Practice Notes for Authorized Persons，简称 PNAPs）。有鉴于结构是复杂的工程技术，作为"认可人士"的建筑师和测量师也不能代庖，1970 年代后加入了注册结构工程师。1980 年代后"作业备考"扩展为"认可人士和注册结构工程师作业备考"，政府可以及时对各种情况更新，待成熟后，这些备考内容会写入规例和条例，由立法局通过，成为法律。由于建筑规管条例是法律的一部分，所以其英文原文都冗长难懂。

1955 年建筑规范中的体积控制，仅按地盘面积乘以高度系数，这使得街道边塞满房子，体积肿胀。1964 年的《建筑（规划）规例》修订时，引入了"地盘覆盖率"、"容积率"和"建筑面积"的概念，这些指标和住宅或非住宅的建筑类型相关，而容积率的多少则和该地盘面临几条街有关，在规范规定中，有一边临街、两边临街和三边临街的规定，当三面临街时，容积率最大。而在城市的实际地块中，情况是复杂的，如不规则或三角形地皮。这里的"街道"，是指宽 4.5 米以上、

可以行车的马路，其制定原则是这些马路可供消防车到达救援。

在容积率和覆盖率同时使用的情况下，允许商铺在 15 米高度下，可以 100% 覆盖住地盘，在 15 米高度之上，则有百分比的控制。这样对于楼上的住宅或办公单位，就有了"开放空间"的规定。这些概念的引入，比较全面地描述和规控了发展商在一块地皮上的立体开发。这些概念沿用至今，也传到中国内地，作为地块发展的重要控制指标。密度控制的出现，是因为人口暴增，居民对住房的要求不断高涨。办公和住宅楼宇都已经上升到 20 层以上，混凝土结构和钢结构的成熟，使建筑向高空发展不成问题。也因为这样的规定，使得沿街的商铺都是满铺密接；在三层楼之上，则是细长的条形塔楼，如同生日蛋糕上插的蜡烛。（图 5.3）

在港岛，住宅开发的密度可以达到 1:10，九龙可以到 1:7.5。这样，许多私人和公共住宅屋邨的密度可以达到每公顷 1 000 ~ 1 600 个居住单位，也就是每公顷居民 3 000 ~ 4 500 人。以九龙红磡的半岛豪庭为例，这个楼盘由新鸿基开发，王董事务所设计，2001 年建成。在 1.5 公顷的土地上，建造了 1 669 个单位。屋苑内的五栋住宅大楼高 43 ~ 47 层，拥有泳池、花园、内部车辆道路，地下是 300 多个停车位。基地的一块，还要在低层做弱智人士的庇护工场，以换取一些开发面积的奖励。屋苑北侧的花园，留给了公众作为去往火车站和其他屋邨的通道。即使在这样小的地方，依旧时常举行诸如圣诞和新年联欢、亲子儿童游戏等活动。[5]（图 5.4）

1998 年，政府颁布新条例，平台下作为公共交通站或其他合理用途时，可以将平台由原来的 15 米升高到 20 米。[6] 第 9 章所述的清水湾道 8 号之平台，就是这一条例的产物。进入 21 世纪，社会对"屏风楼"的批评日益高涨，许多沿海的高层住宅连成一片，阻挡了通往内陆区域的轻风，形成城市热岛。为了改善环境质量，政府于 2011 年出台了几项措施：①房屋

图 5.3 / 裙楼和上面的塔楼。

图 5.4 / 红磡，半岛豪庭。**a** / 总平面，北面的花园用作公共用途及连向其他楼宇的通道；**b** / 47 层高的住宅塔与周边的建筑；**c** / 屋邨内部；**d** / 楼上公寓

分隔距离。当房屋的长度达到 60 米时，长度之间必须有 20%，即 12 米左右的空隙；超过 60 米长度时，空隙可以达到 33.3%，如房屋 100 米长，则应有 33 米的空隙，这可以是一条 33 米宽的空隙，也可以是几条空隙。②房屋后退。房屋必须离开街道中线至少 7.5 米，过去香港窄街较多，这条规定认定，街道两边的建筑至少应有 15 米的间隔。如从对街边射出 45°线，新建筑的首 15 米高度不应突破此线的延长线。这条规定避免了街道过于拥塞。③绿化率。各个地块的绿化率，在 10% ~ 30% 之间，平台屋顶的绿化也可计入。[7]

小面积之扰

在关于高层建筑的研究中，国际上一般认为当标准层在 1 500 平方米时，比较经济，可以获得最大的使用效率。香港旧区中，由于当年的土地和路网划分，高层住宅或办公楼的标准层许多只有 200 ~ 300 平方米，楼梯、电梯、厕所、管井占据了相当的面积（约 50 ~ 60 平方米）。为了节省面积，1960 年代，香港建筑师发明了剪刀式楼梯，在一个管井中容纳两条消防楼梯，互相交叉。楼梯之间以墙隔开后，同层进入两梯的人，可以自己上下，而与对方不碰头。之后，剪刀式楼梯大量出现在十字形平面住宅当中。2008 年，剪刀式楼梯作为香港的特色，出现在威尼斯建筑双年展中。（图 5.5）

在规定容积率的同时，政府要求对建筑物投于街道的阴影进行计算。这条法规，源于纽约曼哈顿，希望在高楼形成的峡谷中的街道上依然有日照，阴影在街道上的面积不能超过 62%。此条法规起于 1935 年的建筑条例，规管街边阳台；1969 年正式引入街影法，街道宽与楼高形成 76° 夹角，楼高须在此斜角以下。1964 年至 1970 年间，佐敦渡船街文华新村的八栋楼，高 14 层，顶部呈 76° 锥形，就是为了符合这条法例。在香港旧区中，这类顶层劈角的建筑还有不少。1979 年，汇丰银行举行邀请设计竞赛，所有的方案都有街道阴影计算的内容。（图 5.6）香港并不寒冷，街道两旁必须容纳更多的建筑面积及更高的楼层，于是这一条例在 1987 年废除。澳门却在 1980 年将此一做法学去，以控制楼宇高度对街道的封塞和压逼。2014 年，为了在狭小的面积增加开发密度，澳门政府有意重新审视这条规定，在社会上形成强烈反弹。[8]

1965 年，政府发出全境的大纲规划，第一部分为香港规划标准与指引，第二部分为区域发展策略。规划标准和指引指出，建筑条例及建筑物（规划）规例，是唯一具有法律效力的针对发展密度的规管文件。1967 年的条例，对新界的条例另外作出规定。到 1970 年代初，今日所见的建筑物控制体系已经大致完成。建筑物（规划）规例制定了住宅、非住宅不同高度下的允许容积率和覆盖率。商业建筑的最高容积率达到 15。一个建设项目可以建造多大的容积率，并不完全取决于建筑物规例。一个项目的发展潜力受制于

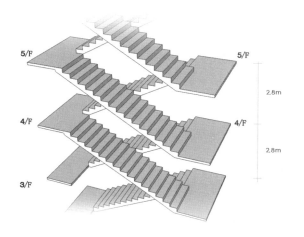

图 5.5 / 剪刀梯节省了标准层管井面积。

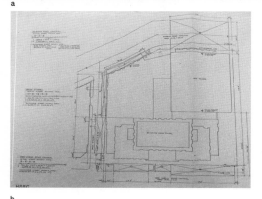

a

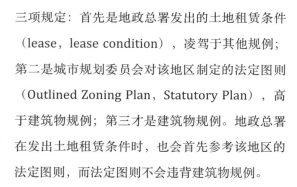

b

c

图 5.6 ／街影控制。**a** ／佐敦文华新村，1967 年；**b** ／汇丰银行设计竞赛设计图纸，街影计算考虑在内；**c** ／铜锣湾的居民楼

三项规定：首先是地政总署发出的土地租赁条件（lease，lease condition），凌驾于其他规例；第二是城市规划委员会对该地区制定的法定图则（Outlined Zoning Plan，Statutory Plan），高于建筑物规例；第三才是建筑物规例。地政总署在发出土地租赁条件时，也会首先参考该地区的法定图则，而法定图则不会违背建筑物规例。

原来的板式住宅，一梯二至三户，南北通风。1950 至 1960 年代，在铜锣湾、浅水湾和半山的私人住宅都采用这种形式（如第 3 章所述甘洺设计的高级住宅）。为了在有限的地块内排下较多的住宅楼，到了 1970 年代末，出现了十字形的平面，公营住宅和私人住宅发展都采用这种形

式，如 1979 年的美孚新邨、1980 年代的港岛东太古城、沙田第一城。当住宅楼发展到 30、50 或 70 至 80 层高的时候，十字形的平面在总体布局时就是点式，它既可以几个十字形连起来（或仅留缝隙）成为一道屏风，又可以点式错开布置。在有限的地盘面积里，排下尽可能多的住宅单位。上述的剪刀式楼梯，既满足了防火规范两部楼梯的要求，又节省了面积，在十字平面中大量采用。在十字形的平面中，当中为电梯、楼梯间、电表箱和竖井，四个翼为四户或八户住宅。在八个单元的情况下，每翼伸出两个单位。这两个单位之间的距离，采用规范规定的 2.3 米最小距离，使得厨房的窗可以开向此空间。而在生活

中，这部分常常会发生上下住户间串味的情况。（图5.7）

1980年出台的PNAP68规定，在计算覆盖率和容积率时，窗台（bay window）可以不计算入建筑面积。免除计算的窗台必须满足以下条件：水平突出小于500毫米，从地板面升起500毫米以上，距离楼板底500毫米以上。这一条例的原则，是鼓励房间有更大面积的采光。此例一出，以后10至20年里发展的私人住宅楼就只见窗台，不见阳台。窗台的这一部分在楼宇开发时容积率和覆盖率计算中免除，但在售楼时，却以各种明目塞入"实用面积"中。中文使用的"实用面积"在一切以英文为准的条文中却为saleable area，包括房屋外墙外皮向内计算的面积，墙体和结构墙都算入了"实用面积"。而分摊到小业主的"建筑面积"，则包括走廊、门厅、会所、机房等公用面积。2014年后，政府对住宅销售规管，住宅的标示和买卖尺价以实用面积为准，而不采用以往的"建筑面积"，以免误导公众。（图5.8）

到了2001年，政府规划署、屋宇署和环保署联合发出通告，鼓励舒适生活的设计，"环保露台"加上"工作平台"，一共有约2.24平方米可以从覆盖率和容积率计算中扣减。从2001年起，小或窄的阳台，或正好合2.24平方米面积，出现在许多新的私人住宅里。2.24平方米的阳台和号称1 000平方英尺（实际使用面积约700多平方英尺）的住宅相比，显得太小因而格格不入。这些鼓励舒适生活的措施，被发展商用来建造更

a

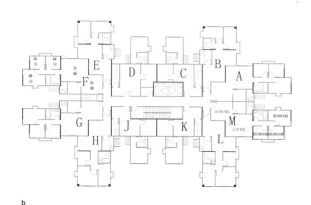

b

图 5.7 / 1980年代的私人楼宇典型小单元平面。a / 大围，金狮花园，1987年；b / 大围，富嘉花园，1989年

图 5.8 / 悬挑窗台不计入建筑面积。

多的建筑面积渔利，而买家付出的价钱和实际可用的面积更加不相称，在 2010 年后被社会批评为"发水楼"，因此政府在 2011 年后对这些措施重又收紧。收紧的结果是阳台再次消失。建筑条例这只看不见的手，始终在私人楼宇中发挥作用。

使高密度变得合理有效

1989 年到 1995 年间，政府完善了关于消防到达扑救（Means of Access）、逃生方法（Means of Escape）和耐火结构（Fire Resisting Construction）的三项条例，使高层办公楼和住宅的标准层设计，都有了条条框框的限制。以办公标准层为例，在核心筒到外墙之间的距离和可使用面积，受到了（端部）逃生距离（15 米）的限制，所以不会太长。当然也不会太短，太短了就不符合经济原则。香港旧城区中老楼拆迁出地块，普遍只有 20 米或更短的边长，在一个 300 至 400 平方米的地块中设计建筑，标准层则只有 150 至 200 平方米，扣除两部消防楼梯、两部电梯、厕所等，有的实用面积只有 100 平方米左右，仅够一个小公司或一个小型医生诊所用。

港岛湾仔的一块三条街夹成的三角形地块，原是 1930 年代建的循道会教堂，上有中国式亭子。教堂拆后，地皮面积仅 486 平方米。这块街夹角而成的三角形地皮，做个街心花园都嫌小，却建起了 15 倍于基地面积的 23 层大楼。从地下层到一、二层，建起了 200 至 300 座的集会厅、

带楼座的教堂和小礼拜堂。三角形尖端与底部引出轴线，此轴线带出楼梯等关键性部件。三角形的重心处，置放与三角形相切的圆圈，此即大空间的教堂。三角形底部是略有分割的楼电梯，由此可以上到 4 至 23 层的办公楼。三角形的尖端，置放类似原教堂的钟楼，前低后高。设计者在平面上努力安排，在立面上有所变化。这样的例子在香港不胜枚举。（图 5.9）

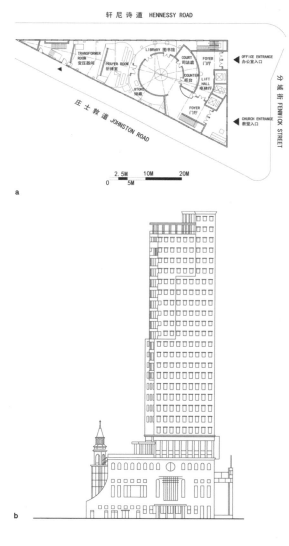

c

图 5.9 / 湾仔循道会教堂，1996 年。a / 平面；b / 立面；c / 500 座的教堂；d / 街景

d

　　1997 年，政府推出无障碍的通道设计准则，让香港向亲善社会跨出了一步。建筑规范的原意是保障用者安全和身心健康，对漫无节制、危害公共安全的开发进行限制。在土地紧缺的条件下，香港的许多设计公司成了钻研建筑条例、边缘条件或可行漏洞的"专家"，香港大学建筑系前系主任格里高利教授 1960 年代曾在建筑杂志撰文，多次批判这种不求创新，只在条例中求多建面积的倾向。[9] 然而，不为业主"炒尽"容积或违反合同的后果，可能是十分严重的。著名例子如 1980 年代末九龙仓控告建筑师甘洺一案。业主认为建筑师在设计海港城时，未能用尽允许的容积率，并且未能尽力监管施工，致业主损失借贷利息和原本可以如期出租的金额，因而要求建筑师赔偿经济损失，涉及上亿港元。官司旷日持久，以致甘洺从英国搬来御用大律师应战。耗时 10 年，最后，建筑师惨胜，却也赔上身家，建筑师楼不得不关闭。[10] 另外，建筑管理牵涉到政府法律，违反法律被查，则会惹上官司。如前香港政务司司长唐英年先生位于九龙塘的住宅，因开挖建造地下室未向屋宇署申报，使得业主、建筑师和工程师都受到法庭盘查。[11]

　　在太平洋战争前，香港政府自己营造的房屋不多。公共资金投入的房屋出现在 1950 年后。建筑条例一次次的更新，规管的都是私人发展的房屋。而政府投资建造的公共建筑、公共屋邨则由房屋署和建筑署的内部机构进行条例的执行和监管。当然，无论私营还是公营房屋，对通风、照明、防火等的要求，都秉持着同样的原则。

图 **5.10** ／ 在 19 世纪的街道网格上，建筑不断被重新开发。

　　香港建筑规范和条例的演进，跟随社会发展不断作出调整，这种调整往往是滞后的，但最终还是部分地反映了社会的需要和变迁。而各种各类的条例，未见有专书来总结，只是散见于 PNAP 的单页和各种规例的单行本中。专业人士和公司的经验和自身积累，使其在错综复杂的高密度环境中，为业主赢取最大利益，同时对社会做出某种程度的贡献。在关于战后香港建筑的研究中，可以看出，建筑规范对于各个时期城市建筑面貌起着至关重要和立竿见影的作用。翻阅香港的建筑杂志，可见相当多的文章，是由大律师、测量师所撰写，涉及合同、开发准许、工业事故、保险赔偿等等。而熟知规范的测量师，在香港的城市建设中，常常起着比建筑师更积极和权威的作用。

注释

1　本章的部分内容，参考了 Han Zou and Charlie Xue, Shaping the city with an "intangible hand" – a review of the building control system of Hong Kong. Working paper at City University of Hong Kong, 2014.

2　关于 19 世纪英国卫生工程师来港调查，参考 Charlie Q.L. Xue, Han Zou, Baihao Li and Ka Chuen Hui, The Shaping of Early Hong Kong: Transplantation and adaptation by the British professions, 1841-1941. *Planning Perspective*, Routledge, Vol.27, No.4, 2012, pp.549-568.

3　根据《建筑物（卫生设备标准、水管装置、排水工程及厕所）规例》，"唐楼"（tenement house）指任何建筑物，而在其住用部分有任何起居室拟供或改装以供多于一名租客或分租客使用。1999 年 4 月。

4　关于唐楼，见陈翠儿《没有记忆的城市——＜花样年华＞的唐楼》，陈翠儿、蔡宏兴主编《空间之旅：香港建筑百年》，三联书店（香港）有限公司，2005。

5　半岛豪庭的资料，引自作者 2001 年至 2015 年的调查及香港政府地政总署关于半岛豪庭售地条件（Particulars and conditions of sale），1996 年 3 月 18 日。

6　Practice Note for Authorized Persons and Registered Structural Engineers 223, *Podium Height Restriction under Building (Planning) Regulation 20(3)*, Buildings Department, Hong Kong government, April 1998.

7　Practice Note for Authorized Persons, Registered Structural Engineers and Registered Geotechnical Engineers, APP-152 *Sustainable Building Design Guidelines*, Buildings Department, Hong Kong government, January 2011.

8　关于澳门社会就街道阴影的讨论，见《澳门日报》，2014 年 9 月 4 日。http://www.macaodaily.com/html/2014-09/04/content_932665.htm

9　格里高利的言论，综合采自 1963 至 1965 年的 *Far East Architect & Builder* (Editor: A.G. Barnett)。

10　关于九龙仓对甘洛的诉讼案件，参考吴启聪、朱卓雄《建闻足迹：香港第一代华人建筑师的故事》，香港：经济日报出版社，2007。此诉讼案名为 Wharf Properties Ltd. vs. Eric Cumine Associates (1991) 52 BLR 1, 见 http://www.aeberli.com/uploads/articles/wharf1.pdf, http://www.aeberli.com/uploads/articles/wharf2.pdf. 虽然海港城容积率未炒尽一事在香港坊间多有流传，但在此参考文献中，却只提到工期延误和建筑师监管问题。

11　唐英年先生九龙塘住宅的地下室，在其 2012 年参选特区行政长官时被媒体曝光，地下室部分未向屋宇署报建，而引起屋宇署入屋检查，并提向法庭。见香港《明报》、《都市日报》及其他报章，2013 年 7 月 31 日。

第 6 章

经济起飞下的全球化建筑

1970 年代，在港督麦理浩爵士管治的 10 年中，香港经济欣欣向荣，100 多万居民入住公屋或"居者有其屋"计划的居屋，社会渐趋平稳，人心思治。70 年代末 80 年代初，借着中国内地的改革开放和香港的特殊地位，香港经济起飞。1981 年，香港的人均国民生产总值达到 26 530 港元，成了排在日本和新加坡后的亚洲富裕地区。[1] 1970 年代末，制造业占了香港经济的 35%，服务业占了 62%，对商业办公楼的需求大增。[2] 本地华人开发商崛起，如长江、新鸿基、恒基，而大中型商业公司则寻求在开发和建筑上的突破创新。昔日的殖民地小岛逐渐成为全球化链中的亚洲国际都市。在殖民地时代的后期，单靠殖民政府自上而下的威权，难以管治。港英政府逐渐弱化"殖民地"的旧时形象，致力于成为腾飞向上的"亚洲四小龙"。[3] 香港中央商务区的建筑是香港起飞的实体见证，本章将检视此一时期的商业建筑。

怡和大厦

香港的土地一直不敷使用，港府在战后积极填海拓展土地。1970 年 6 月 1 日，港府将中环填海区的"地王"拍卖，土地面积约 5 000 平方米，底价 5 300 万港元，吸引 18 个财团竞投，中环大业主、老牌地产商置地公司出价 2.58 亿港元投得，是当时香港每平方英尺地价的最高纪录。这个项目由巴马丹拿公司设计，木下一先生主笔。为了加快施工的进度，外墙使用光滑的筒状，以便滑模上升。除中央筒体外，外墙也作为受力部分。木下先生在设计时思忖，为什么不能开圆窗，使得窗洞在受力时不会被拉裂，外墙结构受力因此也有了连贯性。该大楼由金门建筑施工，楼高 52 层，由动工到平顶只用了 16 个月。（图 6.1，图 6.2）

这幢大楼平面呈正方形，直上直下，不设裙房。四角坚挺撑起上部，立面上的圆窗直径约 1.8 米，在纵横方向，几呈等距。这幢楼是混凝土结

图 6.1 / 1970 年初，怡和大厦屹立水边。凌霄阁（1972）位于远处的山峰上。

图 6.2 / 怡和大厦，1973 年。a / 由于马赛克脱落，几年后表层换成了金属；b / 大厦办公室内

b

a

构，外墙原来贴马赛克，因马赛克剥落，后来改
为金属外墙。大楼 1973 年落成，在整个 1970
年代是香港及亚洲的最高建筑物。城市资本主义
总是和土地高楼有关，在经济起飞和跃进的年代，
怡和大厦傲立中环海滨，一枝独秀，成了香港的
象征。[4] 在怡和大厦内办公的，除了怡和（置地）
系的公司外，还有律师行、投资银行等等。当香
港在走向全球化一环的时候，怡和大厦这类甲级
写字楼，提供了合宜的场所。

图 6.3 ／合和中心，1980 年。**a** ／位于 17 层的门厅，为坚尼地路
的入口服务；**b** ／圆桶状的建筑

合和中心

     1980 年，66 层、216 米高的合和中心在湾
仔皇后大道东落成，这幢楼的底下 15 层为各种商
铺、饮食店家和停车场，第 17 层为连接坚尼地道
的入口，其他为办公楼，顶层为香港首个旋转餐
厅。合和中心比上述的怡和大厦还要高出 30 多米。
这幢楼的设计和施工，都由合和公司自己操办。
大楼打下 330 支桩，采用滑模技术建设，其 216
米的高度保持了香港最高纪录，直至 1989 年被
中银大厦打破。合和中心的一个特点，是将皇后
大道和上面几十米高差的坚尼地道连接起来，居
民从楼下乘电梯到 17 楼出口，就到达上面的马路，
方便了街坊。作为 1980 年代香港的最高楼，许
多公司以在其中租用楼面为荣。（图 6.3）

     合和中心是由合和集团主席胡应湘爵士设计
的。胡先生的父亲胡忠，靠开的士公司和炒卖出
租车牌起家。胡应湘爵士是普林斯顿大学土木系

的毕业生，他领导的合和公司 40 多年来以湾仔
为基地，发展房地产，之后在中国内地和亚洲各
地兴建公路桥梁；他是 1980 年代第一条广深高
速公路和深圳市中心的投资者。合和中心在筹备
之初，只能按住宅的类别建造。而当时分区计划
大纲图关于类别的附属说明并无法律效应。为此，
合和集团和城市规划委员会打官司，获得建办公
楼的类别，容积率提高到 15，可以多建三万多平
方米，使其升高成高层。[5] 建造香港最高楼，显
示了胡先生的眼光和魄力。合和集团从湾仔起家，

期望在湾仔半山继续开发高楼和酒店，但遭到周围居民和城市规划委员会的反对。经过几十年拉锯，合和中心第二期在附近山坡动土开工。

本章所述的几个实例中，合和中心是最"本土化"的：本土投资，本土设计。一个国际都市应该有与之相应的中央商务区建筑，和合和中心差不多时间落成的，还有湾仔的新鸿基中心（1982）、鹰君中心（1983）等，都是本地的地产企业。全球化时代即将到来，海外的建筑师也开始参与本地的项目。

香港会会所

香港的中区从开埠早期就是商业活动的重镇，中环沿海一带的办公楼及当代被标为甲级写字楼的名厦，多数为成立于 1889 年的置地公司及其母公司渣甸（Jardine & Matheson Co.）所开发。该公司 1844 年就到达香港，在中环买地盖楼，许多大楼在战后的重建也是置地公司的经营策略之一。以"三分匠，七分主人"的道理来看，香港中环的建筑如果还有商业或些许艺术价值的话，那和置地公司的经营及坚持是分不开的。

原香港会（Hong Kong Club）大厦建于德己笠街与皇后大道中交界，为本地的外国侨民、有钱人提供社交场所，至今也只是对会员开放。第二代香港会大厦建于 1897 年，在爱丁堡广场上，四层高，是香港文艺复兴风格建筑物中的一座，设计精致。而香港会的董事成员，多是附近

银行和洋行的大班，与置地公司和汇丰银行有许多交织。1970 年代末，业主计划将旧楼拆除，建造新楼，遭到民间古迹保护社团反对。但旧楼设施陈旧，内部肮脏，且业主研其并无特别保留价值。另外，这座殖民式建筑给市民大众一种高不可攀的感觉，有评论道："以建筑艺术角度看，该建筑物或有其价值，但论政治因素，该座大楼应尽快消失，而且越早越好。"[6]（图 6.4）

香港会和置地公司联合开发新会所，下部为香港会，上部为置地公司，拥有办公楼业权 25 年。

图 6.4 / 香港会会所，1895 年。

为此举行国际设计竞赛，由澳大利亚悉尼的建筑师赛德勒（Harry Seidler，1923—2006）和香港巴马丹拿建筑工程师楼合作赢得设计，1983年落成。大楼25层，其中八层为会所设施（包括地下两层），6至25层为办公楼。

赛德勒1946年毕业于哈佛大学设计学院，是格罗皮乌斯（Walter Gropius）的学生，布劳耶（Marcel Breuer）的助手，现代主义在澳大利亚的传人。设计者运用其一贯的曲线母题，在方形的平面中进行划分，宛如巴洛克建筑趣味般的复杂穿插。会所部分满铺基地，设计将其做成有机曲线形。而办公楼部分则四柱着地，跨在曲线之上，平台层为花园。在每层的立面上，鱼肚形的T形梁使得形态丰富，又恰恰符合应力在结构中的变化，中间则无柱。这种以结构来表达建筑的做法，在1970年代至1980年代，是较先进的一种设计方法。在原本应该方形四正的基地和体量里，设计做了曲线和曲面体，且并未打破整体的方形。走入大堂，贯穿上下的圆楼梯，以其精美的曲线，引领着人群和视线。在楼层中，带弧形的梁结合灯槽，楼板的结构成了有韵律的装饰。赛德勒同时期的其他设计，都用预制的T形梁，而当时香港的人工便宜，造价是欧美澳洲的一半，所以采用了混凝土现场浇筑。（图6.5，图6.6）

而旧有建筑拆卸下来的柱头和拱门，则放在新建筑里作为装饰，也算是对传统的纪念。香港会会所大楼的建设，由当时的会长罗伊·默登（Roy Munden）主事。当时他任职汇丰银行地产部，同时也在为汇丰新楼四处奔忙。

a

b

c

d

图6.5／香港会会所，1984年。**a**／立面反映了结构；**b**／结构梁在餐厅成了自然的装饰；**c**／老的柱廊被保留成装饰；**d**／楼梯的曲线为赛德勒的标志性设计

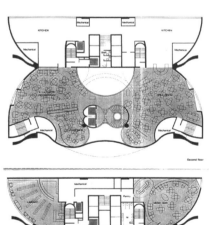

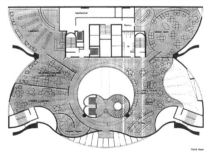

图 6.6 / 香港会会所的设计。**a** / 餐厅天花板平面图和梁细部；
b / 局部平面

汇丰银行

　　1978 年，汇丰银行计划在原址重建或增建。银行地产部负责人找到当时英国皇家建筑学会的会长戈登·格雷汉姆（Gordon Graham）做顾问，就设计邀请方案和合适人选提出建议。1979 年 6 月，汇丰银行邀请美国、英国、澳洲和香港的七家设计公司提供方案，此项目称"皇后大道中 1 号"（1QRC），设计分南广场新建（保留 1935 年的建筑）和全部重建两种设计方案。设计任务书希望参与者提供意见，帮助银行发展出一个好的解决方案。参与提交方案的有英国福斯特事务所（Foster & Associates）、英国 YRM（Yorke Rosenberg Mardall）、美国 SOM、斯塔宾（Huge Stubbins & Associates），澳大利亚的赛德勒（Henry Seidler）、扬肯·弗里曼（Yuncken Freeman Pty Ltd.）和香港的巴马丹拿公司，每家公司获得 15 万港元。银行的地产部负责人去各地拜访这些事务所，参观他们的代表作，从中吸取经验。

　　1979 年 10 月，各公司交稿。斯塔宾的方案一如该公司早前设计的纽约花旗集团中心（1977），地下用巨柱撑起，标准层是白墙条窗，他的一个方案将平台一直伸到皇后像广场。赛德勒的方案窗间墙扭折变形，像他设计的香港会。扬肯·弗里曼的设计，巨构将炮弹般的新楼托起。巴马丹拿的设计，楼梯间突出，使标准层呈花瓣形，这是在理工学院大楼中用过的手法。另一个保留原建筑的方案，在南侧升起条形，呼应了 1930 年代汇丰大楼的艺术装饰手法。汇丰银行地产部的负责人罗伊·默登、建筑顾问戈登·格雷汉姆、马海公司的大卫·索恩巴洛（David Thornburrow）三人小组审查来稿，默登被福斯特设计强调的"灵活性"打动，他说服了其他顾问，并向董事会推荐。福斯特先生面对董事会答辩论证后，设计获得批准。（图 6.7）

这座大楼是香港汇丰银行的第四代总部大楼。汇丰银行是排名靠前的国际银行，又是扎根香港一个多世纪的本地银行。第一代香港汇丰总行大厦位于获多利街（Wardley Street，现称银行街）与皇后大道交界的获多利大厦，1865 年由香港上海汇丰银行租用，当时皇后大道仍位于海旁。1866 年，香港上海汇丰银行决定购入该地皮。第二代总行大厦于 1886 年落成，大楼前后部分的设计不同，似由两幢风格不同的建筑物组成：面向皇后大道的一面以巨柱廊及八角形的圆拱屋顶为主，属维多利亚式设计；面向德辅道的一边则采用一系列拱形走廊为主。其后从 1933 年起，该大厦再进行重建，并使用了部分旧香港大会堂的原址，由巴马丹拿设计，于 1935 年启用，设计略带艺术装饰风格。大厦楼高 70 米，共 13 层，当时是远东规模最大的建筑。有指它是香港首座装有空调的建筑物。日据时期，这里曾经被用作政府总部。这座大楼的中门较小，繁忙时期难以处理大量人流，石材外墙虽则坚固，到 1980 年代来看，也比较封闭。（图 6.8）

第四代大楼正对着皇后像广场和隔马路的天星码头。大楼的结构设计为奥雅纳公司

（Ove Arup），机电设计为澧信公司（J Roger Preston），建设工料概预算为利比行（Levett & Bailey），公和建筑和云比联合企业（John Lok/Wimpey Joint Venture）战胜金门、协兴等其他大公司投标者，成为施工总承包商。[8] 汇丰银行地上 48 层，地下四层，总高 180 米，建筑面积 70 398 平方米。设计者的构思，是用八组垂直构件和五组 V 字形水平悬吊架承受荷载，将整个大楼的各层吊起来。两边设塔、中间脱空的最初目的，是为了保留原汇丰银行的入口大厅。每组垂直构架由四条巨型钢管组成，组架之间，是 11 米跨度的预制楼板。五组水平悬吊架分设于大厦的 11、20、28、35 和 41 层，并由悬吊架中央垂下钢管与楼面连接。结构系统在外体量上暴露无遗。钢构架在特殊的化学涂料里浸泡九次，以使其 50 年保持色彩如新。大厦的垂直交通和其他服务设施安排在东西两侧，这样给中间部分带来很大的灵活性。传统的办公楼是围绕核心筒，标准层套叠上去，香港汇丰银行的做法打破了这种传统。从侧面看，汇丰大楼由三片结构组成，南北低，中间高，这是为了满足规范中街道阴影面积的要求。（图 6.9）

大厦的底层是三层高的大堂，南北通透，内有两部呈八字形安放的自动扶梯，每部长 20 米，直达三层。大堂的顶棚是弧形玻璃天幕，以隔开楼上和底下的公共空间。穿过天幕，为 52 米高的银行营业大厅。位于 11 层的大堂穹顶上镶有一排巨大的镜片，由计算机控制反射阳光入内。中庭的两侧为开敞办公室。虽然设计上有这样的考虑，但实际的日光不甚理想，不能完全解决办

图 **6.7** / 汇丰银行总部平面，福斯特的方案。

a

b

图 **6.8** / 汇丰银行第三代总行大厦，1936 年。**a** / 艺术装饰风格
烘托宏伟气氛；**b** / 银行大堂，彩色马赛克来自埃及神庙

公区桌面的照明问题。（图 6.10）

    银行的档案往来，通过 80 部电动传递车运
送。大厦内所有空调风管、电源、电话、电讯、电传、
计算机系统的设备插座，均安装于特别设计的升
高的地板下面。地板由 0.6 米见方的轻质铝板拼
成，高于结构楼面 0.6 米，当需要安装或维修铺
设在地板下面的各样设施时，掀起地毯及地板即
可进行。大厦内的 23 部电梯均采用透明外壳。

该幢建筑使用了 3 万吨钢及 4 500 吨铝建成，建
造时所用的配件绝大部分都是预造的，当时中国
大陆的工业生产水平尚未达标，所以预制配件全
部在海外完成。结构用钢构件在英国制造，玻璃、
铝制外壳以及地板在美国制造，服务设施组件在
日本制造。地板架空抬高，在 21 世纪较为普遍，
但在 1980 年代却是十分先进的措施。这是打动
银行决策者的一个元素。大量的预制装配减少了

图 6.9 1985 年完成的汇丰银行总部。

图 6.10 / 汇丰银行内部，底层与上层的中庭以玻璃天幕隔开。

图 6.11 / 家庭佣工周末占据了汇丰银行底层。

现场湿作业，也是建筑生产的一个重要方向。

基础以上部分施工不到三年，1985 年底建成，造价 52 亿港币，是当时世界上的昂贵建筑。这个建筑是理性的、科技的，而模数和内部格架的运用，使其精细耐看；钢铁、玻璃预制件的装配，洋溢着现代科技的诗意。加上电梯的角度、铜狮子回归、安装的时辰等等风水考虑，让它有了香港的本土传说。

汇丰银行的开幕礼由港督尤德爵士主持。[9] 大楼落成，轰动世界，柯蒂斯（William J.R.Curtis）所著被认为是 20 世纪现代建筑史经典的《1900 年以来的现代建筑》一书，称其为"太平洋时代的建筑"，并将该建筑作为封面。[10] 香港从此走向世界，有了实体上的象征。1979 年，福斯特获得项目时 44 岁，是几位参与投标公司负责人中最年轻的一位。他此前的设计，最高的楼层是四层，也无银行设计经验，汇丰银行是其事业的转折点，让他从一个英国本地高技派设计师成为国际性大师。汇丰银行的独立建筑顾问戈登·格雷汉姆曾推荐福斯特参赛，并在评选时大力支持了这个方案。几年后在汇丰银行的施工进程中，格雷汉姆也被福斯特延揽成为该设计公司的董事。[11]

每天有 4 000 多人在汇丰银行总部大楼工作，数万人经过其穿通的底层。到了周末，开敞的底层被海外家庭佣工占据，成了香港都市一景。（图 6.11）而反对资本主义的"占领中环"，首先也是占领汇丰的底层。近 30 年来，汇丰银行大楼启发着在技术上推动世界建筑设计的潮流，始终被视为拓宽建筑学领域的先锋典范。

中国银行

　　1980 年代，香港的经济已经逐渐向服务业和金融业靠近，外资华资几十家银行在港九新界遍布近千家分行，有"银行多过米铺"之称。汇丰银行代表着长久以来在本地经营的英资，而中国银行则代表着大陆在香港的财富和权力。汇丰银行大楼的成功，给本地的其他大公司和中资公司很大冲击和启发。一栋总部大楼，不仅仅可以方便使用，而且能产生巨大的社会影响力和广告效应。本地的公司已经积聚了雄厚的资本，独欠这样一幢玉树临风的大楼。中国银行香港分行就是其中的一家。

　　中国银行 1918 年在香港设立分行时，由贝祖贻担任经理。1947 年国内形势风雨飘摇之际，贝祖贻出任中国银行总经理。在香港设计中国银行大楼，请出贝祖贻的大公子贝聿铭先生，是自然不过的事。位于纽约的贝聿铭及合伙人事务所（Pei, Cobb, Fred & Partners）于 1983 年接手香港中国银行的设计。同时期，贝先生还在设计法国巴黎的卢浮宫改建和美国达拉斯市的音乐厅（Morton H. Meyerson Symphony Center）。此时，贝先生 65 岁，他在美国设计并建成的华盛顿国家美术馆东楼（1978）和肯尼迪图书馆（1979）为他带来了巨大声誉，他在北京设计的香山饭店，则为中国建筑的现代化道路指引了方向。1983 年，他获得普利茨克建筑奖（Pritzker Architectural Prize）。

　　中国银行大楼位于中区花园道与金钟道交界

处，楼高 70 层，连同顶部的天线（52 米），总高 367.4 米，比当时香港的最高建筑纪录保持者合和中心高出 150 米。大厦底层成正方形，每边长 52 米，由对角线分为四个三角形。每个三角形在不同的高度倾斜截停，使建筑物看来像个富于变化的多面体。整座大厦依靠四角 12 层高的巨型钢柱支撑，内外有一系列钢杆斜撑，室内无立柱，空间开阔，据说比传统方法节省钢材。上到二层的营业厅，可以上望 20 多层高由不同三角形截面覆盖的中庭。建筑造型犹如竹子节节上升。中银大楼的基地面积为 6 700 平方米，楼面面积 128 600 平方米。建筑师通过不断缩小楼层的面积，将其拉高到 70 层，远远高出了旁边的汇丰银行。外墙在基座部分采用麻石墙，象征长城（这个用材和象征都有些牵强），上部全用铝和银色反光玻璃饰面。从尖沙咀或是山顶眺望中环，中银大厦总是最抢眼的建筑。（图 6.12）

　　大厦内装设 45 部电梯（包括三部货梯），分为两区，第一区供低层使用，第二区供高层使用，43 层设转搭电梯层。43 层和 70 层有小型的观景楼层。通常建筑的顶层是机械房，而这一设计将机械房放在了 69 层。70 层做观景饮宴的"七重天"，高斜上部是三角形收头的钢架天窗，四围观景，引入风光阳光。大厅中有大桌，周围有沙发。这幢大楼于 1989 年竣工，造价 10 亿港元，是旁边汇丰银行的 1/5。1990 年开业，使当时社会略为低迷的人心为之一振。

　　香港中银大厦所用的菱形幕墙分格构图和细部，在以后的北京中银总部（1998）、菲律宾马

a

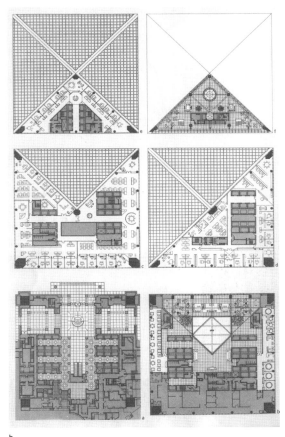

b

c

图 6.12 ／ 中国银行总部，1990 年。a ／ "竹子开花节节高"；
b ／ 平面；c ／ 面向电车路的入口

尼拉的办公楼（1991）、苏州博物馆（2006）、澳门科技馆（2009）和多哈的伊斯兰艺术博物馆（2008）等建筑物上，都有影子。中银大厦落成后，贝聿铭先生从 Pei, Cobb, Fred & Partners 大公司退休，帮助两位公子搞贝氏事务所（Pei Architects and Associates）。以上所提实例，都是贝氏事务所的作品。而在汇丰银行和中国银行建设的同时，渣打银行和恒生银行也在建设自己的新总部，渣打银行由巴马丹拿设计，恒生银行由王欧阳设计，都在 1990 年完工。上一代的渣打和恒生银行总部，都在 1960 年代初建成，运行 30 年就给拆除。这一方面是市中心土地稀缺的结果，也是香港经济高速发展时期，金融银行业务急速膨胀的象征。（图 6.13）

图 6.13 / 渣打银行门厅，1990 年，毗邻汇丰银行。

力宝中心

力宝中心原为奔达中心（Bond Centre），位于金钟地铁站西首，由两栋独立的大厦组成，一栋 42 层，一栋 46 层，总面积 110 554 平方米。每栋建筑物垂直分三段，每段的各层面都有部分向外悬挑，玻璃幕墙覆面，形成类似"树熊"爬抱的体量姿态。两幢大厦相连的部分，是四层高裙房，内为走廊过道和室内广场。大堂上方办公楼的楼底高低不一，两米直径的圆柱将整幢建筑物推向天空。1970 年代，地铁公司研究港岛线金钟地区规划，美国建筑师保罗·鲁道夫（Paul Rudolph，1918—1997）应邀做办公楼的设计，王欧阳事务所为本地建筑师。标准层交错相叠的手法，也见于鲁道夫其他的设计。鲁道夫主张，高层建筑下端的 30 米应该对应人的尺度，这部分应该精心处理，使得走在路上的人能够欣赏建筑并感到亲切。人们在金钟道或附近的天桥和楼层上，可以清晰地见到大楼底部的水池、托起双塔的圆柱和低层部分交错的体量及光影效果。该大楼标准层的平面小于 1 000 平方米，就甲级高层办公楼来说，并不是最经济的做法。大楼突出的块面，使得传统的擦窗吊船无法使用。为此，要在吊船上专门加设"子母"设备，方能擦到内凹的玻璃幕墙部分。这在 1980 年代末也算是项技术上的创新，但擦窗的速度要比一般的大楼慢一半。[12]（图 6.14）

a

b

图 **6.14** ／力宝中心，1986 年。**a** ／双塔；**b** ／设计在人的尺度与感受上有更多的细节与互动，应政府要求，平台用作通向 MTR 的通道

交易广场

汇丰银行和力宝中心落成的同年，朝向中环海边的交易广场也建成，由置地公司开发，巴马丹拿事务所设计。全部工程包括三座商业大厦和一个花园平台，平台下面是停车场，地下建公共交通车站。占地约 13 400 平方米，总建筑面积约 144 500 平方米。两座 52 层高大厦 45°相交，L 形摆放。设计者的构思来自于圆和直线的层层相切、对偶及由此产生的空间。入口的门厅设自动扶梯，两侧的毛石墙面有人工瀑布，在彩色灯光照耀下，斑斓绚丽，把上楼人流引向大堂，大堂连着办公塔楼的电梯厅，大堂内举办各种展览，大堂和露天平台可以眺望海滨。（图 6.15）

大楼的一、二层为香港证券交易所大厅，面积 2 500 平方米。第三期工程为一座 32 层高的商业大厦、花园平台和商场。整座大厦的带形窗采用美国高效能加特种硅质密封剂的反光玻璃，不锈钢的窗框为德国制造。窗间墙用西班牙玫瑰花岗石铺砌。各组件在工厂加工装配后于夜间运抵工地安装。巴马丹拿这一时期设计的银行和办公楼趋向于端庄雍容，用的幕墙技术都有新古典的气息，这和设计主笔李华武的风格是分不开的。（图 6.16）

交易广场的平台连接了干诺道对面的大厦、楼下的巴士总站和以后填海建起的 IFC 大楼，它在东西南北向都处于步行交通网络中。走道和花圃旁的坐凳上、咖啡店边，总能见到熙熙攘攘的人群。除了交易大厅不能进入外，普通市民可以

在大楼的上下平台上闲坐和活动。2014 年深圳
证券交易所大楼（荷兰 OMA 设计）建成，大楼
在广场上独栋而起，市民止步于玻璃大厅外。相
比之下，30 年前建成的香港交易广场要亲民得多。

图 6.15 / 交易广场，1985 年。a / 平台层的雕像与喷泉；b / 员
工与大众可在大厅看到海景与不定期的展览；c / 由股票交易所到
办公塔楼的门厅；d / 幕墙由大理石和玻璃构成

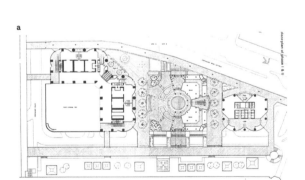

图 6.16 / 交易广场设计。a / 平台层平面；b-d / 李华武的设计
草图，喜欢用曲线形式

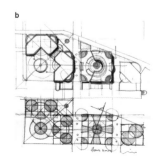
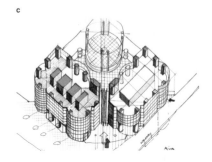
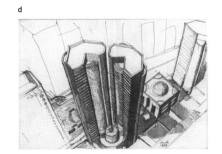

太古广场

中环和湾仔的边界是金钟，由于过往军队的驻扎，湾仔和中环之间的这一带一向比较冷落。政府在 1970 年代考虑搬迁军营，对此一地区委托进行城市设计顾问研究。1980 年代初，地铁在这里设立跨海站。原来山边的 11 座兵房拆除 8 座，在山坡和平缓地作商业用途，由太古地产投得此地，将山铲平，建起太古广场。平台本身是三层高商场，地下层连通对街的地铁站。太古广场商场上分两期建起三栋高级酒店和办公楼。酒店的住客、办公人士，可循太古广场的电梯、自动扶梯而上，太古广场又联通到山上的法院、政府办公楼和香港公园。整个综合体是十分典型的香港山地高差错落综合设计，王欧阳公司负责规划设计，由于平台上有四栋高楼，所以出入的车道占据了相当面积，平台上做大树池，以保留一些树木，而大树池下凹到商场的中庭。（图 6.17）

太古广场的商场空间设计收放有致，稍大的端头呈广场形，便于跨街而来的大量人流疏散，中间店铺外是围绕中庭的线性走廊。室内装修连同各名店的装修本已雅致，2010 年又引入英国设计师托马斯·希瑟维克（Thomas Heatherwick）的别致设计，白色调、木装修、瀑布般的玻璃电梯、玻璃栏杆扶手、外墙各种石材做法等，更衬托出其典雅。屋顶花园是进入酒店和办公楼的主入口。车辆从山道上来，酒店内的大堂和餐饮空间或望海望山，或有许多高低的趣味。作为太古集团名下的代表作，太古广场设定了香港大型商场的档次和原型，其上下联通的设计手法也为以后的各类综合开发树立了榜样。（图 6.18）

图 6.17 / 太古广场，1988 年。a / 该综合体替代了金钟的旧军营；b / 1979 年，政府聘请顾问扬肯·弗里曼研究金钟兵房撤离后的城市设计，近处高楼为现在的统一中心、海富中心，铅笔轮廓线为太古广场

a

b

图 6.18 / 太古城作为商场、公众活动会场及交通换乘（MTR，巴士，街道与山上）。

香港会议展览中心

　　香港长期以来为中国大陆、亚洲和世界提供着中介交易场所。到了 1980 年代，经济起飞，建设会议和展览中心越发变得迫在眉睫，此事由半官方机构香港贸易发展局主催。在湾仔的中心地段向海处，1986 年开始动工建设会展中心，1988 年底完工，当时为亚洲规模名列前茅的会展中心，面向海的高大长条玻璃幕墙，是当时世界上最大的幕墙。设计者为伍振民建筑师事务所。参观者由马路来到会展中心，前面是环形下客处，行至前厅，准备由自动扶梯到两边的展厅，面对向海的大面积玻璃幕墙，窗外是蓝色维港和九龙的云天。会展中心的两翼则是五星级酒店。

　　但这个亚洲的大型会展中心，很快就显得面积不够。临近 1997 年香港主权回归，会展中心向外伸出填海，倾倒下 180 万立方米的砂石，填出一个 6.5 公顷的人工岛。美国 SOM 事务所设计的扩建方案，从瓷片和飞鸟得到灵感，设计了壳形顶的椭圆多层大厅，伸向维港。百多米长的前厅和 60 米高、7 000 平方米的透明玻璃幕墙，让观众在进入展厅前，先行瞭望中环、西九龙之间的海景。壳顶面积 4 000 多平方米，用铝合金覆裹，整个工程耗资 48 亿港元。这个设计由王欧阳事务所绘制施工图和现场监管，临近回归前一直赶工，忙到 1997 年 7 月 1 日，主要部分才勉强投入使用，容纳 4 300 座的会场成为"北望神州"主权交接仪式的所在。[13]（图 6.19）

　　二期的人工岛和一期的沿水面展开的水平体量之间，由一条 110 米长的钢桥连接，钢桥成为室内大厅的一部分。在第二期酝酿的 1992 年，在会展中心隔港湾道的地块，新鸿基投资开发建成了当时香港的最高楼——中环广场，由刘荣广／伍振民事务所设计。这个办公塔楼采用混凝土结构，标准层平面呈三角形布置，灰色和金色的玻璃幕墙，三角形尖顶向上一击。会展中心飞鸟（或可称为龟形）的趴卧状和中环广场的高耸状，配合默契，成为香港海港或维港烟花的典型建筑组合图画。

　　由于会展中心伸出的人工岛，从中环外线码头经金钟（军部）到湾仔会展中心一公里长的海岸，成了内凹的"海湾"，因此诱发出新的填海设想——将这个海湾一线拉平。150 年来香港海岸填海伸出、拉平、再伸出、再拉平的过程不断持续，填海所得的区域也是香港政府商业卖地获得可观收入的来源。1997 年立法会通过保护海港条例，引入公众参与，填海在行政上和社会上都受到巨大阻力。尽管如此，在兴建湾仔到中环绕道、政府总部和海滨公园等的名义下，这个海湾在 2010 年前还是填了一半，使得会展中心的凸出岛，勉强保留"岛"的意味。

会展中心第二期于 1997 年完成。2000 年后，周边城市和地区的竞争加剧，广州于 2003 年在珠江琶洲建成了会议展览中心，建筑面积 40 多万平方米；2008 年又在白云山附近建国际会展中心和酒店，面积规模都大幅度超过香港。深圳也于 2002 年在福田市中心建会议展览中心。为了应付急剧增加的展览市场，香港于 2005 年在机场建造起亚洲国际博览馆，提供七万平方米的展览面积。位于湾仔的展览中心，则将原来的连接桥部分扩充，增加展览面积。即使经过这样的数次扩充，湾仔的会议展览中心展览面积也只有八万多平方米，仅及广州琶洲会展中心的 1/5。第三期则计划将湾仔的运动场、游泳池等地包括在内。在公民意识高涨的民主时代，在闹市中心继续拿取公共设施土地，不是件容易的事。

a　　　　　　　　　　　　　　　　b

图 6.19 / 香港会展中心，1989 年及 2007 年。a、b / 通往展厅的大堂；c / 水边飞鸟

c

香港国际机场

《中英联合声明》发布后，香港掀起居民向海外的移民潮。为稳定人心，1989 年 10 月，港督卫奕信（Sir David Wilson）宣布了"玫瑰园"计划，即由政府投资 1 600 亿港元，在大屿山外的赤腊角建设新机场，并配合机场填海造地，建设公路、桥梁、铁路。该计划虽引来担忧和争议，最后还是如期开展。近十项工程给本地及海外公司带来大量工作机会，随着工程的逐项落实，也稳定了香港民众的信心。[14] 建筑和土木工程重新成为国际设计和施工公司的竞技场。新机场便是此计划中的核心工程。

赤腊角国际机场位于大屿山北面，海中岛屿占地 12.5 平方公里，近半由填海得来。1991 年，福斯特及合伙人公司通过竞赛获得机场候机大楼的设计。该公司此前曾设计了伦敦的斯坦斯泰机场（Stansted Airport），轻盈的结构做成结构单元，在大空间中重复。香港机场候机楼建筑面积达 57 万平方米，建筑中心流线总长 1.8 公里，1/3 的面积建于地下。设计者用了 1.2 米的模数，半跨 18 米、全跨 36 米的结构柱网，覆盖巨大的双 Y 形平面。大空间建筑的关键在于屋顶，候机楼的钢屋顶结构和形状复杂、尺度精准拼接，采用了 129 个结构单元拼成整个屋顶，每个单元36 米 × 36 米，重达 140 吨。

香港国际机场于 1998 年建成，是当时世界上最大的机场，直到 2007 年被福斯特公司设计的北京首都机场 3 号航站楼打破此纪录。候机楼

的主体结构只负责撑起屋顶，商场和楼板自承重，这样各种维修、加建和改动就可局部自行进行，不影响主体。在庞大的机场候机楼里，各种楼层巧妙穿插交织，形成等候区、海关检查、零售、咖啡厅等许多有趣和亲切的空间。

在旧启德和其他机场，空调来自天花，使得顶棚部分沉重压抑。香港机场候机楼的设计，将空调的送回风置于零售和厕所大柜的上方，解放了顶棚，使屋顶轻盈，而宜人的温度只是在人活动的尺度范围。建筑外表裹以玻璃、金属和合金板，面积达 46 000 平方米，高大的玻璃幕墙由轻巧的弓形钢架支承。福斯特公司在此项目和同期设计的红磡火车站大楼里，都主力设计了一榀结构，这榀结构多次重复，形成大空间。如果没有精致的细部和轻质的构件，如此单元重复的大房子很可能形如仓库。香港机场在各类评比中名列榜首，[15] 部分归功于高技和前瞻的设计。（图6.20）

a

b

图 6.20 / 香港国际机场候机楼，1998 年。a / 局部照片；b / 候机楼全景；c / 平面；d / 单元剖面

c

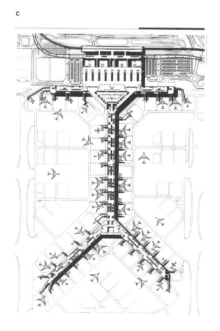

d

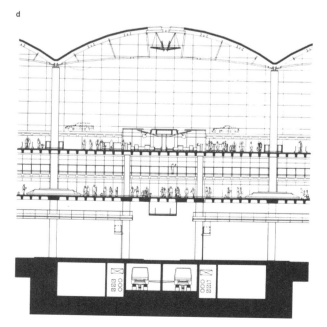

商场建筑

　　1982 年，中环的置地广场重建，香港有了第一个带中庭的商场建筑。（详见第 3 章）两座方形塔楼之间夹着方形的中庭，除了结构和装饰方面的端庄以外，置地广场在地下连接地铁，在上层连接其他中环建筑，显出积极的城市意义。随着工业社会向后工业消费社会转型，购物消费在香港蓬勃发展，带中庭的商场加高层综合体不断出现，代表者为时代广场（1992）。时代广场和上文所述的置地广场、太古广场可视为香港第一代带中庭的商场。

　　1993 年，太古集团在九龙塘开发建筑面积10 万平方米的又一城，由来自美国迈阿密的公司Arquitectonica 完成建筑方案设计，香港奥雅纳完成结构设计，刘荣广 / 伍振民事务所任本地建筑师，1998 年年底建成开放。又一城为两个体量的斜交叉，虽有六至七层的商场，但方向清晰，大开放空间，不见梁柱，顶上和侧面的大片采光使室内亮堂，自动扶梯在不同方向穿插，光线在微弯的中庭里缓缓流动，表现出设计者"河流"的初衷。（图 6.21）

　　又一城在不同高度连接了达之路、东铁、地铁和城市大学，为交通引导的建筑树立了榜样。在又一城之后，Arquitectonica 还设计了港岛薄扶林的数码港，这是在政府的科技园之外另一种形式的科技园区和规划，大刀阔斧并具有现代感。数码港虽被批评为政府和地产商的勾结，但园区的规划为办公园区树立了典范。（图 6.22）

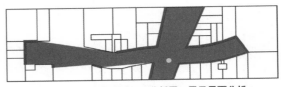
又一城0层isovist分析图，展示界面分析

又一城0层isovist分析图，展示界面分析

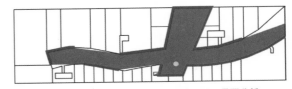
又一城-1层isovist分析图，展示界面分析

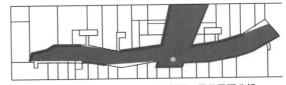
又一城-2层isovist分析图，展示界面分析

图 6.21 ／又一城，1998 年。电梯与不规则平面的交织使得空间丰富，中庭定义的路径清晰，顾客容易找到方向。

a

图 **6.22** ／ 数码港，2002 年。**a** ／ 总平面模型；**b** ／ 公共交通插入该综合体的中心；**c** ／ 长长的公共通道将人们引向上层的各座塔楼；**d** ／ 商场

b

c

d

a

b

图 6.23 ／朗豪坊，2004 年。a ／剖面；b ／原先的开放空间由中庭覆盖，在旺角老区十分突出；c ／高空间、长电梯以及上面的洞穴式旋转路径

c

外国的商场一般不高过两层。香港时代广场的九层，已经突破了海外经验对商场的限制。2004 年在旺角落成的朗豪坊，商场上到 12 层，离地 15 米的平台原本应该露天，但业主申请将这部分遮盖，因此在连地铁的地下三层和地面三层上，出现了 60 米高的中庭空间，长长的自动扶梯，直抵八楼，再上四楼，如同钻入高空洞穴。从八楼到 12 楼的周边空间，小店安排在缓缓拾级的边上，盘旋上下。又一城和朗豪坊可以视作香港的第二代中庭商场。（图 6.23）

朗豪坊商场部分的设计者捷得建筑师事务所（Jerde Partnership）在洛杉矶、圣地亚哥和东京等地，都留下许多节庆欢快式的商场，在香港高密度环境下也创造出高层商场原型。比如 2007 年在九龙湾开幕的 MegaBox，20 多层的

商场被捷得事务所分成几段，每一段有自己的处理、中庭和主题，占据三至五层。垂直交通，有直上高层的电梯，也有逐层或跨层的自动扶梯，以适应大小、高低不同的空间。捷得的设计以热闹和节庆为依归，并不拘泥于现代主义盛行的"纯简"美学，为香港本地居民所喜闻乐见。（图 6.24）

　　MegaBox 是高层购物商场，它并没有采用一个大通高的中庭，而是分区段的几个中庭，每个中庭联系数层。空间复杂交错，自动扶梯多，顾客找路也略感困难。之后的几个商场建设也遵循类似手法，如尖沙咀的国际广场（iSquare，参见本书第 8 章）、The One（2010）和铜锣湾希慎广场（2012）。

　　尖沙咀加连威老道和弥敦道交界口，曾于 1965 年建起东英大厦，由何东家族开发，阮达祖设计，17 层，70 米高，当时是九龙半岛最高楼。楼下三层为商场，楼上为办公。2003 年 SARS 后的低迷时期，该大楼以 11 亿港元出售给华人置业集团，华人置业将其拆除，重建为 29 层高的银座式商场 The One。在 3 000 平方米的基地面积上，商场建筑的平面为 20 米 × 90 米的长条形。主要的大型店铺在地下和低层，第 16 层是平台花园，16 层以上是高档饭店。[16] The One 由日本的丹下事务所设计，丹下事务所由丹下健三（Kenzo Tange，1913—2005）创立，21 世纪后，由他儿子主理，曾参与香港西九龙文艺区的投标（见第 11 章）。在 The One 商场中，自动扶梯和交通核处于长条平面的两端，低层部分的平面中间开洞，形成边翼中庭，楼上也有部分

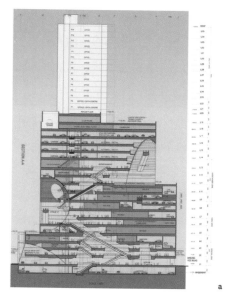

a

图 6.24 ／九龙湾 MegaBox，2007 年。**a** ／剖面被分成几个区域；**b** ／中庭主导几个楼层；**c** ／溜冰场；**d** ／设计透视图

b

c

d

挖空，以迎接天光，或局部做空中花园。精致的
内部和许多小店，形成类似东京银座的精品店气
氛。外墙的玻璃幕墙是大笔触花饰，这在该事务
所其他设计中也经常用到。（图 6.25）

　　铜锣湾的希慎广场由希慎集团开发，该家
族百年来以铜锣湾为轴心开发了许多物业。希
慎广场楼高 40 层，其中 17 层用作购物商场。
低层的部分联系轩尼诗道电车路和背后的纵横
马路。双层厢电梯和许多长短滚梯把人送往楼
上，有的自动扶梯贴外墙玻璃而行，四层的天
台花园供顾客闲坐休息，而低层商店的整块玻
璃有 15 米高，该处用于苹果电脑门店。希慎广
场由美国 KPF、香港刘荣广 / 伍振民建筑事务
所和贝诺建筑事务所（Benoy）共同设计。室内
各店铺则由各家室内公司设计，充满创意。有
的整层为女装，有的为书店，或品牌店。各层
不同的平面、自动扶梯位置和空中花园，是这
一时期中庭商场的趋势，可以视为香港的第三
代中庭商场。[17] 在香港，私人开发的商场除了
购物功能外，对于大多数居家拥挤的民众来说，
还是社交和某种程度上的"公共空间"，由此
也推动了这一建筑类型的发展。[18]（图 6.26）

a

图 6.25 / The One，2010 年。a / 长而窄的形状被不同模式的幕墙包裹着；b / 狭长的商场楼层

b

图 6.26 / 铜锣湾希慎广场，2012 年。塔形的商场被分成几个区，由中庭导向。

全球化建筑

1980 年代，香港的经济和城市建设实现了质的飞跃，成为世界上具有领导地位的集装箱码头和金融中心。中央商务区建筑使香港的形象焕然一新，增强了外资来港、本地商人及普通市民在此扎根发展的信心。汇丰银行大楼是这一转折的里程碑，它和其他新大楼定下了中环建筑的基调，新建或改建的大楼务必达到甲级或国际水平：高水平的规划建筑设计、富丽堂皇的室内外装修和高规格的管理维护。由于中环商务区的写字楼愈趋"高档化"，中环的商厦也就多由金融服务、跨国公司和上市公司转让和承租，为其服务的律师楼、会计师楼、医疗诊所等紧随周边。1950 至 1970 年代，主要的建筑设计事务所皆在中环；到了 1980 年代，在租金压力下，纷纷向东面和西面转移，分布在湾仔、铜锣湾一直到北角、鲗鱼涌。这些建筑，如点评全球化城市的萨斯基娅·萨森（Saskia Sassen）教授所言，提供了有一定限制的"全球化空间"，只为国际化的商业和精英服务。与之配套的是高级服务性公寓（如西九龙）、酒店和酒吧街（如中环兰桂坊、湾仔海旁）等。普罗大众的消费，则被从中央商务区推到了边缘地区。[19]

香港的设计业务，从 19 世纪末起就是英国人的天下。至二战结束时，老牌的英国设计公司在香港已经屹立了半个多世纪，尽管由于员工流动而带入新的设计文化，但业务主要在香港，终究还是"本土化"了的事务所。从 1980 年代开始，香港私人投资的建筑不满足于"本地设计"，纷纷向海外的设计事务所开放竞标，这些外国设计公司随即在香港设立办公室。1980 年代初的设计竞赛凸显出本地事务所和国际水平的差距。福斯特公司在香港夺取了海（启德邮轮码头，2014）、陆（红磡火车总站，1998）、空（赤腊角国际机场，1998）、金融（汇丰银行，1986）和文化（西九龙文艺区，2011）领域的设计权，在汇丰银行、新机场的建设过程中，在香港一直设有近百人的公司。这些人在工程结束后，转而自己开设公司，将福斯特的理念带到新的工程中。荷兰 OMA 事务所将香港作为"拥挤文化"的实验基地，断断续续地在香港开设公司，承揽周边地区业务；而英国法瑞尔（Terry Farrell & Partners）自赢得香港凌霄阁设计（1992）后，开启了他的"十年，十个城市"的历程，其香港的分公司一直是法瑞尔在伦敦以外实现"城市实验"的重要地方。以香港为据点，该公司在深圳、广州和上海参与设计了许多大型工程。[20]1977 年创办于美国迈阿密的 Arquitectonica，1993 年设计了香港九龙塘的又一城后，继续进军大中华地区，在深圳、上海和其他城市设计了许多大刀阔斧的项目。[21]

1990 年代，香港由一个殖民地城市跃升为亚洲的国际都市。殖民地和全球化都是外来文化对本地冲击渗透的结果，前者带有武力、强权和征服，而后者引领跨国商业，是经济发展的必然方向。如本书前言所述，殖民地客观上也是早期的"全球化"，而全球化则是商品和资本的"新殖民"。中环、湾仔的大型建筑，就是这个转变过程的实体象征。从

1990 年到 2010 年，香港仍进行了一些大型及许多见缝插针的建设，完善了香港的基建设施。1980 年代，香港生机勃勃，经过了质的飞跃，形成了今日人们所认识的在亚洲仅次于东京的国际都市，那是值得书写的年代。相比之下，1990 年后的 20 余年，香港的城市只见量的调整和变化。

注释

1　关于 1980 年代初的香港经济状况，参见 Cheng Tong Yung, *The economy of Hong Kong*, Far East Publications, Hong Kong, 1982; Michael J. Enright, Edith E. Scott and David Dodwell, *The Hong Kong advantage*, Oxford University Press, Hong Kong, 1997.

2　同上。

3　1976 年 9 月，英国政府将辅政司署（Colonial Secretariat）改为布政司署 (Government Secretariat)，辅政司一职 (Colonial Secretary) 改为布政司 (Chief Secretary)。引自 Cheng Tong Yung, *The economy of Hong Kong*, Far East Publications, Hong Kong, 1982. 吕大乐的《那似曾相识的七十年代》，对 1970 年代香港社会人民对殖民政府的心态有细致的描写。

4　本章关于怡和大厦的描写，参考了维基百科，http://zh.wikipedia.org/wiki/%E6%80%A1%E5%92%8C%E5%A4%A7%E5%BB%88，2013 年 4 月 28 日访问。设计的构思，参考了《热恋建筑》一书，香港建筑师学会，2007。

5　这段关于合和建造的官司事件，参考了建筑游人《筑觉》，香港三联书店，2013。

6　这段关于香港会会所的评论，摘自吕大乐《那似曾相识的七十年代》，（香港）中华书局，2012。

7　香港会的资料，参考 *Vision – architecture. design*, June 1983. 本章关于香港会会所的资料，部分源于 2013 年 8 月 14 日对香港会会所副经理刘志良（Ronald Lau）先生的采访。

8　公和建筑公司为陆孝佩（John Lok）先生创办。陆孝佩，1921 年生，江苏太仓人，祖上为巨贾。陆先生 1942 年毕业于上海圣约翰大学土木工程系，1950 年来香港开创工程施工事业，1983 至 1985 年任香港建造商会会长，1987 年任建造业训练局主席并担任多项公职。现为香港大新有限公司及公和建筑有限公司董事局主席。除了汇丰银行外，公和建筑在香港承接了一百多项工程，包括荃湾绿杨新村、九龙湾地铁站等。参考何佩然著《筑景思城——香港建造业发展史 1840-2010》，香港商务印书馆，2010；汤财文库《揭陆恭蕙家底》，2003 年 12 月 11 日，http://realblog.zkiz.com/greatsoup38/22182，2015 年 2 月 24 日阅取；及其他网上资料。

9　港督尤德爵士 1986 年 4 月主持汇丰银行开幕礼，同年 12 月在北京访问时因病去世。

10　William J R Curtis, *Modern Architecture since 1900*, Prentice-Hall, Englewood Cliffs, N.J., 1987.

11　本章关于汇丰银行建设和福斯特事务所的细节和资料，来源于汇丰银行亚太区行政事务部历史档案，Stephanie Williams, *Hong Kong Bank – the building of Norman Foster's masterpiece*, Jonathan Cape, London, 1989; Vision, No. 20, 1985; 及纪录片 *How much does your building weigh, Mr. Foster?* An Art Commissioner's Film, 2010.

12　Zainil Lee, Hang'em high, *Asian Architects and Contractors*, March, 1988. p.18.

13　香港会议展览中心二期工程，参考了会展中心网页和 Wong Wai Man, *15 most outstanding projects in Hong Kong*, Building Journals and Construction & Contract News, 1998.

14　香港主权回归前的情况，可参考 Chris Patten, *East and West : the last governor of Hong Kong on power, freedom and the future*, London: Pan, 1999; *A thousand days and beyond*, Hong Kong: Government Printer, 1994.

15　香港机场曾有八年在国际机场中被评为世界第一，2011 年后位处第 3 或 4 名，见：World Airport Awards, http://www.worldairportawards.com/Awards/world_airport_rating.html，2015 年 7 月 13 日获取。关于香港机场的技术资料，参见 *The New International Airport of Hong Kong*, China Trend Building Press, Hong Kong, 2011.

16　东英大厦和 The One 的数据，部分参考了维基百科，http://zh.wikipedia.org/wiki/%E6%9D%B1%E8%8B%B1%E5%A4%A7%E5%BB%88

17　本章关于购物商场的描述源自本书作者的调查，面积指标等数据源于维基百科和有关商场的网站。

18　关于商场作为"公共空间"，请参考 Charlie Q. L. Xue, Luming Ma and Ka Chuen Hui, Indoor 'Public' Space – a study of atrium in MTR complexes of Hong Kong, *Urban Design International*, (Palgrave-MacMillan, UK), Vol.17, No.2, 2012, pp 87-105.

19　Saskia Sassen, *Cities in a World Economy*, Pine Forge Press, Thousand Oaks, California,1994.

20　关于法瑞尔在香港和亚洲城市的实践，请参考 *Ten years, ten cities: the work of Terry Farrell & Partners, 1991-2001*, Laurence King Publishing, London, 2002;《UK>HK, Farrells 场所经营》，中国建筑工业出版社，北京，2010。

21　关于 Arquitectonica 公司，见其公司网页 http://arquitectonica.com/portfolio/，2014 年 12 月 1 日阅取。

第 7 章

校园建筑

开埠早期，香港只是作为中转贸易港，培养本地人才未被重视。19 世纪末 20 世纪初，中国内地开始创办大学，如北京的清华学堂、天津的北洋大学、上海的南洋公学、交通大学、沪江大学、圣约翰大学、同济医学院等。在香港商人包括摩地（Hormusjee Naorojee Mody，1838—1911）、何东（1862—1956）先生等的赞助和努力下，1911 年香港大学开办，地址在港岛西面的半山。校园沿着半山的等高线向东西向发展。及至二战后，香港高校的体制和校园有了比较大的扩展。1950 年代，基督教会办的崇基书院和私立的新亚书院、联合书院等开始草创；1963 年，三家书院合并成立香港中文大学，并于 1973 年迁入沙田现址。[1]（图 7.1）

1970 年代，随着香港经济蒸蒸日上，高等教育、技术教育也纷纷走上轨道。从 1980 年起，新的政府资助学院和大学相继出现。昔日的贸易转口港和工业加工地开始重视教育，是这个地区提升品格和前瞻的自觉，校园建筑也随着高等教育的步伐而不断发展。在私人建筑发展地块规模都比较小的香港，校园建筑是难得的大型集群建筑，而造在市内的大学校区，和美国及中国的传统"校园"迥然不同，它们是香港建筑的一个生动侧面。本章描述 1980 年代以后兴建的一些校园，选择具有代表性的案例，探讨在香港的气候地理、人口密度和办学制度下的校园建筑设计之规律和方法。

香港理工大学

香港理工大学的前身是 1937 年成立的官立高级工业学院，1957 年迁到红磡湾现址，1972 年成为理工学院，开始筹划校园建设。理工学院（polytechnic）是源自英国和欧洲的教育制度，一般提供实用技术的培训，为初中或高中毕业生提供证书、高等证书（certificate or higher certificate）、文凭或高等文凭（diploma or

图 7.1 ／香港中文大学主校园，1960 年代规划。

higher diploma）的训练。在 1992 年之前的英国主要郡府和城市，一所（著名）大学会设在郊区风景如画的公园里，而理工学院则是市中心的一栋综合楼，便于成人学生工余进修。这类理工学院和大楼的兴建，在欧洲战后的 1960 至 1970 年代，如雨后春笋般出现。

香港理工学院的校园即是沿着这样的思路开发。1972 年，校方举行设计竞赛，巴马丹拿公司获得首奖，其方案得以实施。校园采用模数单元化的设计，底层为机房、实验室、车行道路和上下货区；主要的行人流通空间，在平台上进行。平台的首层，多数是支柱，在全年有九个月潮湿炎热天气的亚热带香港，抬高的建筑底部可以挡雨遮荫，进入校区后自由走动，不用打伞。教学研究办公是模数单元化的体块，可以根据需要自由划分。而电梯、楼梯、厕所则设在一个个"核心筒"（core）中，这些核心筒连接着教学研究办公的体块，以字母 A，B，C 等命名。这一体块则以两边的筒体定义，如 BC，EF，CE 等等。步行平台通过廊桥与红磡火车站连通。（图 7.2，图 7.3）

香港理工学院的设计，明显受到六七十代国际建筑思潮和欧洲各城市理工学院综合大楼的影响，如路易斯·康（Louis I. Kahn，1901—1972）的"服务"（service）与"被服务"（served）空间和斯特林（James Stirling，1925—1991）的作品英国莱斯特大学工程馆（1967）。使用筒体和体翼的概念，大楼在第一期建成以后的几十年里，可以逐期地以单元化伸展开去，模数化、建筑构件可大量重复，节约造价，便于施工。这种单元统一使得构图整齐，形成校园内空间的围合、分隔和层次。单体建筑可能趋于单调，但整个综合体有其功能特色，和周边城市建筑环境也有区别。经过 30 年的不断增建，建筑群跨过漆

图 7.2 ／香港理工大学校园，第一期完成于 1980 年。服务核心筒与被服务的两翼预留了开发潜力。

图 7.3 ／香港理工大学校园，行人与学生的活动基本在平台层。

咸道南而到了对面的何文田街区。以后不同的建筑师，都遵照主校园订下的规划设计原则，统一而有变化。而棕红色面砖一直沿用，成了理工大学新建筑的专用外墙色。[2]

香港城市大学

　　理工学院之后，政府继续扩展高等技术教育。1984 年成立香港城市理工学院，1994 年更名为"香港城市大学"。开始创办时，租用旺角中心办学，同时进行设计竞赛。1985 年，英国唐谋士事务所（Percy Thomas）和香港费钟事务所（Fitch & Chung）合作的设计在竞赛中获头奖，并得以实施。费钟曾于早先参加理工学院校园的投标，但失利。钟华楠先生为城市理工项目签图的认可人士（Authorized Person）。[3] 香港城市大学的校园建筑面积为 10 万平方米，坐落于九龙塘的山谷里，占地约 15 公顷。设计者用网格模数控制庞大体量，将建筑水平分区，每区以采光中庭和色彩区分。在竖向上，六至七层的体量在三层、四层划开，三层全层为图书馆（建成时为亚洲最大的一层图书馆），四层为广厅（concourse）和阶梯教室，广厅中有商店、银行、灵活展览空间和学生休憩空间等。2003 年，在主教学楼建成 14 年后，城大将五楼的局部和四楼的广厅联通，增加了垂直联系、通道和学生阅读讨论的公共空间。1980 年建成的理工学院，有批评认为内部序列主次不分，而城市大学则加强了主次的序列。（图 7.4）

　　在城市大学建成的 1990 年代初，这样的广厅交流空间设计在中国内地并不多见，因此成了内地新校区设计学习的原型。教育理念的改变，从单向的"教"向主动的"学"迈进，给学生更多交流空间，深受学校欢迎。城市大学的使用面积都在大片整体块状之内，而楼梯、电梯和厕所则在块与块之间的筒体里，这和路易斯·康的"服务"、"被服务"空间关系是一脉相承的。20 年来，这个综合楼服务于两万多师生，高效率超负荷运行着。

　　1998 年底，和城市大学校园一街之隔的又一城大型商场建成，10 万平方米的商城和 10 万平方米的校园，以达之路下的一条过街隧道相连，将九龙塘地铁站和东铁站来的人流，源源送入校园。而在校园的师生和往来活动人员，也给商场增添了大量人气。每天从校园吞吐的几万人流，多经过隧道步行而来。校园外的达之路，却只有车行，少有人走。（图 7.5，图 7.6）

　　香港城市大学的校园扩展，主要是沿山而上，直抵山上的歌和老街。新建的学术楼充当了连往山上的步行通道，在各种高差上作室内或半室内的连接、休憩和公共空间，使通往山上的路途成为经历不同空间体验的愉快历程。在香港，向已建成区收地困难重重。城市大学的扩建，首先是将校园中的山坡削去一隅，建造第二学术楼；将烧烤场、山路占据，建 7 至 20 层高的第三学术楼。上到歌和老街，由政府拨出山坡地，爆破劈山造地，建学生宿舍和创意媒体大楼。这也反映了香港公营单位建设的一种特征。[4]（图 7.7）

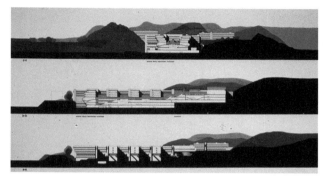

图 7.4 / 香港城市理工设计竞赛，唐谋士事务所与费钟事务所的获胜方案。

a

b

图 7.5 / 香港城市大学校园。**a** / 行人入口；**b** / 大堂两侧是演讲厅

图 7.7 / 2013 年新建的第三学术楼。该建筑作为主校园与山上部分的连接。

图 7.6 / 香港城市大学学术楼组合分析。

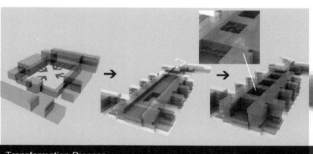

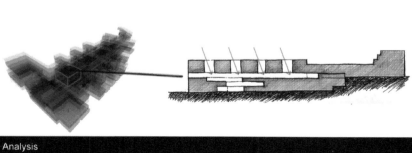

香港浸会大学

原为浸信会（Baptist Church）1956 年办的专上书院，1972 年改称浸会学院，1994 年升格为大学。

主校园善衡校园原位于狮子山隧道前的窝打老道。建筑沿山坡层层而上，留出院落，而这些院落都由 10 余层高的教学和科研楼围合。1988 年，何弢先生设计了新增建的部分。何先生的设计，突出了实验室的烟道塔楼。校园的容积率达到 10。高层高密度下，仍然有不少供师生活动的公共空间。（图 7.8）

1995 年，在邻近的联福道上，建成逸夫校园，由何显毅建筑工程师楼地产发展顾问有限公司设计。由于地形的高差，步行入口设在第三层，形成长达百米的大学道广厅。大楼的底层全部挑空，一边面临联校运动场（理工、城大、浸会三校合用），另一边则通往楼上的不同空间，学生在开敞的底层可以闲坐、交谈、休憩。在本已比较紧张的用地里，大楼各处有许多宽敞走廊、上下贯通空间和屋顶平台，给没有传统操场的校园，增添了许多师生交流角落和眺望空间，形成香港校园的独有特征。这幢大楼的外墙用了黄色的面砖，在九龙塘的传统旧区里显得触目。1990 年代后期，政府在附近继续拨地，在逸夫校园后，形成大学道，建造了一批独立建筑，如中医学院、媒体学院和学生宿舍等。在市区的校园建筑，因为用地紧张，所以都采用见缝插针的方式。[5]（图 7.9）

a

b

c

图 7.8 ／香港浸会大学善衡校园。**a** ／学术楼，1989 年；**b** ／建于坡上的校园；**c** ／高密度下保留的公共空间

a

b

c

图 7.9 ／浸会大学逸夫校园，1994 年。a ／沿路的建筑；b ／通道统一了高层和底层；c ／ 2012 年完工的传媒专业大楼

香港大学

　　九龙市区里理工类学校的建设，部分经验来源于欧洲，如体块单元拼接。而早年香港大学校内的建设，则为山地高差上建校园提供了更多经验。香港大学的校园从1910年起就开始建设，二战之前在般含道上建起了香港大学主楼、冯平山图书馆、山上的仪礼堂（Eliot Hall）和梅堂（May Hall）等。在2008年向西拓展之前，香港大学在薄扶林半山上的主校园只有16公顷，除了医学院、体育、农业研究所和一些学生舍堂、教职员宿舍在其他地方外，七八个学院一万多学生和几千名教职员就挤在16公顷的山坡上，而类似规模的大学，在中国大陆或是海外，校园面积都至少在100公顷以上。（图7.10）

　　1980年代，港大建起了一系列新的教学科研楼，如科学馆、邵逸夫楼（王董建筑事务所设计）、梁銶琚楼等。这些大楼的底层统统敞空，楼宇相衔，成了高高低低的连廊。在高楼围合中，有一块约30米×40米的校园空地，是港大主校园的中央公共空间，保留了几十年的荷花池和中山广场，依旧是高高低低的台阶面。从荷花池可走入庄月明文娱中心（巴马丹拿设计，1995），这个建筑完全是个自动扶梯引导的斜向剖面建筑，自动扶梯和楼梯把人层层带向上面，每一层自动扶梯的端头是一些功能性空间，如便利商店、学生会、餐厅，到了餐厅，则有依山的室外平台，放有桌椅。庄月明文娱中心的顶层，连向另一个山上开放空间。它的周围，是物理楼、化学楼和

20世纪初的两栋旧舍堂。旧舍堂原有三栋，在建文娱中心时拆除了前面的一栋，后两栋则改为研究单位办公之用。（图7.11，图7.12）

　　21世纪，港大主校区向西拓展，王欧阳（香港）有限公司/Sasaki Associates, Inc. 的方案中标，在2012年建成百周年校园。从原校区出发，带顶盖的步行道从不同层高一路向西延伸，百周年校园建于山头，内部围出狭小庭院，作为西端的结束。建筑设计是实用、经济的产物，为部门和学系增加大量实用面积。2014年，地铁港岛线联通到香港大学站，乘客从地铁出，由电梯升上几十米高塔，向东西两端进发。港大校园规划，顺便理顺了校园内部高低地形、山坡和屋顶的通道，增加了港大的可达性和内部的流通性。

　　港大校园内大多数新建的建筑，都充分利用地形，使之成为设计的特征，如严迅奇设计的研究生堂（1999），讲堂、餐厅和学生宿舍都利用了原有地形的高差，自然地分布在不同高程。港大的校园最低处在般含道和薄扶林道，这本已是半山地带。校内的道路和一些主要层面的高差，在20至40米之间。通过蜿蜒、坦荡的楼道，电梯、自动扶梯、楼梯，或偶尔陡峭的山间楼梯，将师生送上一个个高程。香港大学的主校园，典型地反映了香港地形对建筑的挑战和设计上的回应。[6]

a

b

图 7.10 ／香港大学校园。**a** ／ 21 世纪的面貌；**b** ／半山区的港大，红色部分为港大建筑

a

b

图 7.11 ／港大校园景观。**a** ／山上的校园依赖于许多台阶、坡道、扶梯和电梯；**b** ／高处的梅堂，老的学术宿舍被改造成办公楼

图 7.12 ／庄月明文娱中心为斜向剖面建筑，自动扶梯和楼梯主导空间。

香港科技大学

香港大学的校园是在殖民地时期形成的港岛半山上见缝插针。建在郊外的校园,在利用地形等方面也有所成就,如1991年建成的香港科技大学,1996年建成的岭南学院屯门校园,和1997年建成使用的香港教育学院大埔校园。

1987年,香港政府决定建立第三所大学,即香港科技大学。政府在西贡清水湾拨地,由赛马会捐款。筹委会邀请五家公司参加竞赛,评委多是美国长春藤院校及世界各地著名大学的校长,15位评委一致推荐关善明建筑设计事务所和唐谋士事务所合作的方案为建造方案。科技大学的校园坐山面海,上下标高差近百米,整片校园依山而建。教学楼在山脊一字排开,减少高差,以利学生在转课时迅速到达下一个教室。入口设半圆形广场,经过广场,天窗中庭豁然高耸,面向西贡群岛环绕的大海,站在中庭一侧的观景平台可将海景尽收眼底。由主轴线向前、向下引导,可去往不同高程的学生宿舍。长长的中轴线,中有放大的节点空间作停顿,人们亦可以在这里四顾海景山色。师生往返宿舍,成了诗情画意的旅程。而通往教学研究区的轴线,则在大楼里,由北向南延展,长轴线中途不断有休憩空间、侧玻璃墙面等打破单调冗长之感。面向海的东面和北面,是层层叠叠的供宿舍、餐饮、教学和研究使用的楼层。(图7.13)

整个设计只用了正方、等边三角和半圆形三种词汇,通过这些基本形体的大小、疏密、组合,塑造了各种使用空间和人们感受的序列,开洞和窗户构成光影下强烈的几何效果。大楼整体采用6英寸×6英寸(约15.2厘米)的灰色面砖,间以白色,局部辅以红、黄、蓝原色。灰色远观是一片浅白,利于光线阴影的流转,局部白色,用以提醒观者灰度和白度。而窗洞则在墙上下调整,使得面砖尽量以整数铺在墙面,不斩砖块。香港科技大学的设计,开创了香港校园建设的里程碑。[7](图7.14)

a

图 **7.13** ／香港科技大学校园，1991 年。

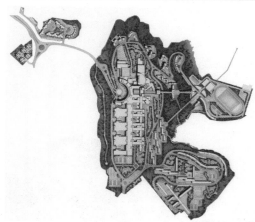

图 **7.14** ／体量、几何、虚实塑造了空间效果。**a** ／半开放大堂作为长通道的节点；**b** ／人流集散地；**c** ／建筑与广场间的过渡；**d** ／长通道将学术楼与学生宿舍联系起来

b

c

d

香港岭南大学和香港教育学院

岭南大学屯门校园由巴马丹拿事务所设计，1996 年建成。岭南大学的历史可追溯到 19 世纪末美北长老会在广州创立的格致书院，20 世纪初，美国建筑师在岭南的校园设计建造了许多建筑。该校于 1952 年并入中山大学，今日中山大学校园内的红砖历史建筑，都乃岭南时期美国建筑师的遗构。[8] 岭南校友 1967 年在香港恢复书院，1979 年起接受政府资助，1999 年升格为大学。岭南大学崇尚"博雅"的本科教学，走优质小班教学的路线，学生全部住宿（其他大学的本地生都无法住宿）。

设计采用院落式布局，在主楼和其他楼之间，以连廊形成中央的广场和一个个袋状花园。屋顶和立面采用中国式语言和手法。这种院落和斜屋顶，很契合岭南大学"博雅"教育的理念和"岭南"特色。（图 7.15）

香港教育学院的校园，也由巴马丹拿事务所设计。香港市区原有一些私立的教育学院，起源于 20 世纪，为社会培养师资。这些分散的学院合组成香港教育学院，由政府资助并在大埔拨地。校园建在山坡上，沿等高线布置，校园中央大道的一边，向着山谷，是一个个 U 形平面的教学楼，各楼层和楼前大平台向着幽绿山谷。楼和大平台之间，因应着地形，有复杂的高差关系和各种楼梯平台及休憩空间。教育学院的校园规划，有科技大学和岭南学院单元串接布局的影子。中央大道的另一边，沿山坡而上，是层层台阶式的学生宿舍。康体设施和教员宿舍则布置在大道的两端。[9] （图 7.16）

图 7.15 ／ 香港岭南大学校园。

图 7.16 ／ 教育学院校园，建筑群组面向绿谷。

结语

在内地，2 000 多万人口的北京有 50 多所大学和学院，2 300 万人口的上海有综合大学和本科学院 30 余所。700 万人口的香港拥有八所政府资助的大学，其中五所经常出现在各种世界排名的前 200 位，因此也被排名机构称作产生世界上优秀大学密度最高的城市。[10] 但是这些大学的用地条件和人均面积，和它们的地位是极不相称的，无论是在市区还是在新界，香港的大学都难以达到国际高等教育院校通常采用的面积指标。

在香港的这些大学校园里，看不见也没有条件设置内地和外国大学里常见的那种大草坪、中轴线或四方合院，代之以层层的平台、非对称的空间，人车分流、因地制宜的绿化、随宜的灵活交往空间和上下左右交错又可互望的领域，可以提供多种活动的可能性。在狭小校园中的灵活设计，始终是权宜之计，香港的大学若要谋求进一步发展，则应在本地或邻近地区扩大校园。2010 年之后，香港各大学纷纷在深圳、苏州、成都和其他城市开办新校区，是这种努力的第一步。

除了校园规划外，香港校园内的单体建筑，也每有优秀之作，如教育学院内赛马会小学（2001）、红磡湾理工大学社区学院（2005）、岭南大学社区学院（2007）、中文大学郑裕彤楼（2010）、崇基学院学生中心（2013）等等。这些设计多利用地形的高差，形成丰富的室内外空间，结构材料表现和使用空间的结合也别出心裁。

注释

1　关于香港中文大学校园的描述，见第 3 章范文照和司徒惠篇。

2　关于香港理工大学的描述，部分参考了理工大学网站 www.polyu.edu.hk，维基百科和谷歌地图中的内容，部分来源于笔者 1989 年至今的现场调查。

3　香港城市理工学院九龙塘校区的设计竞赛，自 1983 年 1 月开始，6 月 6 至 10 日进行评选，参加竞赛的有费钟 - 唐谋士事务所、兴业建筑师楼、伍振民事务所、关吴黄、罗素 - 潘（Russell & Poon）事务所、YRM 国际（香港）公司。评选委员会主席为土地和工务署署长 D. W. McDonald，委员包括英国帝国理工学院院长 Flowers 勋爵、城市理工学院院长 D. J. Jones 教授、港大建筑学院院长黎锦超教授、政府工程和房屋分委会主席 Peter Y. S. Pun、屋宇发展署代理署长 J. Lei 先生。委员会推荐费钟 - 唐谋士事务所作品，得到城市理工规划委员会的批准。Vision, No.9,1983.

4　本章对香港城市大学的描述，主要源自笔者 1995 年来的现场调查，以及城市大学设施和校园规划处的图纸。参考薛求理：《现代主义到香港——记四位建筑师》，《建筑师》丛刊，第 156 期，2012 年 4 月，pp.69-75。

5　本章对香港浸会大学的描述，部分源自笔者 1989 年至今对该校的现场调查，也参考了浸会大学网站、维基百科、谷歌地图上的部分内容。

6　本章对香港大学的描述，主要源自笔者 1989 年至今对该校的现场调查，也参考了香港大学网站、维基百科、谷歌地图上的部分内容。

7　本章对香港科技大学的描述，主要源自 1995 年以来笔者对该校的现场调查，以及 2011 年 12 月 5 日对关善明先生的访谈。参考薛求理：《现代主义到香港——记四位建筑师》，《建筑师》丛刊，第 156 期，2012 年 4 月，pp.69-75。

8　20 世纪初岭南大学在广州的建设，请参考彭长歆《现代性 . 地方性——岭南城市与建筑的近代转型》，上海：同济大学出版社，2011。

9　本章对岭南大学和教育学院的描述，主要源自 1997 年以来笔者对该两校的现场调查。

10　对香港各大学的综合排名和评价，见 Asia-Pacific – 2013 Country Report, London: QS Quacquarelli Symonds Limited, 2013.

第 8 章

本土建筑师的崛起

本书第 3 章讲述 1950 至 1960 年代，香港设计市场格局和本土设计力量的发展，从中国内地来的和本地化的专业人士，在战后重建中起到拓荒作用并传播现代主义方法。第 3 章结尾于上海来的建筑师，他们到了 1970 年代，已年过 70，而 1950 年代在海外和港大的毕业生，经过十几年的专业捶打，多已进入成熟期，负笈海外的本地学子也逐渐返回香港参与建设。而香港的经济持续活跃，建设活动频繁，为新进入的设计力量提供了大量培训和实践的机会。在殖民时期的最后几十年，建设的主要投资者是本地华人，他们对设计质量和未来新建筑的要求逐日提升，项目规模大，也比较实际。社会上的寻根和本土意识高涨，这也促使建筑师思索香港问题，面对本地条件，创造真正属于香港的建筑。在此建设热潮中，涌现出一些突出的个人和事务所。本章将这些建筑师串联起来，考察香港建筑在 1970 年代后的发展，本章也是对第 3 章内容的接续。

部分由于战后的艰苦条件和昂贵地价，香港

的建筑师普遍拥抱现代主义原则，他们的设计造就了香港建筑的一般面貌：实用、经济、简洁，在某种程度上也是愉悦的。本章选取 1970 年代以来几位不同时期的建筑师，希望通过其设计和主张来考察现代建筑的原则在香港是如何被采用和发展的。这几位建筑师分别是钟华楠、何弢、关善明、刘秀成、吴享洪和严迅奇。他们在香港多次获奖，在其所处的年代，都有作品和言论，对业界和社会产生影响。本章对这几位建筑师活动的考察，从 1970 年代直到最近。进入 21 世纪，新生代出现，本章作简要介绍，其发展向上尚需时日。作者多年来跟踪观察香港建筑师的作品，并与他们有交流和交往。本章的写作，旨在丰富香港现当代建筑的研究，为现代建筑在亚洲和大中华的发展提供资料。

1970 年代以来

钟华楠先生（**Chung Wah-nan**，1931 年生）在香港长大，岭南和新界的环境熏陶了他对本土文化的深情厚谊。他的父亲开营造厂，曾于 1930 年代负责施工广州的最高楼爱群大厦。日军进犯香港时期，钟先生随父母返回广东新会乡下，更进一步认识到国家自主和民族文化的重要性。

太平洋战争后，他负笈英伦，1959 年从伦敦大学巴特莱特（Bartlett）建筑学院毕业，其后在伦敦的设计公司工作三年多。1962 年，钟携瑞士妻子返回香港。1964 年开业，1971 年与曾设计了香港大会堂后参与司徒惠事务所的费雅伦先生合伙开设费钟设计事务所（Fitch & Chung），该公司设计了公寓、海滨联排住宅、公司总部等许多项目。1980 年代至 1990 年代初，钟先生频繁返回内地，考察各种古迹，并在北京等多地讲演。他的书籍和文章，在改革开放初期给了内地同行很大启发。

钟先生的设计活动主要集中在 1960 至 1980 年代。他的设计，在业主需要的功能上，寻找造型的依据。1960 年代中期，经济低迷，他有机会为嘉道理兄弟的大酒店集团设计山顶缆车站的观景塔——炉峰。之前，他在参观内地的古城墙和门楼建筑时，归纳出"下坚上浮"的原则，并将其用到了这个设计上。炉峰设计成一个锅炉状，底下用柱支撑，像浮在山顶一般，穿过支柱可以望到天空。市民感到这个山顶的标志十分亲切，称之为"炉峰塔"，在 1970 年代，它伴随着香港度过经济低迷岁月。（图 8.2）

豪宅公寓地利根德阁位于山顶的窄小地盘，一共三个塔楼，分别为 32、34 和 15 层高。塔楼一层两户。设计者将平面做成扑克牌术语称的钻石型，就是两边、上下呈 45°锯齿，这样各个房间有了较多的外立面，既可以望山，也可以看海。锯齿立面丰富了建筑的外形，对结构和地基也有利。地利根德阁完成后，不仅一直深受住户喜爱，也被许多后来的公寓开发项目所借鉴。（图 8.3）

1970 年代末，正是公屋建设的高潮。费钟事务所设计乐富的商场，这个商场依地形插入屋邨之中，商场的中间是院落，楼上是向上倾斜的住宅，花园则以牌楼做入口。（图 8.4）

在湾仔骆克道的政府小区建筑中，地底下是停车场，街面上四层是街市，往上是图书馆，最顶层是球场。这本是狭窄街区中小区大楼的常用模式，但设计者力图在剖面上做出变化。（图 8.5）

钟先生设计的最大型和复杂的项目，是 1983 年费钟事务所与唐谋士事务所合作参加当时香港城市理工学院的国际设计竞赛，在六家公司的竞争中脱颖而出。本书第 7 章中已有叙述。

1970 年代和 1980 年代，钟先生有机会为市政局设计公园和亭子。在各处公园亭子的设计里，钟先生用混凝土做出各种"井"字对称和飞扬的结构，既继承了古风，又用现代材料做出空间体验，具有新意。这组亭子成了钟先生美文《亭的继承》的实在参照物，而炉峰塔也是亭的继承

图 **8.1** ／钟华楠先生，1980 年。

图 **8.2** ／炉峰，1972 年。**a** ／模型；**b** ／俯瞰港湾和半山

a

b

图 **8.3** ／地利根德阁，1980 年代。

a

b

图 8.4 / 乐富商场拱廊，1982 年。a / 设计透视图；b / 公共活动在拱廊庭院进行

图 8.5 / 湾仔骆克道的政府社区服务建筑，1986 年。

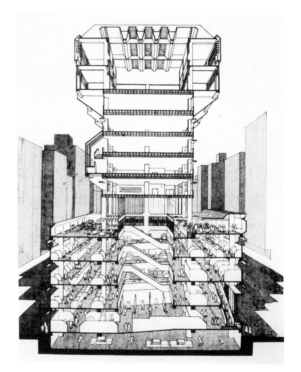

之一。[1]（图 8.6）

　　1980 年代初，尖沙咀的火车站拆除，钟楼也在推土机的威胁下岌岌可危。那个年代，建筑保护尚未成为社会的共识。钟华楠先生连同香港大学建筑系教师大卫·罗素（David Russell）和人类学系教师秦威廉（William Meacham），和市政局官员进行了马拉松式的谈话，建议在建设新的文化中心时保留钟楼。他们的建议最终获得采纳。香港走入 21 世纪，文化中心内外的活动频繁，100 年前的钟楼屹立至今，使人们知道这块土地曾经历的沧桑。（图 8.7）

　　钟华楠及其合伙人的建筑设计，忠于现代主义的科学原则，也从中国传统中不断汲取营养，并将它们作为本土文化的基础。他是本地的一位"文化建筑师"和公共知识分子。他写的书和文章，深含哲理，鞭挞不良风气，又诙谐风趣，对同辈和后辈产生很大影响。其书法作品，更令人赞誉。[2]钟先生竭力呼吁加强建筑理论和"本土化"的建设，倡导地域性建筑文化，基于以下三大理由："第一是我们应该认识自己的传统文化，可以研究外国文化，但同时必须了解自己祖宗的文化；第二是减少依赖他国，防止他国的经济侵蚀；第三是身份、自尊心、自我的精神，我认为这也是最重要的理由。我期望我们能够继承我们脆弱或刚起步的地域性建筑文化，给全世界一个榜样，一种鼓励，和一种希望！"[3]

图 8.6 / "亭的继承"，1970 至 1980 年代。a / 形式的阐述；b / 湾仔的凉亭；c / 乐富的凉亭

图 8.7 / 尖沙咀火车站于 1980 年初被拆除，只有钟楼保留了下来。

何弢（Tao Ho）博士 1936 年生于上海，1950 年代到香港求学，1960 年毕业于美国威廉斯学院艺术史专业，1964 年毕业于哈佛大学，获建筑学硕士学位，1979 年获威廉斯学院荣誉博士学位。在哈佛期间，他受教于现代主义建筑开创人格罗皮乌斯，又为历史学家吉迪翁教授（Sigfried Giedion，1888—1968）做研究助理。1964 年年底返回香港，开班教授包豪斯的基础设计；1968 年，开设何弢设计事务所，承接建筑、室内和工业设计。何弢的设计拥抱现代主义的思想，在材料、结构上尽情表现。

1970 年代初期，何弢和朋友们深感香港文化艺术活动场地的匮乏，于是成立了香港艺术中心。港督麦理浩为他的诚心所动，政府在湾仔海边拨地，由何弢设计艺术中心大楼，而预算只有 1 800 万港币。艺术中心的所在地为街角，新的大楼两边紧贴邻楼，对着街的两边，切去 45°角，以符合建筑条例中的覆盖率要求。剧场、音乐厅、画廊和教室，从地下堆到五楼，画廊坐落在剧场之上，利用了剧场天花板的高低，以开放空间半层上落，这在 1970 年代的香港是很新的空间概念。建筑的中央，挖出一至五楼的中庭，大楼梯沿边盘旋而上，联系到各层或穿插出的半层空间，楼下是售票处和上楼的电梯，有些楼面台阶，则有小卖部和咖啡座，楼梯边挂着艺术作品，楼梯栏杆上，根据近期活动，时悬有装置装饰。这个中央空间艺术而轻松。原来楼梯上铺着编织的彩色地毯，是何先生专门去厂里定制的；粗大回风管从中庭顶上悬挂下来。上述部分在以后的改建

图 8.8 / 何弢博士，摄于 2000 年。

中均被移除。建筑的外形和细部也完全是（三角形）结构的表现，有棱有角。（图 8.9）

这个建筑 1977 年建成开幕，成了现代主义和包豪斯思想在香港的宣言。近 40 年来，艺术中心举办了大量民间艺术展览演出活动，或阳春白雪，或下里巴人。艺术中心还开办学校，向市民教授艺术和普及文化，符合包豪斯的理想。艺术中心的楼上，是各种艺术团体和文化机构的办事处。在被称为文化沙漠的香港，位于闹市街角的一栋（小）高楼，喷洒出阵阵缪斯的水雾。香港艺术中心设计于 1972 年，同年，何弢向巴黎正在举行的蓬皮杜文化中心竞赛投稿竞图，最终蓬皮杜文化中心由皮亚诺和罗杰斯（Piano & Rogers）获得设计权。[4] 这两栋建筑都在 1977 年建成，蓬皮杜中心是世界建筑的里程碑，而香港艺术中心则启发了香港现代建筑的思维。

港岛南端赤柱海边的圣士提反中学，是 20 世纪初教会创办的学校，经历了日侵时的创伤，校园依然传统而幽静。1980 年代初，何弢在校园的东部设计艺文楼、会堂和教学楼，这三栋楼

a

图 8.9／香港艺术中心，1978 年。**a**／主立面面向街角；**b**／沿墙的楼梯是主要的设计特色；**c**／楼梯与内外对话；**d**／展馆；**e**／剖面展现了不同高度间的灵活应用；**f**／设计草图

b

c

d

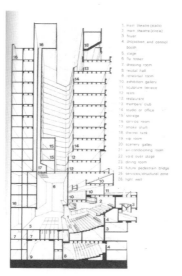

e

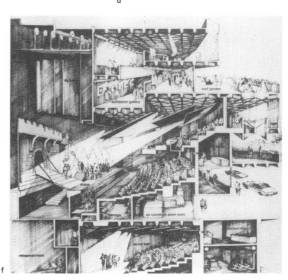

f

a

图 8.10 ／圣士提反中学，1983 年。a ／灯芯绒混凝土的体育馆；
b ／艺文楼；c ／设计草图；d ／设计图展现不同部分间的关系

b

c

d

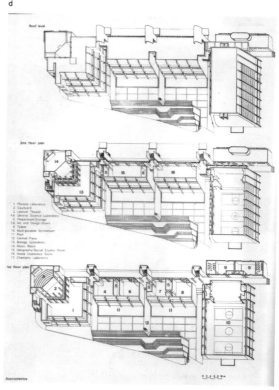

呈浅 U 字形布置，主体的艺文楼为两长条，中间
以半圆楼梯连接。建筑都为向上收的梯形，单边
外长廊连接各室，房子通透。艺文楼用清水砖墙，
体育馆用"灯芯绒"质感的清水混凝土，材料、
体量和细部之力度，有勒·柯布西耶、路易斯·康
和保罗·鲁道夫的影子。（图 8.10）

　　1986 年，香港参加在温哥华举办的世界博
览会，为了香港馆的设计，美、英、加、香港的
公司出了 40 多个方案，最终何弢的方案胜出。
这个方案以竹棚脚手架包裹方盒子的展馆，刚柔
相济。这段时期，香港临近回归，社会对于本土
传统建筑的保护开始重视，何弢和土地发展公司
（市区重建局的前身）合作，做了两个项目，一
个是上环街市，一个是李节街。上环街市原建筑
于 1905 年建成，英国爱德华式建筑，砖拱、砖
墙体砌筑；改建保留了原有精美的立面，将原来
内部的二层楼地板去掉，用钢结构改为三层，加
设内部楼梯。这个旧建筑改建后成了上环的地标，
周边的居民时常在里面聚会。（图 8.11）湾仔李
节街的地盘，重建起高层住宅楼。在空地花园里，
何先生设计了一个唐楼的立（脸）面，再现了从
前下店上铺的格局。（图 8.12）这两个改建项目，
在 1990 年代初的香港具有先行和榜样作用，深
受市民喜爱。

　　1990 年代末，九龙乐富的基督教会邀请何
弢设计五旬节永光堂。建筑位于乐富的公共屋邨
区，基地面积 1 500 平方米，面积有限，何弢将
礼拜堂、教堂、课室和办公室叠合在 10 层高的
大楼里，结构像个书架，使得礼拜堂的顶棚形式

图 8.11 / 上环街市，建于 1905 年，1992 年改建。

图 8.12 / 李节街唐楼立面。虽是一段仿造的立面，却也再现了唐楼的生活。

自由。一条"朝圣"的外楼梯，直接引向礼拜堂。礼拜堂的条形彩色天窗嵌在结构之中，这些天窗彩画也是由何弢创作。部分办公室和教室被放到了上层。这种向高空发展的教堂和教区建筑，只有在香港这种地皮紧缺的地方才有可能出现。何先生将限制条件变为创作的特色。（图 8.13）

b

a

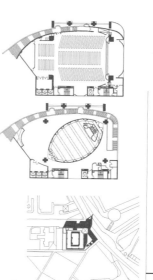

c

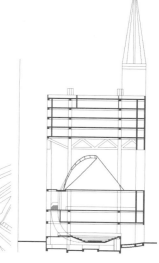

图 8.13 / 五旬节永光堂，2000 年。a / 在小基地上教堂像书架一样节节升起；b / 教堂内部；c / 图纸

何弢还设计了香港浸会大学的教学楼（1989）、香港中文大学的何善衡工程大楼（1994）、北京建设银行总部（1998）（图 8.14）、上海浦东的金桥大厦（1997）和其他一些重要建筑，并为许多中国内地城市的规划出谋划策。在建筑设计上，他善于利用限制条件，以结构和技术来表现建筑的形式。除了建筑设计，何弢也设计了很多装置和艺术作品。1980 年代他在九龙塘的货柜箱办公室，就极富轻松艺术气息。（图 8.15）他的钢铁装置作品，悬挂在香港国际机场的大堂；1997 年香港回归，特别行政区的紫荆花区旗也是他设计的；他以水晶和光纤制作的作品《大爆炸》则为瑞士日内瓦的世界经济论坛收藏。何先生以其天才和勤奋，实践着包豪斯开创的建筑、室内和产品一体化的设计路线，时时给香港社会带来惊喜和活力。

除了建筑设计和事务所生意外，何先生也是位十分活跃的思想家和社会活动家。他在香港、中国内地和欧美到处演讲，倡导中国传统思维和现代化的结合。香港艺术中心和圣士提反中学的设计，发表于内地杂志，加之何弢的演讲介绍，在内地引起很大反响。1984 年，在国营设计院一统天下的大背景下，北京率先成立民营的大地建筑设计事务所，何先生是其中的主力推手之一。由于何先生和哈佛的渊源，他将曾在哈佛任教的日本著名建筑师桢文彦先生介绍到香港，并和东南亚的建筑师，如新加坡的林少伟、泰国的书梅·朱姆塞（Sumet Jumsai）等结成联盟，共同推进亚洲建筑的现代化。在引用宏观理论、和国际沟通方面，何先生和同时期的日本建筑大师黑川纪章十分相似。如果不是 2002 年 4 月在武汉不幸中风，何先生对中国内地和香港的设计事业必将做出更大的贡献。[5]

与上述两位前辈不同，关善明（Simon

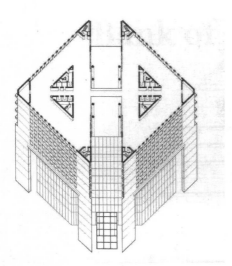

图 8.14 / 北京建设银行总部，1998 年。

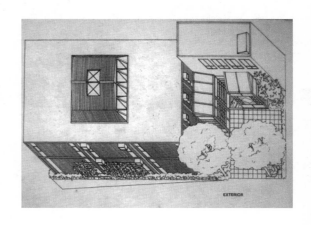

图 8.15 / 货柜箱改造成何弢设计工作室，1988 年。

图 8.16 / 关善明博士（右）和英国查尔斯王子在香港科技大学的工地上，1989 年。左一为时任香港行政立法两局首席非官守议员钟士元爵士。

Kwan，1942 年生）是香港本土培养的建筑师，他 1967 年毕业于香港大学建筑系，之后又修完了中国艺术史美术博士学位。

关先生不仅是建筑师，同时也是画家和艺术史家。他的建筑草图和透视画，都传神地表达了预想的环境和建筑气氛。1981 年，香港赛马会捐款建演艺学院大楼，政府在湾仔拨地，关先生的设计获得竞赛第一名。演艺学院所处的地块，地下遍布各种排出大海的污水管道，最后能盖房子的只有两块三角形地皮。这两块三角形之间，有车道穿过，用作客人下车处。从车道进入门厅，乘电梯到达高大中庭，由此可进入音乐厅、大剧场、演奏厅、舞蹈厅、录音室及实验剧场。这些表演场所，本来都有前厅面积，设计者将它们集中为一个大中庭，既表现了建筑空间的序列和对比，又提供了社交和定向的场所。各种尺寸

的表演大厅在体量上的高低，都被统一到三角形的格网中来；那些锐角部分，则成了楼梯间和储藏空间，实用空间都是方方正正。这个设计建成于 1985 年，和贝聿铭先生设计的华盛顿国家美术馆东馆相比，在三角形母题的变奏中有异曲同工之妙。（图 8.17）

香港科技大学的设计，已在第 7 章中叙述。在科技大学之后，关善明公司于 1992 年至 1997 年间，设计了九龙塘达之路上的三幢半政府机构大楼，即生产力促进局、科技园创新中心和赛马会环保大楼，面积从 4 000 到 10 000 平方米不等。关先生的设计在建筑体量中挖出高大中庭，运用干脆的几何体，正方和圆形，将内里复杂的功能和房间收归在整齐的窗和开洞下。这些建筑的临街和后院都有高差，创新中心的设计将这些高差消化在中庭下沉的展览厅和底下的机器房；环保大楼的开放式中庭下，是通往公园往下走的景观花草楼梯。这个植根于泥土的圆形大楼，将低层的地气源源地吸到上方。（图 8.18，图 8.19）

在 40 年的设计生涯中，关善明事务所设计了许多公共、办公和住宅建筑，如九龙公园建筑（1988）、上海虹桥上海城（2001）、吐露港边的香港科技园（2001—2009）、海关总署（2007）、廉政公署（2007）。关先生设计的公共和办公建筑，总是明快利索，中庭空间让人感觉无比舒畅，如科技园的管理大楼，玻璃天窗的长空间串联起多个建筑体块，自然形成许多室内室外的休憩空间。（图 8.20）

马湾岛上的大型居住屋邨珀丽湾，新鸿基地

a

a

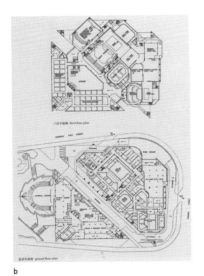

b

b

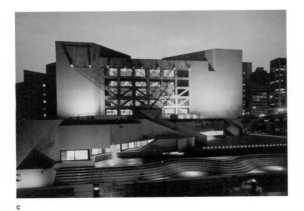

c

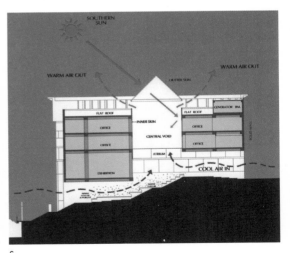

c

图 8.17 / 香港演艺学院大楼，1985 年。a / 中庭聚集了所有剧场的等待与社会功能；b / 平面图；c / 外部空间为露天表演与社会活动服务

图 8.18 / 赛马会环保大楼，1997 年。a / 由街区花园看大楼；b / 从街道下到花园；c / 绿色措施图解

a

图 8.19 ／九龙塘创新中心，1995 年。a ／方块与排布是立面主要
处理手法；b ／中庭

b

图 8.20 ／香港科技园。a ／总平面；b、c ／管理大楼门厅；d ／
管理大楼

a

b

c

d

a

b

c

d

e

图 8.21 / 马湾岛项目。a / 居于岛上为香港发展开辟新路；b / 总平面；c / 会所上的屋顶花园；d / 岛的地形被充分利用；e / 商店环绕主广场

图 8.22 / 九龙公园，1989 年。a / 总平面；b / 公园建筑，主要用于运动和游泳；c / 公园建筑作为柯士甸道到公园的通道

a

b

c

产在 1997 年土地拍卖中获得，由关善明事务所做总体规划和建筑设计，2002 年第一期建成。马湾岛位于青衣和大屿山之间，原来是海中孤岛，居民以捕鱼为生。连接大屿山和机场的青马大桥1997 年建成后，发展商说服政府，将一条引桥伸入马湾岛，使该岛在陆路连向青衣，海路通往中环（约 13 公里）和荃湾（约 6 公里）。总体规划将住宅区沿地势逐区规划，道路环绕在第一期的低区和山坡升高的其后开发的几区。整个发展分六期，32 栋住宅，供一万多居民居住。主要住宅区呈大环形，第五期和第六期自成组团。屋苑向南为海滨大道、贝壳广场和商场码头，北面则有渔民新村、配水库、污水处理厂等。新鸿基地产将岛的一边做环保公园、诺亚方舟；旧村屋一侧，则计划改造成风情街和艺术家村。香港的大型屋邨无数，但珀丽湾面对复杂的地形和各种景观条件，其挑战和机遇都是其他屋邨所没有的。自 1980 年代开发愉景湾以来，珀丽湾是香港私人公司开发海岛的又一尝试。关善明事务所在马湾岛上的设计，在商业、使用和环境方面都堪称上乘。（图 8.21，图 8.22）

关博士斯文于表，澎湃在心。他善于绘画，爱用现代的设计语言来表达意境。关博士研究传统，知道线结构在中国艺术上的作用。他的多数设计是摆弄块面或展开一个（弧形）面（如科技大学入口和马湾商场），海关总署设计则较多线条。他研习书法和篆刻艺术，在一方白玉上，经营那一刀一凿。反映在他设计的一些立面上，关键部位惜墨如金，有时就用一个洞表达出入口或

重点。他的设计，大气磅礴，又雕琢细部。[6]

刘秀成先生（Patrick Lau）1969 年毕业于加拿大曼尼托巴大学（University of Manitoba），他修读建筑期间，深受罗嘉教授（Gustavo da Roza）影响。这位教授是香港大学 1955 年的第一届毕业生，在北美教授建筑学几十年。曼尼托巴大学所在的城市温尼伯天寒地冻，学校的教学理念就是依据气候条件进行设计，刘先生在学校时就建立起因应气候设计房屋的观念。毕业以后，刘先生先在温哥华的建筑设计工程公司工作，后来到温哥华市政府的规划委员会工作。他参与组织了旧工业区的改造；在社区运动中，避免了一条高速公路穿过唐人街。在唐人街的规划中，他提议请内地的匠人建造了孙中山公园和中式园林。

1973 年，他因缘际会，返回香港，在香港大学教书，1996 年起任港大建筑系主任；2002年至 2003 年间担任建筑师学会会长；从 2004年至 2012 年，两度出任香港立法会城市规划、建筑、测量功能界别的委员，又曾任香港城市规划委员会的副主席。他组织引领和筹划香港的建筑教育、环保组织和城市规划，为保卫海港、绿色和环保建筑呼吁。

刘秀成教授坚持从实践中寻找问题，并将这种理念而不仅仅是书本知识贯彻到建筑教学之中。他在建筑教学之余，一直从事设计和实践。虽然只有几个雇员帮忙，百忙之中还是完成了一系列的建筑设计，其中尤以学校建筑著称，也获得许多奖项。[7]

刘先生回到香港后，修复了荃湾的三栋屋民居，使其成为本地的民俗博物馆。1980 年，他和澳门建筑师陈炳华合作，规划了澳门第一所大学——东亚大学的校园，其教学和行政楼屹立在凼仔山上，遥望澳门本岛。建筑采用合院形式，房子清水抹面，和 1970 年代中文大学的朴素做法一致。

香港以往的学校建筑，用的多是政府标准设计。港岛的几所国际学校在新建校舍时发现，标准设计无法在不规则的基地上实现，因此找到刘先生。刘先生利用基地，将建筑在山坡上高高撑起，走廊有自然通风、光线，能见远处景观；建筑前留出公共空间，学生可以在露天和半露天的广场举行活动；高低空间趣味盎然。建筑本身则尽量忠实于结构的表现，毫无拖泥带水。这表现在 1980 年代的几项学校设计，如法国国际学校、大潭国际学校和英基西港岛中学。（图 8.24 －图 8.26）

世纪之交，刘先生设计了九龙塘的澳大利亚国际学校。在这个学校，单边走廊的尽头，每层的大小、开合不同，形成空间趣味。在顶层泳池边，有金属大伞，遮住挖空的中庭空间。澳洲国际学校和前述的国际学校，都获得香港建筑师学会的年奖。（图 8.27）

2000 年后，政府在各处拨地，供私立教育机构办学。香港大学专业进修学院 SPACE 附属学院在九龙湾工厂区得到地皮，专营副学士课程，委托刘教授设计校舍。这个建筑比以往的中小学规模要大，建成于 2006 年。在这个设计中，刘

图 8.23 / 刘秀成教授，摄于 2013 年。

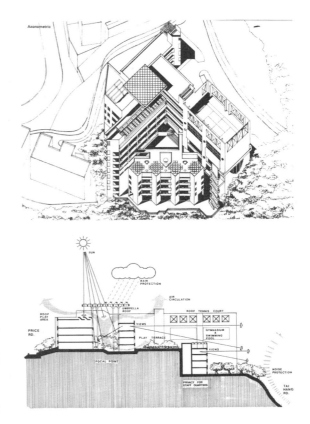

图 8.24 / 法国国际学校，1984 年。

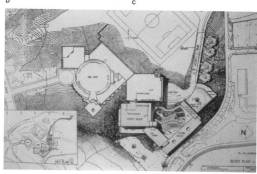

图 8.25 / 大潭国际学校，1986 年。**a** / 校园高高立于山谷；**b** / 运动场地充分利用山地地势；**c** / 音乐室；**d** / 总平面

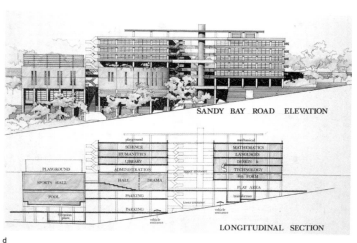

图 8.26 / 英基西港岛中学，1990 年代。**a** / 建筑位于薄扶林山地；**b** / 半开放公共空间；**c** / 楼梯与通道中的曲线；**d** / 立面与剖面

图 **8.27** ／九龙塘澳大利亚国际学校，2000 年。

教授以室内天光中庭为中心，教室、图书馆和各类房间围绕其展开，在各处辅以室外露台，中庭的各层都联通到开口或是露台，符合自然气流组织的逻辑。中庭不用冷气空调，也可以凉风习习。

a

图 **8.28** ／九龙湾香港大学专业进修学院，2006 年。**a** ／入口；**b** ／剖面；**c** ／中庭

b

c

这在香港各类商业和学校建筑中甚为少见。刘教授长年关注对气候作出回应的设计，在 21 世纪的条件下，以新的和更综合的形式出现。(图 8.28)

吴享洪（Anthony Ng）先生 1972 年获香港大学建筑学学士学位，毕业后获奖学金到意大利罗马进修，之后在英国工作。1977 年返港，1979 年成为关吴黄事务所的合伙人。1991 年，吴先生与另外 27 名员工一起，成立吴享洪建筑师事务所。

中环圣约翰大楼为香港上海大酒店的产业，下为上山的缆车站。1980 年代重建，吴享洪主笔设计。这块基地四面都是马路，可以造房子的面积只有 47 米 × 14 米。在规整的平面上，设计铸铝幕墙系统，分为窗框、窗间墙、转角窗、转角窗间墙等各种构件。铝板厚六厘米，窗框做成圆角，用深色胶边镶嵌于铝板之中。大厦的四角倒为圆角；底层为入口大厅，落地玻璃；天花板和六根圆柱用不锈钢包面；门前设圆形水池和别致的花岗岩台阶。这幢大楼出现于 1980 年代初，30 年后，依然让人感到材料和面板的精密精致以及整幢大厦的光亮笔挺。采用铸铝幕墙，使玻璃只占外墙面积的 30%，减少了热量吸收。(图 8.29)

香港上海大酒店集团早在 1920 年就在浅水湾建造酒店，曾吸引大量外国名流入住。1982 年，业主计划在这里重新建设出租型的公寓，原酒店的平台保留为商场、餐厅和会所。在平台之上，是如旗帜般"飘扬"的建筑体量。庞大的公寓建筑层层套套向着浅水湾，每隔 10 余层留出空中平台。在体量之中挖出大洞，山海相望。建筑的立面是波形流转的一层水平向架子，这些架子的背后，是混凝土结构墙、阳台或挖空，产生阴影和通风。在大型公寓中挖出大洞的做法，1980 年代 Arquitectonica 在美国迈阿密用过。浅水湾影湾园的设计，借鉴外国经验，在香港的条件下再发挥。建筑师在这里已经开始尝试自然通风在住宅建筑中的运用。这一建筑，较早运用另加"一层皮"的立面处理方法。(图 8.30)

1997 年落成的房屋协会将军澳茵怡花园是吴享洪公司在绿色建筑方面的实验，也是他成立自己公司后的第一项工程。吴先生深受南亚建筑如杨经文（Ken Yeang）设计的高层气候建筑的影响，希望建筑设计对所在地气候有所回应。茵怡花园共设有六幢 35 至 50 层出售住宅大厦（共 1 894 个出售单位）、一幢 36 层出租大厦及六项政府小区设施。

当时在该公司工作的黄锦星先生，是该项目的负责人。[8] 在设计屋苑时，建筑师参考了日照测绘及风洞模拟测试的结果，每幢大厦的楼层数目根据路面声响与窗户景观而有所不同。茵怡花园的外墙设置隔音屏障，平台花园拱门亦装设防风帐篷，广泛栽种繁茂植物。另外，每户住宅装低水量坐厕，除减少泵水耗电及排污耗水外，亦收节省能源之效。(图 8.31)

大厦按盛行风方向及风洞模拟测试数据来决定窗户位置及数目。沿着屋苑横向轴线的三幢大楼下方留出一个大空间用于通风。为取得自然通风，大厦的平面设计布局，尽量以长条形代替传统的十字形平面设计布局，并在立面加设多个通风口，使大厦内部产生对流通风。在第二、三、四及六座出售大厦的连接处，每三层设置一个小型空中花园，并连同毗邻的住宅单位出售给个别小业主，以增加售楼收益及有利天井的自然通风。[9]

茵怡花园是香港绿色住宅建筑的一次尝试。在之后的私人屋苑项目中，吴先生实践了一些其他绿色建筑元素，比如 1999 年落成的东涌东堤湾畔（详见第 9 章）：两期住宅形成半环形，住宅单位由高而低，以迎接主导风向；一、二期之间，是花园和会所，中有桥廊连接，桥下的路是从街道进入屋苑的过渡。这些住宅项目，在高密度条件下创造出了新颖的建筑语言。（图 8.32）

青衣小区中心，建成于 1997 年。以往小区大楼都是标准模式设计，楼下为卖菜的室内市场，楼上为熟食市场、体育场馆和图书馆，方盒子层层叠起。青衣小区中心的内容虽相同，建筑师对形体却有新的操控。对着街有阔大平台，这个平台连接对面马路，将人流从公园和对街引上来，上面的运动场馆和图书馆通过实和虚的对比，产生许多实用而优美的景观和空间。（图 8.33）

吴享洪的公司 1996 年迁入湾仔轩尼诗道英皇集团大楼办公。建筑设计生产，产生大量的图纸信件等档案，印在纸上，流通、阅读、签字，存档占用大量空间。吴先生在公司内部推行"无纸作业"，以内部网、电邮、扫描文件等代替纸质的文件，而档案扫描后，则送往屯门的仓库。当时公司内部同事感到不习惯，但管理者从建筑实践的角度还是大力推行。在

a

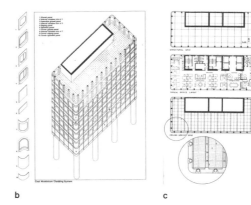

b   c

图 8.29 ／花园路中环圣约翰大楼，1982 年。**a** ／花园路景观；**b** ／表层构件；**c** ／平面

图 8.30 / 浅水湾影湾园，1989 年。

图 8.31 / 将军澳茵怡花园，1997 年。

图 8.32 / 东涌东堤湾畔，1999 年。　　　　图 8.33 / 青衣社区中心，1997 年。

21 世纪的今天，"无纸作业"已经成为大量公司的习惯行为，但在 1990 年中期，还是一项具有先见的做法。[10]

　　严迅奇（Rocco Yim）1976 年毕业于香港大学，1979 年和同学合伙开设许李严设计事务所（Rocco Design），从几个人发展到如今 200 多位员工。他的设计作品洋洋大观，遍布香港和内地城市。2013 年，香港大学授予严迅奇荣誉博士学位。

　　严迅奇于 1983 年在巴黎巴士底狱歌剧院的国际设计竞赛中进入前三名，名声大震，得以进行天津展览中心的设计。（图 8.35）1985 年，他在香港尖沙咀九龙公园的弥敦道边，设计了柏丽购物大道（Park Lane），包括走上山坡的九龙公园入口和挡土墙下的零售商店。（图 8.36）他还设计了望东湾的青年旅舍。在这些建筑中，严迅奇主要推敲了几何形体的块面组合。1980 年代初，后现代主义风潮渐起，严迅奇感慨美国、日本有文化和关联可以吸取借鉴，而香港岛内除了低水平的建筑外，对历史和文化根基毫不敏感，城市混乱、无序且拥挤。当外国建筑师在创造和套用理论时，香港建筑师只能面对双梯八户，或在小面积内变出更多的单位套数。理想和现实差距甚远，令他无奈。他深受日本建筑师如黑川纪章等的影响，渴望在香港贫瘠的土地上，耕种出诱人的建筑果实。[11]

严的设计，首重交通和流线的处理。人们如何到达建筑，在建筑中如何去往各个地方，如何从这个房子连接到其他房子或通路，他的作品思考着这些问题。在中环花旗银行总部的设计（1992）里，双塔坐落在平台上，平台的下层和上层，是各种饭店和咖啡厅，人们到达后，可以从建筑内透过玻璃和流水看见半山的景致，可以从平台或建筑内穿过，到达过街天桥和公园。（图8.37）位于皇后大道的荷李活华庭（1999）是为香港房屋协会设计的，设计中包括一个专为从皇后大道去往上层荷李活道的电梯，行人上去后，从荷李活华庭的院子天桥凌空而过，和居民相视却互不影响。（图8.38）在乐富商场的加建（1991）中，严先生设计的新翼和钟华楠先生设计的旧商场（1981）在空中四楼相交，新的部分连接到地铁站，商场部分的三楼则向高处的联合道开口。（图8.39）坐落在中环的 IFC（2005），人们可以从地铁、机场快线、巴士站、码头和中环的天桥系统，多方位地进入其中。这个建筑的平台部分呈环形，中间有车道和圆形露天巴士站穿过。（参见第 9 章）和其他城市相比，香港的建筑用地严重匮乏，市民出行 80% 以上使用公共交通工具，高层高密度是市区发展的唯一出路。严先生在本地成长，深谙此理。他的设计，总是将复杂多样的建筑功能和各种步行道融为一体，步行系统成

图 8.34 ／严迅奇先生，摄于 2012 年。

了一种交织的艺术，让使用者感到方便、亲切和松弛。

交通的方便和步行的易达，只是使这些建筑在城市中的作用更加积极。严先生的设计，十分讲究体块的拼搭，高与低的空间，玻璃或金属幕墙上的水平薄线条或遮阳，悬挑出的玻璃盒子，盒子内包盒子，用面砖或金属侧面包裹，门口长而细的独柱。这些手法在许多建筑中重复和提炼，形成了他的造型表达语言，比如在石硖尾体育中心（1997）、乐富商场新翼（1991）、弥敦道东企业广场（1998）（图 8.40）等项目中，都可以看见他的设计语汇。

尖沙咀的半岛酒店建成于 1928 年，一直是香港殖民地传统的象征之一。严先生在着手半岛酒店改建加层时，就塔楼的比例做了许多推敲。他尊重原有的对称体量，在加建塔楼时，试图隐含较为稳定的古典构图模式。开窗的比例和构造则从原有的窗户提炼而出，新塔楼的外墙材料、

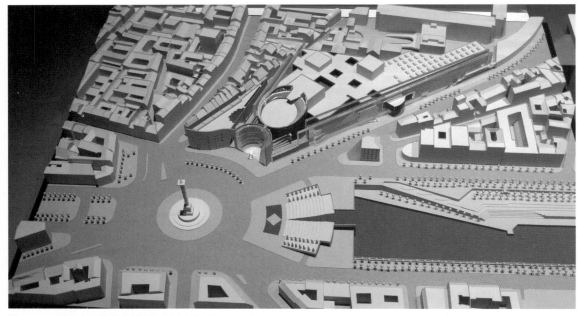

图 8.35 / 巴黎巴士底狱歌剧院的国际设计竞赛方案，1983 年。

图 8.37 / 花旗银行总部，1992 年。低层作为从街道到山上与公园的交通枢纽。

图 8.36 / 九龙塘柏丽购物大道，1986 年。

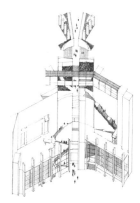

图 8.38 ／荷里活华庭，路人可经由该建筑从皇后大道走上荷里活大道。

图 8.39 ／乐富商场，1991 年。**a** ／大平台与阶梯引向上层的商场；**b** ／从总平面中看出新的部分加入老的线性商场中；**c** ／新旧部分在路上连接

a

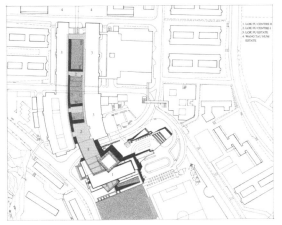

b

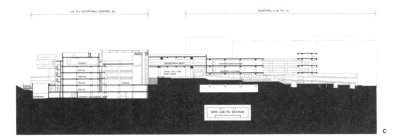

c

a

图 8.40 ／弥敦道东企业广场，1998 年。a ／弥敦道街景；b ／保留地下对角线路径以鼓励捷径；c ／捷径道路引向扶梯

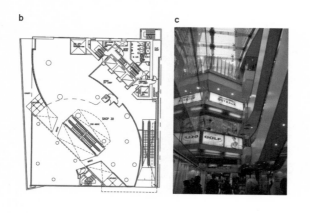

b　　　　　　　　　　　c

线条划分也从老建筑中推导，这是从"后现代"的建筑理论中学到的手法。半岛酒店的改建，既尊重旧有建筑，又具有时代特征，使其越加为尖沙咀增辉。（图 8.41）

离半岛酒店不远，是 2003 年落成的北京道 1 号。它的各种对外交通联系便捷、高高的玻璃门厅置于二层，这是严先生的一贯手法。在塔楼的上部，设计出了弧形面并安装太阳能板，为流行的"绿色"观念作出表率。（图 8.42）香港大学研究生堂（1998）会堂和楼下的公共部分扎根于高低的山坡上，讲堂的缓坡楼梯和外面的山势一起上升。随地形出现的两套轴线在研究生楼的大堂里碰撞，产生丰富的空间和趣味感。（图 8.43）中文大学山下的商学院和山上的教学楼（2008），在门厅部分都做了空间套空间的处理，加之格栅和内部木装修的效果，玻璃外的绿化和室内的宽敞空间互相映衬。（图 8.44）他设计的中学教学楼，如九龙塘的耀中国际学校（中学部）和乐富的兆基创意书院（2007），也强调体块的耦合、切割、分离等手法，以此形成校园地面和空中的各种廊道和交流空间。（图 8.45）

香港理工大学酒店的设计（2011），用了体量挖空并将玻璃盒推入、拉伸、局部 45°旋转的手法。该建筑要照顾到双向人流及教学出入的需求。（图 8.46）国际广场（iSquare，2009）是商场建筑，设计将跨三层的自动扶梯安排在玻璃外墙上，而各层之间则有各式自动扶梯联系。此建筑的自动扶梯直插到繁忙的尖沙咀地铁站。下方九层商场和高层商场有体量上搭接的妙处，

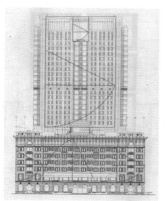

图 8.41 / 半岛酒店加建，1994 年。阐述窗的比例与形状。

图 8.42 / 北京路 1 号，2003 年。a / 加入绿色元素；b / 尖沙咀的建筑；
c / 如何将低部与街道联系起来仍是主要考虑的问题

a

b

c

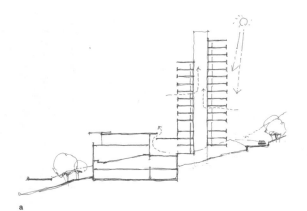

a

b

c

d

图 8.43 ／香港大学研究生堂，1998 年。**a** ／草图想法；**b** ／展现建筑在山地上处理的模型；**c** ／讲厅旁的通道；**d** ／大堂入口；**e** ／建筑体量

e

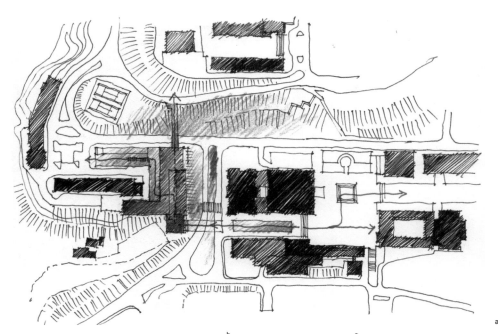

a

b

c

图 8.44 / 香港中文大学学术楼，2008 年。a /
展现与周围环境的草图；b / 大堂；c / 入口景观

图 8.45 / HKICC 李兆基创意书院，2007 年。
a / 街景；b / 内部道路

a

b

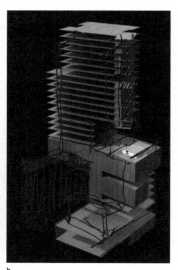

图 8.46 ／ 香港理工大学酒店，2011 年。 **a** ／ 红磡的建筑； **b** ／ 体量的操控 ； **c** ／ 室内； **d** ／ 酒店入口

设计者有创新的用意，而自动扶梯在玻璃幕墙边的做法，直接袒露了香港高层商场的特点。但该楼内部空间的上下交通还是让初次到访者难以辨识。（图 8.47）

从 1983 年起，严迅奇和他的公司投入内地城市的设计。内地上下鼓励建筑创作，许多公共建筑都肩负地标和纪念性作用。在 21 世纪的中国建筑实践中，严迅奇有机会更多地考虑"中国性"的现代体现。在香港紧凑的环境下，实体环境是最大的文脉（context）；而在祖国内地，文化上的文脉则是主要考虑。海南博鳌住宅（2002）高低展开，从楼上的间隙里看海，制造各种海景

图 8.47 ／尖沙咀国际广场，2009 年。**a** ／建筑体量；**b** ／交通空间的互动；**c** ／长扶梯沿墙升起

的趣味。深圳的 17 英里住宅区，是对着海的联排住宅，有着同样的处理和情趣。广东省博物馆（2010）以"宝盒"为主题，设计在外墙挖出各种洞口，原设想和观者互动，但管理者将通往外墙的通道统统锁住。"宝盒"挑出在入口形成的基座上，给人以欲突出凌空之感。（图 8.48）广

东省博物馆处于珠江新城的中轴线边，面对广州歌剧院。这地方本无文脉可言，各人自说自话，独自的造型，成了主要考虑因素。这些已在国内建成的房子连同上海九间堂住宅（2006）、广州W Hotel 和云南省博物馆（2014），表达了严迅奇及同事们高贵雅致的中国性追求，其中体现出

a

图 8.48 / 广州广东省博物馆，2010 年。**a** / 建筑形似"宝盒"；
b、**c**、**e** / 内部中庭由钢网分割，创造出半透明的效果；**d** / 模型；
f / 严迅奇与他的团队在现场

b

c

d

e   f

的美感和业主的品味有关，更与建筑师的审美标准有关。

　　严迅奇自身进取，在香港和内地获得大量的建筑实践机会，令同行羡慕不已。他的设计，让香港的街道增加了现代感，表现了高密度可以达到的精妙美丽意境。桢文彦认为严迅奇针对香港的密度和大陆的文化作出了敏锐的反映；而弗兰姆普敦（Kenneth Frampton）认为严的设计和 20 世纪早期的苏俄构成主义相通。严迅奇在香港的设计，使得库哈斯所谓"拥挤的文化"显得苍白而局限。严所代表的中国新建筑，多少受益于战后日本建筑的影响。[12]

　　自 1981 年到 2013 年，许李严公司 17 次获得香港建筑师学会的奖项，是该奖项自 1965 年创立以来获奖最多的公司。除建筑设计外，严先生还参加了大量本地和外地的研讨会、评奖等各类活动，他以自身的实践诠释着中国当代建筑的意义和边界。[13]

　　本章简介的几位建筑师代表了从 1970 年代至今 40 年来香港建筑的潮流，他们的作品都十分突出并具有里程碑的意义。钟华楠的中国概念，何弢的结构表现，关善明的空间序列，刘秀成和吴享洪对本地气候的回应，严迅奇的交通处理、几何表达和对此地情境的追求，无不反映出现代主义的理性被高高擎起；但具体到公司和个人，方法却是十分有个性和具有人情味的。现代主义发展到 1960 年后，在美国和欧洲有丰富多彩的表现，建筑师以其地方的环境、可以得到的技术材料和个人技巧设计了各种不同的建筑。在亚洲

以至香港，这种个性也十分清晰。何先生的设计和 1960 年代欧美流行的现代建筑第二代有相通之处；关先生的设计之中可见晚期现代主义的影子；刘先生和吴先生的设计，重结构和技术在建筑上的表达；而严先生的设计则强调几何体块的组合关系，注重表现轻盈、光亮以及水平线条。他们的作品丰富了 20 世纪末 21 世纪初的世界建筑之林。

21 世纪的一代

进入 1990 年代，工程的规模日益扩大。香港和外地的项目，动辄几十万平方米的建筑面积。建筑设计越来越成为集体创作和几十到上百人的协作。在这样的条件下，天才式的个人英雄难以凸现，代之以管理模式、设计思维和顺应时代的普遍提高。建筑教育普及，市场庞大，大量后生力量得到锻炼，具有创作欲望、本土意识和创新潜力。限于篇幅，本章只列举几位，如罗健中、林云峰、王维仁、吴永顺（及 AGC Design 事务所）、张智强、嘉柏事务所（Gravity Partnership）、何周礼、陈丽乔等。

罗健中（**Chris Law**）1983 年毕业于伦敦大学巴特莱特（Bartlett）建筑学院，他除了建筑设计外，也积极投身于专业、社区和公众活动。1992 年，他创办了欧华尔（Oval Partnership）设计事务所，专注于"精品"的创造。21 世纪，太古集团在北京买下三里屯已经开始建设的房屋，由罗先生主持重新规划设计，2010 年建成"太古里"，开创了购物、广场和景观的新的城市生活方式。太古集团在成都继续推广太古里的开发和营运，也由罗先生设计。在湾仔的半山星街，罗先生重新设计景观和沿街旧构，将一个破败的社区建设为一个亲切、干净和有活力的办公居住 SOHO 环境。（图 8.49）

林云峰教授（**Bernard Lim**，1956 年生）1981 年毕业自香港大学，是学者、建筑师和社会活动家。他早年在巴马丹拿公司工作，1990

年代升任董事。通过在香港中文大学的教学和香港建筑师学会、香港城市设计学会的会长和组织工作，林云峰宣扬带关爱的高质量环境和城市开发中的群众参与。林和他的团队调查了老人的居住环境，提出适于老人居住理想环境的室内外建筑处理。[14] 他发现在室内环境里，带圆角的走廊可以避免碰撞，驾轮椅车时更有信心。这些原则应用在他设计的医院和健康设施里。他的设计公司 AD + RG 以香港为基地，也在澳门和上海设办事处，致力于将研究和设计结合在一起，推进社区和建筑的质量。这些想法反映在该公司设计的香港专上学院西九龙校区（2007，与 AGC 事务所合作）、美荷楼改建（2013，见第 10 章）、九龙塘天主教华德学校（2010）、香港理工大学第八期（2012）和其他许多学校设计上。在老人护理中心建筑上，他用色微妙协调；在学校建筑上，则采用明快色彩。在岭南大学学生宿舍和香港教育学院公共学习区的室内设计上，他采用大块色彩，明亮轻松，行云流转。（图 8.50）

王维仁教授（1958 年生）毕业于台湾东海大学和美国加州大学伯克利分校，他在香港大学教书并从 2013 年起任建筑系主任，也在台湾、美国、香港和中国大陆做设计。在亚洲高密度城市的实践中，他发展出"高层合院"的设计手法，通过高层建筑体量的相扣相搭、逐层旋转，创造出室外、室内、半室内的公共空间。这一想法特别体现在 2005 年落成的香港专上学院红磡湾中心的教学楼（与 AD + RG 和 AGC Design 公司合作）。在二十八层高的教学楼里，每四层形成一

a

b

图 8.49 ／罗健中及欧华尔公司作品。**a** ／演艺学院
演奏厅改建；**b** ／湾仔星街改建设计；**c** ／北京三里
屯太古里

c

a

林云峰教授

图 8.50 / 林云峰与 AD + RG 设计作品。**a** / 西九龙香港社区学院，2007 年；**b** / 香港教育学院公共自习区，2014 年；**c**、**d** / 理工大学，第八期学术楼，2013 年

b

c

d

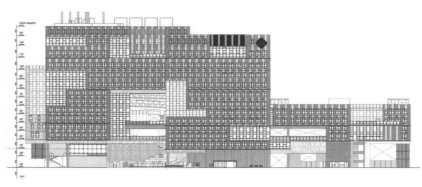

图 8.51 ／香港专上学院，红磡湾校区，2005 年。

个组团，有自己的半室外活动空间，内有楼梯或自动扶梯贯通。这样的四层单元逐步变换着公共空间的位置，旋转向上运动，虚实效果在其外立面上表达出来。（图 8.51）类似的处理手法在其他设计中依照地形和具体情况作出变形或改变，如岭南大学社区学院（2007）、东莞台商小学（2008）和香港中文大学深圳校园（2014，和许李严公司及嘉柏事务所合作）。

何周礼受训于香港理工大学和香港大学（1996 年硕士毕业），1999 年开设自己的设计事务所。他的业务从室内设计开始，做过店铺、会所、大学会堂、历史建筑保护等大量项目。他做建筑和景观设计，也玩味于材料的细部。香港闹市区"铅笔楼"形状的酒店，经其分节处理、材料对比和灯光效果，显示出精致气质。（图 8.52）

香港不少设计公司都将方案设计组和施工图、项目管理人员分开，分工仔细，有如流水线作业。其优点是个人工作比较专一，缺点是相当一部分专业人员没有机会进行方案创作，荣誉感和归属感较低。2003 年成立的嘉柏建筑师事务所（Gravity Partnership）则力图改变这种局面，使年轻人有机会参与项目的全程，设计创意得到体现，归属感主动性强，工作的积极性大大发挥。

该事务所吸引了许多年轻人加盟，在香港和内地频获奖项。（图 8.53）

以上介绍的几位建筑师在 21 世纪展露头角，他们的设计，不单纯是商业性的操作，而是带有一定的主张，使其在商业性的背景中，对建筑设计作出这样或那样的拓展。假以时日，他们会产出更多前后连贯的作品，为香港建筑作出贡献。香港建筑师崛起的 1970 年代，见证了香港经济的起飞：从山寨手工、轻工业向金融和服务业中心迈进。与那些耀眼的明星建筑师相比，香港本地的建筑师，充分了解政府与私人业主的需求和预算，不事浮华，轻声细语，默默地解决着技术和实际问题，填补着城区里的翻新重建和新界的大片发展。城市和乡镇里的大部分建筑，是人们生产和生活的器具，而非仅供欣赏的艺术品。香港建筑师的设计反映了香港城市的务实灵活精神和市民态度，在满足功能不增附加装饰的情况下，也遵循一定的美学规律，如几何、抽象、体量、光影、对比、对位、序列等等。当"明星建筑"不断降临大中华地区，一些"建筑"可以倾举国之力不计钱财投入、大声喧哗，罔顾来自民间的反对声音的时候，重温香港建筑师的作品，有着特别的意义。

图 8.52 ／何周礼建筑与室内设计事务所作品。上环尚圜（Mercer）服务型公寓

图 8.53 ／嘉柏建筑师事务所作品。**a** ／厦门金融中心；
b ／天津万科水晶城入口建筑

注释

1   钟华楠：《亭的继承》，香港商务印书馆，1989。

2   本章关于钟华楠先生的描述，源自笔者 1989 年以来和钟先生的交往，及香港城市大学建筑学士毕业论文 Wing Chi Vivian Lo, *A Cultural and Social Architect: the works and career of Mr. Chung Wah-nan*, City University of Hong Kong, 2011. 关于尖沙咀钟楼的保护过程，见 Chung Wah Nan, Preservation of the clock tower- Kowloon Canton Railway Terminal, *Hong Kong Institute of Architects Journal*, No.1, 2013.

3   钟华楠：《地域性文化和现代化》，海峡两岸四地建筑研讨会主题发言，香港，2013 年 3 月 16 日。

4   1972 年巴黎蓬皮杜文化中心竞赛，收到来自世界各地的 681 份方案，何弢的方案刊登于 *Asian Architect & Builder*, Hong Kong, March 1972.

5   本章关于何弢博士的描述，源自笔者 1996 至 2001 年与何先生的交往，并部分参考了何弢的著作《何弢筑梦》，香港天地出版公司，2000；香港城市大学建筑学士毕业论文 Wing Sang Kwok, *Tao Ho- modern architect in Hong Kong*, City University of Hong Kong, 2010; William S W Lim, Fumihiko Maki, Koichi Nagashima, and Sumet Jumsai. "Contemporary Asian Architecture: Works of APAC Members." *Process Architecture* no. 20. 1980.

6   本章对关善明博士的描述，部分源自 2011 年 12 月 5 日对关先生的访谈，和《空间的韵律——关善明建筑师事务所作品选》，江西美术出版社，2001。

7   刘秀成先生的资料，源自笔者 1999 年以来和他的交往，另外参考了《热恋建筑——与拾伍香港资深建筑师的对话》，香港建筑师学会，2007；Patrick Lau, Future architecture, *Hong Kong Institute of Architects Journal*, No.2, 2013. pp. 88-89; 及笔者 2013 年 5 月 9 日对他的专题访谈。

8   黄锦星先生后来成为香港绿色建筑的带头人，2012 年被任命为香港环境保护局局长。

9   将军澳茵怡花园的设计，参考了香港建筑师学会的年度得奖作品介绍 http://www.hkia.net/en/Events/action.do?method=detail&mappingName=AnnualAwards&id=4028813c24c36d2d0124c3ba5304001b; 维基百科中的条目，http://zh.wikipedia.org/wiki/%E8%8C%B5%E6%80%A1%E8%8A%B1%E5%9C%92

10   本章对吴享洪先生的描述和"无纸作业"的介绍，部分源自 Thomas Kvan, Andrew Lee and Lorreta Ho, "Anthony Ng Architects Limited: building towards a paperless future", Centre for Asian Business Cases, School of Business, The University of Hong Kong, 2000.

11   严迅奇先生关于香港和海外对比的牢骚，见 Rocco Yim, Architalk, *Vision*, No. 7, 1983.

12   桢文彦和弗兰姆普敦对严迅奇的评价，见 Fumihiko Maki: "Globalization and floating modernism"，及 Kenneth Frampton: "Beneath the radar: Rocco Yim and the new Chinese architecture", *in Reconnecting Cultures – the Architecture of Rocco Design*, London: Artifice Books on Architecture, 2013. pp.8-13. 库哈斯所言"拥挤的文化"（Culture of congestion），源自 Rem Koolhaas, *Delirious New York: a retroactive manifesto of Manhatten*, New York: Monacelli Press, 1994.

13   本章对严迅奇先生的描述，部分源自笔者 1989 年以来和严先生的交往，及 *Being Chinese in Architecture – recent works in China by Rocco Design*, MCCM Creations, Hong Kong, 2004；和 *Presence – The Architecture of Rocco Design*, Hong Kong: MCCM Creations, 2012; and *Reconnecting Cultures – the Architecture of Rocco Design*, London: Artifice Books on Architecture, 2013.

14   林云峰教授关于公众参与和社区建筑的论述见于以下出版物：Bernard Lim, Kaman Kan and Wong Wen Hao, *Practitioners' guide to design and implementation of participatory projects*, Department of Architecture, Chinese University of Hong Kong, 2005; Department of Architecture, The Chinese University of Hong Kong, *Design parameters for elderly care architecture in Hong Kong*, The Hong Kong Council of Social Service, 2003.

第 9 章

为高密度寻求答案

世界人口的分布是极不均衡的。地球总面积中有 71% 是水面，29% 是陆地；这 29% 的陆地中，有 10% 容纳着全球 90% 的人口。全球 70 亿人口，一半以上居于亚洲。香港是亚洲城市拥挤问题的典型。香港的半岛、岛屿加起来，总面积是 1 120 平方公里，其中近 76 平方公里由填海得来。相比之下，上海的面积是香港的六倍，北京是香港的 15 倍；新西兰人口 450 万，面积却是香港的 260 多倍。

在香港的 1 120 平方公里土地内，已经建成开发的土地只有 1/4，不足 300 平方公里，剩下的为郊野公园（40%）和新界的村庄用地等，全港绿化覆盖率约 67%。这样就使得可供建造的土地愈发匮缺。[1] 1947 年，阿伯克龙比爵士在做香港规划的时候，建成区只是在港岛北侧山脚沿海的一段，和九龙半岛的一部分。之后，难民不断从内地涌来。战后 70 年来，香港饱受土地狭小、人口暴增和建造土地严重缺乏的困扰。因此，建筑不断从狭小的街道向上发展。"高密度"的问题现实而迫切，在这一条件下，如何将建筑设计得更好呢？

综合巨构和铁路村庄

为了解决人口涌入城市的问题，早在 1925 年，柯布西耶就憧憬"明日之城市"的理想模式：快速干道的两旁，是大片公园，公园里耸立着摩天楼，附近有博物馆和大学。[2] 1920 年代的欧洲，复古主义建筑依然占据上风，柯布西耶的畅想，只能是纸上画画。1950 年代英国和北欧的新镇运动，出现了跨街区、综合各种功能的大型开发雏形，如英国史密森夫妇（Alison & Peter Smithson）的社会住宅区设计中有天桥连接。1960 年代，日本年轻建筑师为解决都市问题，提出新陈代谢主义和城市巨构建筑。[3] 香港有现实的拥挤问题，这些海外畅想实例在香港的规划界很快引起反响。为了开辟土地，为更多的民众建设家园，香港政府从 1950 和 1960 年代起，在市区附近和新界开发新市镇；1960 年代末，聘请顾问进行地铁（mass transit railway, MTR）的研究，研究认为，香港 80% 的人口居于山和海之间的狭长地带，因此十分适宜建地铁。[4] 九广铁路从广州，经深圳入罗湖而到九龙，在 20 世纪初已经运行。1979 年香港第一条地铁线——观塘线建成，1982 年荃湾线建成，1985 年驶经港岛东西方向的港岛线通车。以原有的九广铁路和 1979 年开始的地下铁路为网络，用轨道车站串起一个个居住和工作的楼群组团或小镇，这种做法在美国被称为"交通引导的开发"（transit-oriented development，简称 TOD）。[5] 在这些交通引导的开发项目中，高层高密度建筑设计成了主要甚或唯一的手法。由于人口密集、道路狭窄，公共交通便捷，市民出行多选择公共交通。据 2010 年香港运输署的统计，居民出行 90% 使用公共交通，其中 1/3 选用轨道交通，只有 6.6% 的人出行开车。香港私人轿车拥有量的增长，远低于京沪两地。[6]

1970 年代，政府提出"十年建屋计划"，在新市镇大量开辟用地，如沙田、荃湾、屯门。1980 年代，地铁网络形成后，穿过人口稠密的居住和工业区；旧区的改建重建，多数都围绕车站附近进行。而 1990 年代，港铁规划东涌线、机场快线和将军澳线时，每一个站都仔细规划周边的用地和开发，形成"铁路＋地产"（Rail + Property，简称 R+P）或"交通村庄"（transit village）的模式。到了 21 世纪建造的西铁、马（鞍山）铁线和南（港岛）区线，规划以更加科学和精致的方法进行。在 1990 年代，地铁的平均造价是每米 50 万港元；到了 2012 年的沙（田）中（环）线，每米造价高达 500 万元，[7] 每造一公里长的地铁，要耗资 50 亿港元，约相当于一个半北京"鸟巢"的造价。造价如此昂贵的地铁，要服务于更多的人才会有经济和社会效益。因此，地铁周边密集的住宅、办公和商业楼宇，为地铁带来大量乘客和消费者，也为周边的人们带来许多方便。这是 TOD 的精神在香港以更大规模和更密集的方式发扬光大。（图 9.1）

对于 TOD 项目，现行研究以 5D 原则来衡量：Density, Diversity, Design, Distance to transit, Destination accessibility。[8] Density（密度）：要有足够量的居民、办公人士和购物者，合理的步行距离，以形成轨道交通的高乘坐量；Diversity（多样性）：土地用途、房屋类型和邻里交通的多样混合；Design（设计）：在实体特征、基地布置、美学、舒适性等方面，鼓励步行、单车和社会的广泛参与；Distance to transit（到轨道交通站合适的步行距离）：如果居民可以方便地乘轨道交通出行，他们通常会乘公交车而不自驾。海外的研究证明 400 到 800 米（半英里）是可以接受的去往车站的合理步行距离，在从车站回家的路上，可以走得更长，如 900 米。在香港，人们习惯走 500 到 1 000 米；Destination accessibility（目的地的可达性）：住在轨道交通辐射范围内的居民出行，可能是去上班、零售店、活动中心或其他目的地，均能够利用四通八

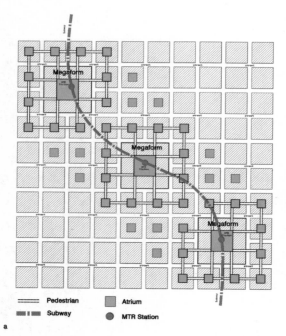

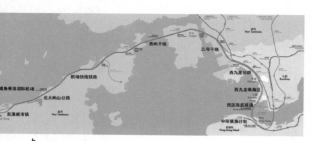

图 9.1 / 香港的地铁开发。**a** / 被铁路连接起的聚落"铁路村庄"；
b / MTR 东涌线及其站点

达的交通网到达这些目的地，这说明了 TOD 的
有效性。

香港自 1979 年地铁通车以来，车站深入旧
小区，或在填海地上造新站，多遵循 5D 原则。
目前港铁 187 公里长的线路上拥有 84 个车站，
除了一些特殊的车站（如罗湖、落马洲、迪斯尼、
欣澳等站），其余 74 个车站的 500 米半径范围

内都包含住宅，其中住着香港 45% 的居民。[9] 本
章选取一个东铁站（沙田站）、一个早期的地铁
站（九龙湾站）和东涌线的五个站来介绍。前两
个实例，尤其是沙田市镇中心，是 1980 年代以
来 TOD 工程不断扩展的成果。东涌线是地铁公
司首次自觉运用"轨道 + 物业"的发展模式，将
军澳线和南港岛线也遵循了同样原则。而东涌线
的站区，既有城市中心，有旧区填海地，也有远
郊新市镇，具有广泛的代表性。

沙田市中心

在地铁九龙湾站（1980）等早期站屋和周
边发展之后，政府在 1980 年代着力进行新市镇
的建设。而关于沙田新城建设，早在 1960 年
代，政府规划部门就在研究疏散市区人口，在市
区外设新镇。一份香港建筑师协会对早期沙田新
城规划报告的审核意见，就已经提到要使用苏格
兰坎伯诺尔德（Cumbernauld）与瑞典的魏林比
（Vallingby）新城的交通与空间规划方式，将整
个新城中心放置在主要的交通干线正上方，即用
高程区隔（grade separation）的方式，将新城
中心规划为一个多平台叠置的巨构建筑。[10]（图
9.2）

沙田站周围的设施是和整个新市镇配套的。
车站顶上为连城广场，包括两万多平方米的办公
楼和 5 000 多平方米的商场。车站的乘客主出入
口正对着新城市广场，跨过几条高速公路和主要

① Sha Tin Station 沙田站
② New Town Plaza 新城市廣場
③ Hilton Plaza 希爾頓中心
④ Sha Tin Town Hall 沙田大會堂
⑤ Sha Tin Centre 沙田中心

图 9.2 / 沙田市中心和 MTR 站。

长。出商场，有平台，展览卡通人物，连廊通往沙田大会堂、图书馆，前临沙田中央公园和城门河。沙田新城市广场第二期、第三期以组团方式向公园的旁侧伸去。（图 9.3）

伟华中心由长江实业开发，于 1986 年落成，是沙田市中心的私人屋苑及商场，毗连沙田站及新城市广场。共由五座组成，一楼及三楼为商场，四楼起属于住宅，共有四座住宅，每座楼高 29 层，合计 832 个住宅单位。主要提供两房单位，面积在 403～483 平方英尺，吸引了不少小家庭居住。新城市广场第三期上的住宅，共五座塔楼，皆 28 层高，合计 792 个单位。在新城市广场东侧的沙田中心由恒基地产开发，1981 年落成，八座 27 层塔楼上有 1 400 多个单位；马路对面的沙田广场同样由恒基地产开发，上有四栋塔楼，27 层高，1986 年，即新城市广场落成后一年入户。恒基开发的这两个物业，是该地段最早的大型私人开发楼宇，也可视为是 TOD 带动的住宅项目之一部分。仅这几个车站开发带动的住宅区，已有近 4 000 个居住单位，估算居民一万多人。

新城市广场和车站成为沙田新市镇的轴心。在车站东侧，高平台上下是巴士和小巴站。沙田远近的屋邨和地点，都靠这些巴士和小巴连接。沿路过去，是新鸿基开发的另一商场和办公楼综合体——新城市中央广场。沿河的居民和沙田各处来的居民、酒店住客或办公人员，都依赖新城市广场为通道，往来港铁沙田站。从新城市广场第三期远程到车站，需行走近 400 米。由清晨到深夜，行人络绎不绝。新城市广场成了香港人流

干道。新城市广场为零售商场，楼高九层，分数期开发，一共近 20 万平方米。屋顶层有 5 000 多平方米，装设木甲板，供游人散步。该购物广场在 1985 年 1 月建成开放，当时是十分新颖的综合建筑概念。新城市广场的主轴线有 100 多米

a

b

c

d

e

图 9.3 ／沙田市中心。a ／从高处俯瞰新城市广场；b ／ 商场和公共建筑被高层建筑环绕；c ／新城市广场前的公共空间；d、e ／商场的中庭

最密集的商场。[11] 根据英国 Experian FootFall 公司几年前的客流量监测，沙田新城市广场也是全球最繁忙的商业中心。1973 年沙田开始开发时，人口约两万；到了 2014 年，沙田区人口已增至 648 200 人。[12]

九龙湾站

1980 年地铁通车后不久，地铁即和私人发展商在九龙湾地铁站边兴建德福商场和住宅德福花园。这一地区当时是工厂区，商场和住宅全部造在铁路车厂的平台之上。商场包括德福商场的第一期、第二期，巴士站和地铁公司总部；平台上的住宅区德福花园由港铁公司、恒隆地产和合和实业合作开发，建了 41 座塔楼，约 5 000 个单位。平台广场又与九龙湾沿海方向的街区、观塘高速路对面的淘大和牛头角，以行人天桥方式连接，形成以车站为中心的巨大居住和办公区，仅车站和车厂平台上已有 15 000 人居住。如果把周边住宅区和观塘路对面的私人公共住宅算进来，一个车站则服务了几万居民。（图 9.4）

德福商场属地铁拥有管理，第一期建于 1980 年，建筑面积 52 171 平方米，紧连地铁站，内部是六个正方形的中庭，对着通往德福花园平台的六个出口；第二期商场建于 1997 年，因应高差，设有平台和弧线形中庭，把人流引向港铁总部大楼和向海方向的办公工厂街区。从地铁站往外发散的水平影响范围，有四五百米的半径。

而平台又上下分了几层，商场面对广场，而商场的屋顶成为屋苑的花园，平台花园有喷水池、银行、饭店、咖啡厅、电影院、舞蹈学校、小区学院。车站的平台上有 15 000 居民，如果算上车站对马路的居住区，这个站总共服务了 20 万居民。九龙湾站和德福花园是"铁路 + 物业"开发的早期优秀实例，迄今 30 余年，依旧有良好的功能，服务于九龙湾小区和办公人群。[13]（图 9.5）

图 9.4 / 九龙湾站。a / 建造于站顶的德福花园；b / 平台广场连接着办公区和工厂，平台下是机动车道和车站；c / 平台广场被当作公共空间使用，商场的房顶用作居民的花园

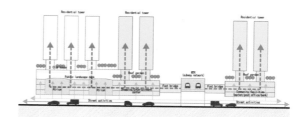

图 9.5 / 塔楼插入了高架行人道系统。

中环站

1992 年，香港政府环绕新机场建设，发起"十大基建项目"，包括赤腊角国际机场、东涌新市镇、北大屿山公路、机场快线铁路、青屿干线、三号干线、西九龙公路、西九龙填海区、西区海底隧道、中环填海计划。东涌线和机铁快线合并使用共同的轨道，只在入不同站的时候分开，全长 31.3 公里，沿着香港岛和九龙半岛的西边海旁而到香港的西北地区青衣、大屿山的欣澳、东涌和赤腊角机场。轨线全程涉及港岛、九龙、大屿山和填海扩大一倍的赤腊角。（图 9.6）

确定机场计划后，政府开始在中环交易广场外填海，填海地用作机铁和东涌线的首发站，上面则建起商场办公楼大型综合体。而该站的设置与原有地铁的中环站，还有数百米的距离。这个综合体用地 5.71 公顷，地下数层是开往东涌和机场的月台和轨道，香港和九龙机铁站的目的是提供一种延伸服务，让旅客在远离机场的香港或九龙站内即可办理登机手续，然后机场快线会在 30 分钟内将旅客带到赤腊角机场候机厅。（图 9.7）

地下月台连往原有地铁线的地下通道和商场，以上数层是环形的大商场，从四面八方联通往中环的密如蛛网的架空人行天桥和海旁八个外线码头。这个中环步行系统架在马路之上，不受车辆干扰，穿过各个大楼、商场和重要地点，总长一千多米，始自 1970 年代置地公司在自己物业的各楼之间架桥。其靠海旁的终点和核心，就落在香港站 IFC 的国金中心。国金中心环形的中

间，是巴士、的士站；商场的顶层，是公众的屋顶花园和玻璃房酒吧餐厅；屋顶上穿出来的，是两栋塔楼和五星级的四季酒店、四季公寓。国际金融中心第二期塔楼高达 480 米，三层商场 59 460 平方米；整个计划包括 436 000 平方米的塔楼，全部为办公、酒店、零售等商业用途，不设住宅。高层塔楼的方案由美国西萨·佩里（Cesar Pelli）事务所设计，整个建筑则由许李严公司负责。按照地铁公司的介绍，国金中心商场的人流量为中环最高。[14] 这里，我们要引入一个"开发效率"的指标，即将车站站屋面积和由此带动的周边开发面积相比较。在日本第二大车站京都站，这一指标为 1:20；在香港站，这一指标为 1:21。[15] 站屋与周边开发空间面积之比反映了车站交通引导开发的带动效果。

图 9.6 / 中环 IFC 综合体之组合关系。

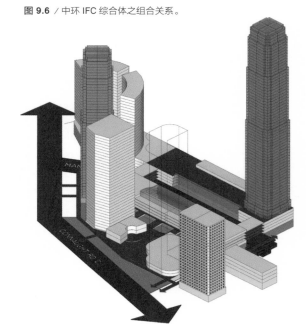

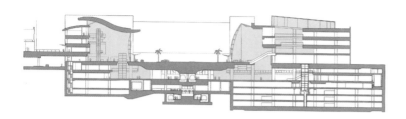

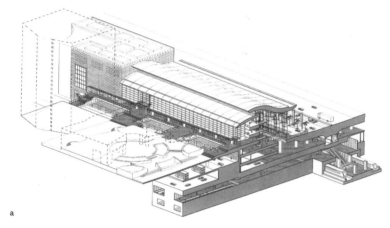

图 9.7 / IFC 和香港站。 **a** / 车站，道路和上层建筑的剖面展示； **b** / 在 IFC 综合体中心部分的交通枢纽； **c** / 该入口允许车辆进入综合体中心； **d** / 立交桥连接着 IFC 与中环步行系统； **e** / 机场快线候机楼大厅

a

b

c

d

e

九龙站

从港岛过海就到了西九龙填海地，这块地是专为机场项目而设的九龙站。地块占地 13.5 公顷，建筑面积 170 万平方米，容积率达到 12。以车站为核心，地铁线从地下穿过；服务设施、办公、酒店和小区服务设施整合在一个由中央空调全覆盖的、综合公共空间和交通设施的商业拱廊中，首层部分架空，使地面用于机动车和行人交通。在商场的平台上，建造 18 栋塔楼（33 ～ 110 层高），其中 15 栋为住宅，两栋旅馆和一栋办公楼。国际商务中心（ICC）楼高 483 米，由美国事务所 KPF 设计。此外，屋顶平台层还包括公共广场和传统街区中常见的半开放花园。这个自给自足的密集迷你城市与九龙城传统闹市完全分隔开，从维港看去，整个九龙站综合体就像漂浮在地铁车站上的城市岛。站屋两万平方米，站屋和其上商场、住宅、办公开发面积之比达到 1:80，比香港站和日本京都站高出三倍。（图 9.8，图 9.9）

九龙站的计划由泰瑞·法瑞尔公司（Terry Farrell & Partners）领衔设计，涉及几十家专业顾问公司。1995 年开始施工，1998 年地铁车站投入使用；2001 年开始上盖物业的销售入住；2007 年"圆方"大型商场投入使用；2009 年，所有住宅物业建成；2011 年，美国 KPF 公司设计的 483 米高的 ICC 办公酒店综合摩天楼建成开放。与九龙机铁站相联的房地产项目，称为"联合广场"（Union Square），与包括恒隆集团、新鸿基、九龙仓国际和永泰亚洲等地产公司签约，

由港铁公司协调参与，这些公司投资建造商场或上盖住宅办公和商业的物业。（图 9.10）

九龙站的城市肌理和九龙传统街区截然不同。首先，地面车行系统被设计为快速通过交通，与周边街区没有直接的联系，也不鼓励街道生活。九龙传统街区中"街道 - 街区"的模式在九龙站地区消失了。其次，街区的尺度超大，远大于九龙传统街区。这种超大的尺度鼓励城市生活发生在街区内部而不是在公共街道上。地铁车站在设计和建造上与街区连为一体，它位于街区中心而非公共街道的地下，这毫无疑问加强了中央空调覆盖的商业空间的活动。第三，传统的"街区 - 地块 - 建筑"的等级模式被"超大街区 - 巨构 - 塔楼"所取代，高层建筑在裙房上自由升起，不受道路方向的影响。交通主导（TOD）的规划策略在九龙站计划案得到验证。

设计的理念可以归结为：三维城市，即包括不同层面上的不同功能，以期在不增加交通的前提下达到最大的密度和混合度。主要车行交通安置在地面层，使得车辆容易从周围的街道进入，并方便游客到达地下车站。商业拱廊和步行路在一层和二层。一些空中廊桥伸入架空商业街的步行路和附近街区。在 18 米高的裙房屋顶上，所有高层塔楼共享一个平台，这个平台大致相当于一个传统街区的地面层，允许车辆和行人直接进入所有高层塔楼。香港的建筑条例允许建筑 15 米以下的部分可以百分之百地满铺在基地上。联合广场的 18 米，是考虑到铁路线特批的例子。高层塔楼，意即该房地产项目中的真正主角。在

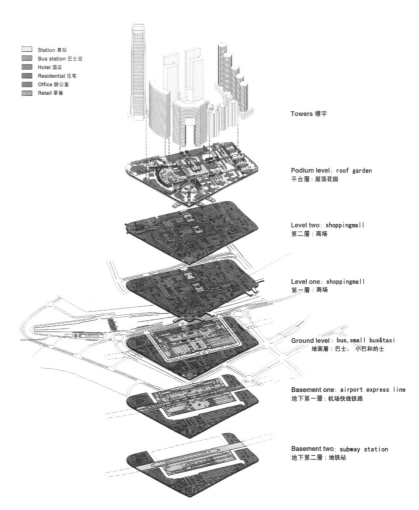

Station 車站
Bus station 巴士站
Hotel 酒店
Residential 住宅
Office 辦公室
Retail 零售

Towers 樓宇

Podium level: roof garden
平台層：屋顶花园

Level two: shoppingmall
第二层：商场

Level one: shoppingmall
第一层：商场

Ground level: bus, small bus&taxi
地面层：巴士，小巴和的士

Basement one: airport express line
地下第一层：机场快线铁路

Basement two: subway station
地下第二层：地铁站

图 9.8 / 九龙站开发的各层关系，总平面图，1992 年。

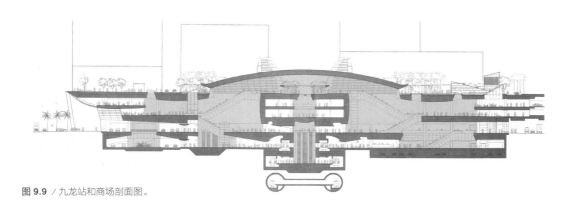

图 9.9 / 九龙站和商场剖面图。

a

图 9.10 ／九龙站综合体。**a** ／漂浮的岛屿；**b** ／从屋顶花园到 MTR 站；**c** ／车站内；**d** ／商场；**e** ／平台屋顶花园

b

d

c

e

由连续高层建筑形成的香港天际线中，九龙站项目创造了九龙地区新的制高点。[16] 九龙站和香港站上的高塔楼，连同下面的裙房，都由新鸿基地产开发。IFC 和 ICC 两幢四百至五百米高的塔楼，锁定了由西往东的维港景观，一直是开发商的骄傲。港岛 430 米高的 IFC 大楼，从尖沙咀带透视仰角望去（水平距离 800 ~ 1 000 米），竟比太平山高出一倍。因此，在保护山峦轮廓的呼声下，城市规划委员会 2008 年后不再批准此类高度。

奥运站

从九龙往北 1 000 多米，就到了奥运站。如果说九龙站是个对四周街道封闭的漂浮站岛，则奥运站就是伸向大角咀和旺角旧区的八爪鱼。在东涌线开发之际，此站名为大角咀站，后因香港运动员 1996 年在奥运会上取得佳绩而改名。奥运站开发区的用地来自于西九龙的填海，范围面积为 16 公顷，其中交通面积就占了 34%，远高于一般的规划项目。规划伊始，就定下了站屋向周围街区拉接的方案。铁路站本身的六条连接天桥越过西九龙公路和其他繁忙马路，连向四周不同的地块，在它 600 米至 800 米辐射半径内，那些楼群的开发都标榜和享受着"奥运站"的概念。（图 9.11）

根据我们从地图和图纸上对奥运站的估算，该站站屋的建筑面积约为 15 660 平方米。整个开发计划内的建筑面积为 667 652 平方米。如以站屋面积和开发建筑面积相比，达到了 1:43。日本第二大综合铁路站京都站站屋和周围开发建筑面积的比值是 1:20，这说明奥运站的地铁开发带动效应更高。[17] 奥运站的开发计划，在 66 万多平方米的建筑面积中，72.3% 为住宅，16.3% 为办公写字楼，9.1% 是商场。这些面积包括两座办公楼、11 个私人和政府资助屋苑、分作三期的商场、巴士站和几万平方米的公共活动空间，这包含屋顶平台花园、公园和运动场。（图 9.12）

从 1998 年到 2011 年的 13 年中，建起 11 个屋苑，总共提供 18 692 个住宅单位，容纳五万多居民，住宅占了相当大的比例。在行人、居民、乘客的日常使用中，合共三期的奥海城商场起到了实际上和心理上的中心连接作用。奥海城一期商场偏于站屋西侧，服务于海旁的几个屋苑；二期是整个项目的中心，连接更多的屋苑和巴士总站，但二期商场的设计只有一条 L 形的主要路线，因此购物者在商场中的探寻路线比较单一；三期商场从二期商场跨海泓道而来，它的主要功能和形状都源于最后一期私人屋苑开发的裙房底座，也是直线形，但这一线形使其伸向旺角老区。因为奥海城稍微偏远于旺角老区和人流更多的地铁线，在周末假日，开发和管理商信和集团经常在商场二期的中庭里举办各种文艺活动，如明星登台、世界杯足球实况转播等等。（图 9.13，图 9.14）

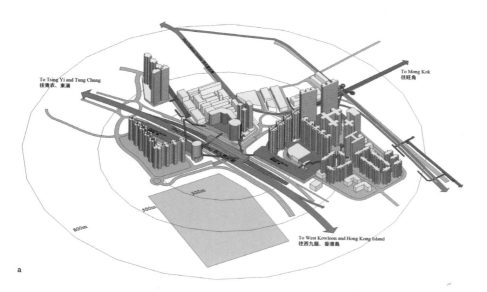

a

b

图 9.11 / 奥运站。a / 车站服务范围；b / 四座从站屋延伸出的天桥

图 9.12 / 居民楼和商业建筑环绕着奥运站，人们主要在桥上而不是地面行走。

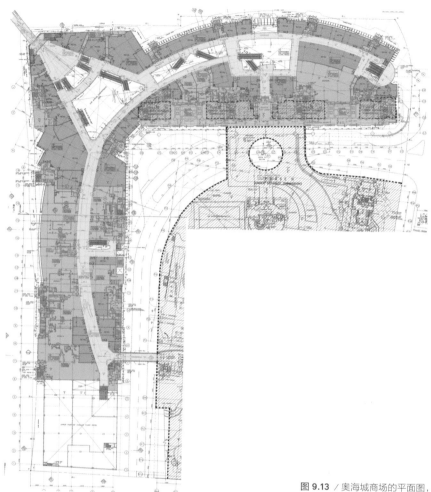

图 **9.13** ／ 奥海城商场的平面图，穿过购物空间的圆形回路。

图 **9.14** ／ 奥海城商场场景。

青衣站

　　机铁快线因为要突出"快",所以设站少:港岛一站,九龙一站,新界的一站设在青衣,青衣一过,就直奔机场而去。而青衣和东涌新市镇的几十万居民,都大量依赖东涌线。青衣站设在青衣铁路桥的一侧,一过荔景和荃湾,跨桥就到了青衣站。庞大的站屋包含着车站和购物商场,地面层是各种巴士、穿梭巴士和的士站;一层连接着建筑外驳接的天桥;二层和三层是东涌线东

行和西行的月台;四层是机场快线。各层都连接着 46 000 平方米的购物商场青衣城。每天有 20 万人次在这栋大楼出入,无论是来去港岛方向的东涌线地铁,或是商场,从早到晚都是人头攒动。在四层购物商场之上,是 12 座高层塔楼组成的屋苑盈翠半岛,包括 3 500 户住家,在基座的商场里,还有 920 个停车位,给居民和购物者使用。整个车站综合体总建筑面积 291 879 平方米,在 5.4 公顷的基地面积上,容积率达到 5.4。[18](图 9.15)

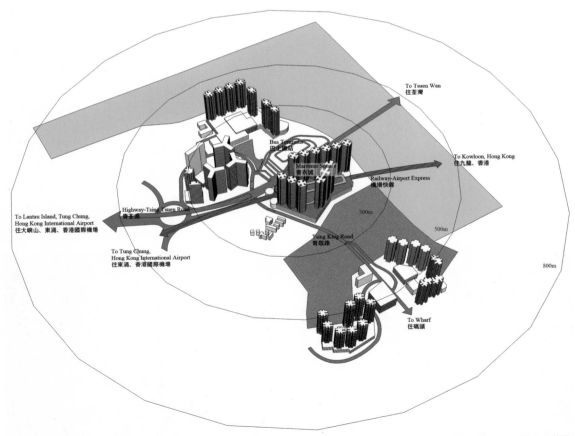

图 9.15 / 青衣站的服务范围。

住在盈翠半岛的住户，可以直接从商场里
的门厅上下。从青衣城过人行天桥则到另一海旁
大型私人屋苑——灏景湾，这个由长江实业、新
鸿基地产和华润创业合作开发的屋苑由 10 座 35
至 40 层高的塔楼组成，约提供 3 000 个居住单
位。这两个大型楼盘是和青衣站直接相关的住宅
开发，容纳了两万多居民；而在青衣城 500 米半
径之内的居民，如包括公屋和居屋内的居民则更
多。青衣站的规划思路，是用单一的建筑包含车
站、商场和交通交汇处，做法类似九龙站。青衣
站的顶上和周边，是商场和住宅，没有办公空间；
在底层和路面的关系，比九龙站略为密切；在沿
海一带，有平台和商场入口伸向海滨公园和散步
道。楼上和该站周边公屋私宅的居民主要从青衣
乘港铁，往九龙和香港上班，符合 5D 原则中"目
的地的通达性"。用"开发效率"来衡量，在车
站 500 米半径范围内，有海和公园，所以站屋和
带动开发面积之比为 1:10。（图 9.16）

b

c

a

图 9.16 ／青衣站。**a** ／青衣站顶上的居民楼；**b** ／右手边是车站建筑；**c** ／青衣城商场

东涌站

东涌和大蚝（北大屿山）是 1990 年代初伴随着新机场建设开始发展的市镇，该市镇计划分四期开发，可容纳 25 万人口。东涌市镇一期 1997 年完成，至 2000 年人口为 1.9 万，2006 年为 3.4 万，2010 年达到近 10 万人。（图 9.17）

东涌站是东涌线的尾站。北大屿山公路和铁轨沿海边奔来，在此转向北，去往赤腊角机场。东涌就设在公路的转角边。长条形的车站拉结住两边的屋苑，整个地块 21.7 公顷。出车站的东荟城商场跨过公路，延伸到海边土地，那里有酒店、海堤湾畔、影岸·红、蓝天海岸、映湾园等屋苑，车站西面是半圆形的东堤湾畔。这些私人屋苑由各地产商开发，总共有 32 幢高层大厦和低密度住宅，12 400 个居住单位。另外有 1.5 万平方米的办公大楼，5.6 万平方米的商业面积，包括东荟城商场、一家 440 房间的酒店、四所幼儿园、中小学、湿货市场等，总建筑面积 1 028 910 平方米。开发的容积率约为 5；站屋面积和其"村庄"面积之比约为 1:66，"铁路村庄"充分发挥了车站对其他市镇功能的提携。从西侧东堤湾畔的最远点到车站为 200 米，在理想的步行距离之内；从东侧映湾园第一期到车站，有 1 200 米，有天桥连接，可以步行，也另设穿梭小巴。[19]（图 9.18）

东涌站及其周边"铁路村庄"的用途，主要是居住及为居住配套的商场和小型办公。面对东堤湾畔的公共广场，被地铁站、巴士站和商场围合，沿边有咖啡座，广场中是喷水，不断有行人在赶巴士和地铁，或在周边闲坐。在容纳 10 万人的高密度地块中，还能有许多赏心悦目的地方。这是由良好建筑设计带来的。当更多建筑面积建成、更多人口迁入的时候，一个车站将其作用放大到极致。东涌站的建成，是东涌新市镇的催化剂，靠山侧的居屋、公屋和村屋因为有了车站而逐步兴盛。为了达至 25 万人口的目标，政府计划在靠海和靠山处继续开发建屋土地，包括填海 110 公顷。[20]（图 9.19）

在向欣澳方向伸展的开发中，设立副中心和新的地铁站，并和港珠澳大桥的人工岛配套。（图 9.20）

图 9.17 / 规划在东涌站附近的居民楼。

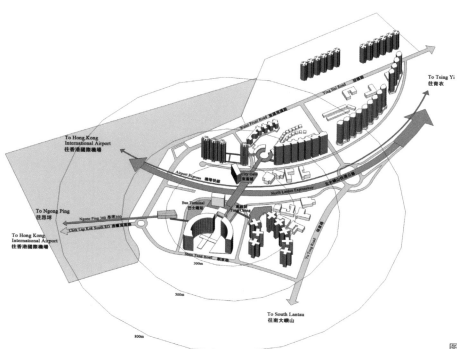

图 9.18 / 东涌站的服务范围。

a

b

c

图 9.19 / 东涌站。a / 地铁、公交站
和商场；b / 商场；c / 站屋

图 9.20 / 东涌的总平面图，2014 年。
其对面是一个为港珠澳大桥建造的人
工岛屿。

结语

纵观本章所述实例，尤其是东涌线的综合站屋，都属于巨构建筑或大型分期发展项目，它们还可以从以下几个方面讨论。

改良的巨构建筑原型

在香港房地产经济的推动下，香港站、九龙站、青衣站项目采用了巨构建筑的概念，奥海城和东涌站，以车站为纽带中心带起了大型商场和"轨道村庄"。以九龙站为例，尽管整个街区被划分成不同地块，给不同开发商分别开发，但是由柱网和垂直联系空间体现出的建筑网格呈现高度单元化，这为接下来的设计和建造提供了一个共同的结构框架，网格的固定尺度也为未来的模数化设计提供了可能。裙房整体结构一次性全部完成。巨构建筑并没有革命性地改变"街区和街道"模式，街区清晰的边界使其没有延伸的可能和必要。仔细观察网格会发现，结构体也并非完全均质分布，一些柱子由于被设计承载超大荷载而明显加大了尺寸，同时在边界区域柱网自身变化以适应异形塔楼的位置。简言之，结构框架在内部特殊部位被合理化专门设计，远非完全均匀，不用在意何种单元将被置入。

高度综合的交通换乘点的车站

香港站 IFC 下，九龙机铁站联合广场和青衣站，由港铁公司经营的车站在城市中发挥着主要的功能。作为机场快线和东涌线的车站，其主要设计理念是使机场重新回归城市。原来地处市中心、临近维多利亚港的启德机场曾经给香港带来特殊便利条件，在九龙站和香港站，旅客可以在站内办理登机手续。基于这种创新想法，香港站、九龙机铁站与现代火车站的典型构想相去甚远。作为整合的交通换乘点，车站组织在不同的层面以达到效率最大化。没有巨大的广场迎接不同方向的人流，一个地面层的大厅即可接纳交通节点。例如在九龙站，出租车区、停车场、公共汽车站、深圳来的过境巴士站、和红磡火车站对开的穿梭巴士站等都在底层。行人从地上层进入大厅，步行系统和商业空间整合一致。在地下层，机场快线和东涌线在不同的层面分开，共享一个垂直联系作为直接换乘。由于不同的交通方式有着清晰的分区，香港、九龙和青衣机铁站为短途、长途、搭机和过境的旅客提供了最大程度的便捷。

沙田、九龙湾、青衣和西九龙是以整个站屋为基底，上面插多幢高层塔楼。而清水湾道 8 号则以一栋细长的"铅笔楼"提供了巴士、小巴站、地铁站、零售、会所和楼上高档住居的功能。清水湾道 8 号由吕元祥建筑设计事务所设计，2006年建成。其平台层约有五层，每一层的平面边长约 40 米；核心为上下自动扶梯和连通地铁到平台顶的电梯；每层一家商店或两家小店（医生诊所，咖啡点心店）；一条长桥，将小巴和大巴送到平台半中间的车站，同层可进入平台大楼的交通部分和住宅入口大厅。而这栋细长大楼，又由天桥连到旧的山上坪石邨和对面的牛池湾集市，日常的食、住、行都在百米半径和高程上下。清

a

b

图 9.21 / 清水湾道 8 号，2006 年建成。一栋"铅笔楼"，包含了地铁、双层巴士、小巴站、日用品、医务所和闲暇活动等功能。
a / 塔楼; b / 斜坡道将小汽车和小巴引到上层，巴士站位于底层;
c / 楼层图示

15至57层公寓及避难层

附属用房　屋顶平台
10至12层

住户停车场
9层

公共停车场
3-8层

反照用房　公共停车场　车行坡道至上层停车场
2层

车行坡道至一层小型巴士站
至新清水湾道

公寓屋大堂
1层

超市

天桥

坪石邨

中间层

至新清水湾道
自清水湾道
至清水湾道
自新清水湾道

大型巴士公交站　坪石天主教小学

公共服务
至坪石邨停车场

首层

坪石邨　观塘道　坪石邨小学停车场

至港铁 ⊛ MTR
B1层

B2层

电梯B2至9层　超市　电梯B2至57层

c

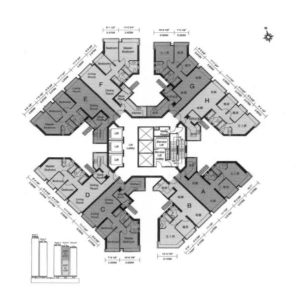

图 9.22 / MTR 车站楼上的典型住宅平面。

水湾道 8 号是典型的"铅笔楼"TOD 项目。（图 9.21）

抬高的传统街区地面

　　在沙田市中心、德福花园和东涌线的几个站屋平台，办公和住宅塔楼的入口层与其他的街区项目相似。它们共享屋顶平台，人可走动并进入塔楼。人车分离，行人不受车辆干扰。在九龙站，车辆也可上到这个平台。而入口根据它们对私密度的要求关联到不同的流线上。沙田中心、德福花园、香港站、九龙机铁站和青衣站顶层的半私密花园和广场使这些私人地产范围和公共领域相连。

　　在九龙站，这一高层入口层被从地面抬高了 18 米，成为屋顶平台层。根据香港的本地规范，这是覆盖 100% 占地面积的最大高度。尽管它像传统的地面层一样服务塔楼，巨构建筑将它提升，

从根本上改变了它的空间结构，使得街区内部公共街道与周边车行交通完全分隔。日本的东京和大阪以地下街展延空间获取可利用的面积，香港则在抬高的屋顶花园和连接天桥方面成网成片，形成这个高密度城市的街道景观之一。

塔楼和房地产项目

　　城市基本上可以看成是一个由住宅和其他服务性功能组成的集合，作为在超大尺度巨构建筑中的"微型城市"，香港、九龙、奥海城、青衣、东涌站计划案也是如此。作为涉及多家大型房地产投资的城市地产发展项目，以塔楼形式出现的集合住宅成了最主要的建筑类型，这种设计因为与轨道交通的近接，也最能符合市场的需求和成本的回收。在开发顺序上，住宅项目早于商业的建设，这主要是出于商业利润上的考虑。在九龙站，作为商业主体的圆方商场在 2007 年末才真正启动，这之前车站已投入运营近 10 年，所有住宅项目也基本完成。进驻香港站上的 IFC 写字楼，是香港金融管理局、外汇结算公司、恒基兆业总部和四季酒店、服务性公寓。进驻九龙站上 ICC 的，是丽斯酒店（Ritz Carlton）以及瑞信、摩根斯坦利、荷兰银行等金融机构。这些大公司和机构，是香港作为亚洲国际都市和金融中心的积极组成部分。九龙站上的住宅物业售价，在 2012 年，多数介于每平方英尺建筑面积 17 000 ~ 25 000 港元或更高。而在东涌，车站边已经建起百多万平方米的私人住宅区，现在更多的私人和公共屋邨将在周边因应地铁建起。

高密度城市的体验和新形象

由于"铁路村庄"的高度、大跨度和高密度，形成了迥异于传统城市的使用者体验和建筑新形象，如九龙站上的如林高层塔楼、沙田站上连绵的商业和公共建筑、香港站本地和机场快线的相连、走廊和屋顶的公共空间等等。这些大型建筑的出现，让使用者在穿过和使用时由内望和高处外望而得到愉悦的感受，在外部也形成了独特的城市景观。当人们在西九龙公路上远观九龙站和奥林匹克站的建筑簇群，在尖沙咀隔海望 IFC 建筑群时，这种海天之间的雄伟城市景观，是由交通和基础设施建设带来的。这和国际上流行的"基础设施城市设计"（infrastructure urbanism）的内涵一致。

不独本章所述的有限几个实例，几乎大部分港铁车站的建设同期或后续开发，都采用了天桥或地下连接和"轨道村庄"的方法，使得近 50% 的香港居民在车站 500 米半径内生活。在车站 500 至 800 米半径内的住宅楼盘，楼价远远抛离其他地域的住宅。"轨道村庄"个个不同的实例，为高密度的聚集和生活提供了有益的经验。世界上人口密集的大都市几乎都在亚洲，大城市无序蔓延已经导致了诸多城市问题（如交通堵塞、上下班时间长、居住环境恶化、犯罪率上升等）。人车分流、巨构建筑、轨道村庄等等，本都是海外兴起的概念，却在香港得到了充分的实践和发展。香港利用新市镇与轨道系统协同发展，基本解决了人口增长的居住问题，是研究城市可持续发展的有价值案例。香港的实例有力地说明，在世界上几乎是最高的建筑密度和人口密度下，依旧可以保持一定品质的生活水平。在高密度的环境下，建筑如何设计，以尽可能地消除人们的拥挤感；人们如何生活、工作，人们的感觉如何，容当另外叙述。

注释

1　香港的土地和填海资料，取自香港政府地政总署网页，http://www.landsd.gov.hk/mapping/tc/download/maps.htm，2012 年 6 月 25 日获取。

2　Le Corbusier, *The City of Tomorrow and Its Planning*, New York: Payson & Clarke Ltd, 1929.

3　K. Kikutake, M. Otaka, F. Maki, and K. Kurokawa, *Metabolism 1960 – A proposal for new urbanism*, in the proceeding of 1960 World Design Conference, Tokyo, 1960; F. Maki, *Investigations in Collective Form*, St Louis, School of Architecture, Washington University, 1964.

4　Freeman Fox and Partners, *Hong Kong Mass Transit Further Studies: Final Report*, Hong Kong Government Documents, 1970.

5　关于交通引导的开发（TOD），经典著作如 Robert Cervero, *The Transit Metropolis - A Global Inquiry*, Island Press, Washington D. C., 1998; M. Bernick, R. Cervero, *Transit Villages in the 21st Century*, McGraw-Hill, New York, 1997; H. Dittmar, and G. Ohland, *The New Transit Town: Best Practices in Transit-Oriented Development*, Island Press, Washington, D.C., 2004.

6　2010 年香港运输署统计每天约 1 200 万人次，约为总人口 90%（对比北京 2009 年的 36%《北京市建设人文交通科技交通绿色交通行动计划 2009-2015》）使用公共交通工具出行，其中轨道系统分担了超过 1/3 的运量，高出北京和上海（分别是 2004 年 12% 及 2009 年 24%，http://zhengwu.beijing.gov.cn/ghxx/qtgh/t1066279.htm，2014 年 3 月 3 日获取）等大都市。公交系统尤其是近年来轨道系统的发展配合政策控制，大大制约了私家机动车辆的发展，2010 年 4 月香港私人车辆共 589 951 台，比 10 年前增加不足 10 万辆。对比上海 2004 年 31.77 万辆，2008 年 61.29 万辆（http://www.stats-sh.gov.cn/tjnj/nj10.htm?d1=2010tjnj/C1313.htm，2014 年 3 月 3 日获取）；北京 2001 年 62.408 万辆，2009 年 281.8 万辆（http://www.bjtrc.org.cn/PageLayout/IndexReleased/Evaluation.aspx?menuid=li3，2014 年 3 月 3 日获取）。从上述数据可以看出合理土地规划和协作运行的公交体系对于城市整体发展影响深远。

7　关于香港地铁造价，见香港《文汇报》，2012 年 4 月 2 日，A5。

8　5D 原则的论述出自 R. Cervero & J. Murakami, Rail and Property Development in Hong Kong: experiences and extensions, *Urban Studies*, Vol. 46, No. 10, 2009, pp.2019-2043.

9　关于港铁的资料，引自香港城市大学建筑学博士论文 Yin Ziyuan, *Study on relationship between catchment and built environment of metro station in Hong Kong and Shenzhen*, Ph.D. dissertation, City University of Hong Kong, 2014.

10　香港建筑师协会的文件，在布里斯托的书中有引用。Roger Bristow, *Hong Kong's new town: a selective review*, Hong Kong: Oxford University Press, 1989.

11　有关沙田站和新城市广场的数据源自：http://www.newtownplaza.com.hk/chi/about.html; http://www.mtr.com.hk/chi/properties/mtrshopping_centres.html#citylink,2012 年 6 月 25 日获取。根据 Experian FootFall 2010-2012 的行人流量监测，沙田新城市广场是全球最繁忙的商业中心。

12　关于沙田的人口增长，参考网上文章：《新市镇的建设启示——以沙田和天水围为例》http://wk.baidu.com/view/fb29ca086c85ec3a87c2c51b?ssid=&from=&bd_page_type=1&uid=bk_1344223402_501&pu=sl@1,pw@1000,sz@224_220,pd@1,fz@2,lp@1,tpl@color,&st=1&wk=sh&dt=doc&md=sax_2；和沙田区议会资料，http://www.districtcouncils.gov.hk/st/tc/dchighlights.html，2012 年 12 月 6 日获取。2014 年的人口由政府统计处公布，见《头条日报》，2015 年 4 月 1 日。

13　本章关于九龙湾站的资料，源自 Charlie Q. L. Xue, Luming Ma and Ka Chuen Hui, Indoor 'Public' Space – a study of atrium in MTR complexes of Hong Kong, *Urban Design International*, Vol.17, No.2, 2012, pp 87-105.

14　本章关于中环和沙田站的描述，部分参考了论文 Zheng Tan and Charlie Q. L. Xue, Walking as a planned activity – multi-level pedestrian network and space integration in Hong Kong, 1965 to the present, *Journal of Urban Design*, Routledge, Vol.19, No.5, 2014, pp.722-744.

15　京都站的资料，来源于城市大学建筑学专业学士毕业论文：Hui Ka Chuen, *Station Complex Mega-structure: Olympic Station/Olympian City – A Study in Urban & Architectural Perspectives*, Bachelor's degree dissertation, City University of Hong Kong, 2011.

16　本章关于九龙站的资料，源自 Charlie Q. L. Xue, Hailin Zhai and Joshua Roberts, An urban island floating on the MTR station: a case study of the West Kowloon development in Hong Kong, *Urban Design International*, (Palgrave-MacMillan, UK), Vol.15, No.4, 2010, pp.191-207.

17　本章关于奥运站的资料，来自香港城市大学建筑学本科生的毕业论文，Hui Ka Chuen: Station complex megastructure: Olympic Station/Olympian City – a study in urban & architectural perspectives, City University of Hong Kong, 2011. 日本京都车站数据，转引自该论文。

18　本章关于青衣站的资料，源自港铁公司网站 http://www.mtr.com.hk/chi/properties/prop_dev_ty.html，2012 年 6 月 26 日抽取。

19　本章关于东涌站的资料，源自港铁公司网站 http://www.mtr.com.hk/chi/properties/prop_dev_tc.html，2012 年 6 月 26 日抽取。

20　东涌站的新开发计划，参香港《am730》，2012 年 6 月 20 日，p.08。

Ⅲ

第三篇

永续发展

Part Ⅲ

Sustainable
Development

进入 21 世纪，环境、保护成了时代的呼声和潮流。公民社会关心公民的建筑，社会呼唤着高质量的建筑环境。通过竞争和竞赛，设计拓宽着建筑学的边界，推动着建筑设计和技术的进步。

第 10 章

寻根和保护——海港、记忆到新建

1970 年代以前，社会忙于扑灭四起的火头，市民有瓦遮头、有工可开，政府维持社会正常运作，人们已感暂时安心。1980 年代，人们开始享受经济发展带来的甜头，为中环的华丽大厦和沙田的优美环境而自豪。1990 年代，临近回归，民主的声音响彻街头。也是在这个年代，可持续发展、环境保护和绿色建筑的呼声传遍世界。这些潮流，在香港可分为保护海港、活化旧建筑和绿色新建筑几条分支。绿色新建筑比较专业，集中在建筑师和工程师的操作之中；保护海港和活化旧建筑则常常成为社会运动和大众讨论的焦点，演变成政客和政府拉锯的议题。而社会的炽热讨论，又推动了专业界的自觉，无论是实质上还是贴标签式，人们都期望设计绿色建筑。本章从保卫海滨维港、活化文物建筑和建造绿色建筑三个方面，来谈论 20 世纪末、21 世纪香港建筑的走向。绿色建筑的口号虽然响彻香港，但实践和节能效果并不成熟，不足以单独成章。

保卫"我们的海港"

香港开埠从海边起始，城市建设是围绕维多利亚港进行的。从水中兀起的山峰本来陡峭，政府和私人填海造地使得香港在开埠早期获得大量商业用地，政府在 19 世纪中期起，已经从卖地中获得收益，并且为当时的贸易活动提供水边用地。20 世纪初，香港岛填海已经到了告士打道和干诺道，距离原始的海岸线 200 至 500 米不等。二战后经济活动频繁，需要更多的地来造甲级办公楼、高档酒店、艺术场所、码头、地铁、快速绕道等等，于是填海向海港索要更多的土地，战后几十年的填海数量和规模比前 100 年更多更大，湾仔会展中心填出的小岛离 19 世纪的海岸线已经有了近千米的距离。[1] 香港因此有了海边那些破纪录的华丽大厦，傲然挺立。1989 年后，政府为了加强本港社会信心，展开新机场核心计划，并在中环、西九龙、爱秩序湾和红磡湾等地填海，为基建和其他建造活动提供土地。

到了 1990 年代，民主的呼声渐起，人们惊觉原本烟波浩渺的维多利亚港竟然变得如此狭窄了，而且还不断有新的起议要蚕食海港和填满吐露港。社会人士逐渐不满，认为政府漠视天然资源，地产商贪得无厌，盲目填海造地。保护海港协会于 1995 年 11 月成立，得到 17 万名香港市民签名支持立法保护海港。1996 年立法局议员陆恭惠以私人草案形式提交《保护海港条例》，于 6 月 27 日在立法局获得通过。条例明确规定维多利亚港为香港人的特别公有资产及天然财产，必须受到保护和保存，并且设定了不准许在维多利亚港进行填海工程的法定原则。

1997 年后，中环往湾仔方向车辆拥挤，道路无法负荷。政府计划建造中环湾仔绕道，以舒缓交通压力。2002 年底，行政会议批准《中区填海计划》第三期工程，填海面积 23 公顷。保护海港协会认为政府的中环第二期填海违反《保护海港条例》，向法院提出司法复核。法院判城市规划委员会败诉，并且指出填海计划须符合三个条件：1. 有迫切性、具充分理由及有即时需要；2. 没有其他切实可行的选择；3. 对海港造成的损害减至最少。（图 10.1）

保护海港协会认为此判决对于正在进行的《中区填海计划》第三期工程具有约束力，要求香港政府停止有关工程，但是香港政府以停工将会导致承建商向香港政府提出巨额索偿为理由拒绝，坚持继续工程。保护海港协会继而于 2003 年 8 月申请直接向终审法院上诉，为湾仔填海工程的判决寻求进一步的法律裁定及诠释；该司法

图 10.1 / 从中环到湾仔的填海工程。

复核于 9 月获得接纳，房屋及规划地政局于是宣布有关工程暂时停止；10 月，高等法院以有关工程尚未到达不可弥补的阶段为理由，裁决香港政府胜诉，并且毋须暂缓填海工程，保护海港协会其后提出上诉。为免争议持续加剧，香港政府主动按照法院提出的三个条件检讨有关工程，并且积极约见相关的专业团体与民间环境保护组织，以争取香港市民的认同与支持。为了响应保护海港协会就《中区填海计划》第三期提出的两个减少填海面积方案，香港政府先后印发《我们的海港——过去、现在、未来》及《中区填海第三期工程面面观》的小册子，以图文并茂的方式申明进行《中区填海计划》第三期的理由与法律依据。同年 12 月 5 日，香港政府完成了《中区填海计划》第三期工程的检讨，认为符合法院提出的三项条件。高等法庭原讼庭于 2004 年 3 月 9 日裁决驳回保护海港协会就《中区（扩展部分）分区

计划大纲图》所提出的司法复核，保护海港协会
宣布不予上诉。从 1997 年到 2003 年之后的几年，
保护海港的街头行动和媒体报道经常出现，对主
其事的政府和社会大众都具有警醒和教育意义。

两个码头

进入 21 世纪，中区填海工程进行得如火如
茶。在咨询期内，民众对中环新道路的走向和填
海并无异议，且如上文所述，保护海港协会在
2004 年后停止了诉讼。2006 年底，政府按照填
海计划，拆除了 1958 年建造的天星码头，而新
的码头将向海推出几百米。天星码头是 1958 年
建造的功能性构筑，薄薄的楼板，外墙面涂白粉
刷，上面有香港最后一个机械钟楼。拆除码头引
发数百市民群众以及议员在立法会内的抗议、绝
食，民众的主要要求是"保存集体记忆"，最终
警察逮捕多名抗议民众，并连日组成人墙，保证
拆除工程进行。[2]

时隔半年，同样为建造湾仔到中环的道路，
原天星码头东侧，正对大会堂的皇后码头也要拆
除。如果天星码头还能勉强称作"建筑"，1953
年建的第二代皇后码头则是更加简单的混凝土板
柱"构架"，当年英国皇室人员访港和港督赴任，
在皇后码头列队欢迎，并往大会堂举行仪式，但
这些上层仪式和广大民众相距甚远。从 2006 年
底保卫天星码头开始到 2007 年 7 月，民众为保
留皇后码头举行了一系列的活动：烛光晚会、静
坐露宿、绝食抗议、警民对峙。[3] 政府将皇后码
头拆除后存于仓库，提出在原地或在填海后的新
码头之间重建。原地重建，是将原有结构摆放在
快速交通道的中间，实乃缘木求鱼；放在新码头，
它和原来举行仪式的大会堂，则一点关系都没有。
（图 10.2）

图 10.2 / 保卫皇后码头，2007 年 6 月。

活化利用旧建筑

天星码头和皇后码头保卫战中的一个关键词，是"集体记忆"。人们的这种记忆，是在社会中获得并且重新建构，是基于现在而把过去建构出来。这些集体记忆存在于不同的层面和群体，如家庭、学者、专家、政治家、种族、社会阶层和国家，我们便是这些具有不同记忆的群体中的一员。建筑中的"集体记忆"要选择性地通过媒体或设计者去诠释和建构。[4]

建筑在文化遗产中占据了重要的一大部分，是人类文化的最好的物质体现，历史上遗留的建筑为后世提供了一个历史时期的资料，如设计、施工年代、原有功能和形成，也见证了历史上某一特定时期人们的生活态度、价值取向和集体记忆，是我们文化认同和延续的象征。保护历史遗留的文物建筑已成世人共识和当代潮流。如何成功地保护可见和不可见的文物？这是现代人责无旁贷的任务。

香港在开埠之前，有六千年的人类活动痕迹，清末的新界乡村和150年的殖民统治留下了一批宝贵的建筑遗产。1976年，政府成立古物咨询委员会和古物古迹办公室，但当时的社会对历史建筑保护了解不多，比较冷漠。香港市区和乡郊，被古物咨询委员会列为文物的建筑有几百项，分为一、二、三级：一级历史建筑为具特别重要价值，可能的话须尽一切努力予以保存的建筑物；二级历史建筑为具特别价值，须有选择性地予以保存的建筑物；三级历史建筑为具若干价值，但还不足以获考虑列为古迹的建筑物，这些建筑物将予记录在案，以备日后拣选。根据古物及古迹条例，古物事务监督与古物咨询委员会商讨，并经行政长官批准及刊登宪报后，可宣布个别文物为法定古迹（monument），受法例保护。随后，古物事务监督可阻止古迹的任何改动，或酌情规定改动时必须遵守的条件，以便保护有关古迹。到目前为止，宣布为法定古迹的有115项。[5] 著名者如香港大学主楼、皇后像广场上前高等法院（现立法会大楼）、荷李活道域多利监狱、港督府（现香港礼宾府）、荃湾三栋屋等。

古物古迹办事处于1996年至2000年间，进行了一次全港历史建筑物普查，当时记录了大约8 800幢建筑物，然后从中挑选一千多幢文物价值较高的建筑物，进行更深入的调查，并按历史价值、建筑价值、组合价值、社会价值和地区价值、保持原貌程度、罕有程度这六项准则，以评级方式反映其价值。其后根据古物咨询委员会提出的建议，2005年3月成立了一个由历史学家以及香港建筑师学会、香港规划师学会和香港工程师学会的会员所组成的专家小组，负责就该等建筑物的文物价值进行深入的评估工作。

香港要保持亚洲国际都市的地位，就要造甲级办公楼、高档住宅区和种种设施。保护和发展越来越成为矛盾，人口增加、经济发展，需要发展造楼。地从何来？主要来自拆旧建新或填海造地。经济蓬勃时期，迅速拆走太多的集体记忆，到21世纪幡然醒悟时，有价值的留存已经不多，因此人们格外珍惜这些稍沾染上些"历史"的构筑，尽管这些构筑只是当年简单的功能装置。2006年至2007年不到一年之内，两个码头的保留事件，使得社会上关于保户留存历史遗迹的意识空前高涨。当保护蔚然成风，街上稍有历史价值的房子，都被赋予新眼光和新价值。本章通过几个实例，讨论香港在保护历史建筑方面的工作和问题。

文物探知博物馆（原九龙公园兵房）

1861年英国兼并九龙后，拟将九龙作为香港岛的屏障，军队驻扎于尖沙咀、红磡、昂船洲，开凿九龙的通衢大道弥敦道，也是出于运送军队和军事物资的目的。[6] 离尖沙咀海旁百余米的路边山坡地被辟为军营，军营中建筑参考当时用于南亚殖民地的标准设计图，作单边拱廊式，建于1910年前后，一直被英军用作营房。这类营房在港岛和九龙有多处，形式类同。至1967年，政府收归这片军事用地，发展为九龙公园，作文娱康乐用途。

位处九龙公园内的S61及S62座军营建筑，自1983年开始由香港历史博物馆用作临时馆址，历时十多年，直至1998年位于尖沙咀东部的新馆落成启用为止。这两座军营建筑后又被古物古迹办事处用作办公地点。2000年后，被改建成香港文物探知馆，旧建筑部分被仔细修复，又在两栋并排建筑之间加插了新的部分，内含讲堂、大展览厅和玻璃电梯。文物探知馆于2006年开放，旧建筑的部分原貌展示，新加插部分简洁而谦虚，烘托了原有军营建筑的特征。（图10.3）

在这座建筑之前，政府将九龙公园入口的兵营房改建成卫生教育展览，手法相同。九龙公园前后几期军营的改建，皆为香港政府建筑署设计，政府建筑师在一系列的设计中，积累了一些空间处理、材料和细部设计手法的经验，如结构用钢和木的搭接、大片玻璃的运用等，在旧建筑改建和公园新构筑中运用自如得宜。改建后的文物探知馆，除了常设展览外，成了香港许多文化展览和群众活动的重要场所。

图10.3 ／香港文物探知馆。a ／入口；b ／庭院；c ／原建筑上加入的新部分

甘棠第（现中山纪念馆）

20 世纪初，香港的华人买办和商人冒升。何东家族是其中显赫的代表，何东之弟何甘棠乃怡和洋行买办，在中环半山卫城道和西摩街交界建巨宅，延聘英国建筑师设计。这栋巨宅在 1914 年建成，命名为"甘棠第"，面积 2 650 平方米，高四层，包括大型客厅、家庭室和卧室，容三代同堂，另有仆人几十。

建筑以石块、红砖为材料，利用地形高低，侧面入口，正面呈府邸加古典式高柱，十分恢宏，而内部的大楼梯、弧形大露台、雕花栏杆、深重门套等都极尽雕饰，气派精致。甘棠第在 1960 年代两易其手，最近几十年一直为基督教会使用，因此在底层有浸礼用的石砌大水池。经过与业主长期磋商，香港政府于 2004 年以 5 300 万港币买下住宅，旋即进行整修，重建为孙中山纪念馆。

政府建筑和工程人员，以"考古"的方法来验证当时所用材料和油漆色彩，尽可能地恢复建筑原来面貌，在建筑的背后加建了电梯，以供残疾人士上落。

中山纪念馆于 2006 年 12 月对公众开放。观众在馆中除可观看清末民初的大量史迹资料，也可抚摸和体验百年前的旧建筑环境。甘棠第建成的 1914 年，辛亥革命已经推翻了清王朝，孙中山则流亡日本，进行反对袁世凯的第二次革命。孙中山先生恐怕并未入过这栋大宅，但这港岛中环、半山和高低上下的山路，却和孙中山先生的成长及革命生涯息息相关。[7] 过去十几年，香港社会人士一直呼吁收集和纪念中山先生在港的史迹，建立了有十几个点的"孙中山史迹径"。将同时期的富豪住宅用来纪念中山先生，也是较为恰当的。

图 10.4 / 中山纪念馆。a / 半山的府邸；b / 游廊；c / 客厅

雷生春

以上第一例在九龙繁华商业区，第二例在港岛半山富豪区，下面两例则是在较为"草根"的九龙大角嘴和深水埗。雷生春为雷亮先生所建，雷氏出生于广东台山，是九龙汽车（1933年）有限公司的创办人之一。1929年，雷氏向政府购入大角嘴荔枝角道119号，并邀请擅长铺居设计的本地建筑师布尔（W.H. Bourne）兴建雷生春。建筑物约于1931年落成，底层为一间名为"雷生春"的跌打药店，其上各层则用作雷氏家庭成员的住所。雷生春的名字源于一副对联，寓意该铺生产的药品能妙手回春。雷亮先生于1944年逝世，药店亦于数年后结业，建筑物其后曾用作商住及出租作洋服店等用途。2000年，雷氏家族向古物古迹办事处提出将雷生春赠与政府，2003年10月正式移交。[8]

雷生春的修复研究工作始于2000年底，笔者参与了早期的部分研究。顾问研究工作包括两部分：第一，对业权、地契、结构状况、环境影响、文物价值和历史进行研究；第二，提出建筑修复计划，水电空调设备的配置和概预算。修复工作包括结构加固、水电配置和墙面重新油漆。活化过程中，尽量保留了原有的建筑设计和特色，包括骑楼的外观、栏杆装饰、游廊、门窗、地砖，以及顶层外墙嵌有雷生春家族店号的石匾等。其外部需保存整体建筑物的混凝土构架、前外廊连扶栏、各层露台的排水口、刻有雷生春的石匾及檐板和楣饰；而内部需保存上海批荡实心砖墙、灰泥檐板与模塑、所有门道的花岗石门槛、木或

灰泥墙线、几何图案彩色磁砖、天花装饰灰泥、木制模塑及天花线、木门及门框与旧式五金装置、窗及楣窗的装饰性铁花和后外廊连混凝土板及柱座。（图10.5）

雷生春建筑2005年修复完成，但寻找合适的运营伙伴却耗时颇长，最后由浸会大学投中，在此营办中医药保健中心——雷生春堂。设有五间诊症室、一间售卖中药及凉茶的店铺、展览场地和一间屋顶草药花园，活化后提供内科、骨伤及跌打科、推拿科和针灸科的中医门诊服务，并定期举办义诊。雷生春堂于2012年4月开幕，楼上为中医诊所，楼下为凉茶铺。[9]

图10.5 ／雷生春。a／改造后；b／阳台

赛马会石硖尾创意艺术中心

1950 年代，香港小型制造业山寨工厂遍地开花。政府为支持本地工业，就在深水埗、新蒲岗、观塘、荃湾、黄竹坑等地设立工厂区，提供生产车间给小型山寨厂。这些工厂包括五金、鞋业、印刷、钟表制造和塑料等，它们为香港的工业发展做出了贡献，是本土经济的重要一环。到了 1980 年代，工业北移，厂房大量废弃，原工厂区一片凋零景象。近年来，政府允许将这些工厂大厦改建成创意工业单位，这样的创意大厦在火炭、观塘和深水埗区出现，赛马会创意艺术中心是一个比较突出的例子。（图 10.6）

创意艺术中心由石硖尾工厂大厦改建而成，香港赛马会赞助。两栋条型工厂大厦上建玻璃顶中庭，在中庭内加建平台，并在立面上作了适当处理，既尊重原工厂大厦的外廊式结构，也有一些现代的设计语言。翻新后的中心提供 124 个租金相宜的工作室单位，面向艺术工作者、艺团和许多社区自愿组织，包括视觉艺术、表演艺术、媒体艺术、应用艺术培训及设计等。这一翻新建筑使用后，出租率高，经常举办各种社区关怀和艺术活动，深受艺术团体和本地居民欢迎。

a

图 10.6 ／赛马会创意艺术中心。a ／位于石硖尾的旧楼群中；b ／中庭；c ／天窗

b

c

亚洲学会

1956 年，美国洛克菲勒基金会创办亚洲学会（Asian Society），总部设在纽约，在美国各地有十几个分会。1990 年，在恒生银行利国伟爵士的推动下，在香港设立分会。洛克菲勒基金会另设有亚洲文化协会（Asian Cultural Council），长期在香港活动。2002 年，亚洲学会申请将金钟兵房原弹药库改造为香港总部和活动场所，获得古迹会批准。军火库主要为域多利军营贮存与混合火药，并在此进行处理、包装、储存及分发火药到全港各处的防御基地。建筑群分为上层平台及下层平台，其中位于上层平台的军火库及旧实验室在 1868 年落成，1901 年至 1925 年间建成军火库 B，以及两个用以分隔军火库的防爆破安全土堤。英军在 1930 年代在下层平台又兴建了军营 GG 座，作为军事物资的补给前哨站和火药库。1979 年英军迁出域多利军营后，金钟建成太古广场，军火库成为各个政府部门的工作间及仓库，而 GG 座则曾用作英国皇家陆军财务队的军饷办事处、维修承办商的工作间，1980 年代后荒废。

亚洲学会在此改建，得到香港赛马会的资助，由纽约的托德·威廉斯 - 钱以佳（Tod William/Billie Tsien）事务所和香港的 AGC 事务所联合设计。2012 年初，这个旧弹药库改建的办公、社交、展览、演艺场所正式开放。在路边的山谷里，升起新的门厅、多功能大厅、餐厅、屋顶花园。为了避免影响林木中的果蝠，架空天桥改成 Z 字形的双层桥廊，连向旧建筑；原来的三栋旧仓库

和实验室，改建成办公室、展览厅和小剧场。从新的屋顶花园可以就近到后面的功能空间，那个上下两层的 Z 形廊，把人带到山谷里兜圈，可以远远望见海港，回望新建筑的通透玻璃大厅，是建筑群的点睛之笔。亚洲学会的新总部，大约有 60% 以上的构筑是新建的，而旧的弹药库只是比较有机地插在这群山谷建筑中。整个建筑群的空间感、围护感和氛围，都有修养和分寸。亚洲学会的餐会，不必再去中环的酒店，混凝土支架将接待馆和宴会厅从山谷中高高架起，绿幽树林环抱，杯盘交筹，衣香影鬓。（图 10.7）

a

图 10.7 ／ 亚洲学会。a ／ 双层桥廊；b ／ 全景鸟瞰；c ／ 带顶走廊

b

c

薄扶林的伯大尼（Béthanie）

法国巴黎外方传教会于 1847 年从澳门迁到香港，在香港岛西面的薄扶林设立疗养院，让在远东地区的传教士患病后有地方疗养。奥塞神父于 1873 年 6 月买地，自任建筑师设计修院，在由新加坡抵港的白德礼神父（Fr. Charles Edmond Patriat）协助下展开工程，更得到香港政府捐赠花岗石材，于 1875 年落成启用，白德礼神父出任首任院长。1897 年伯大尼修院进行扩建及改善工程。1949 年后，在内地的传教士相继离开，加上医药进步，伯大尼修院的角色逐渐减低。1974 年传教会迁出，翌年修院在落成百周年时被售予香港置地公司。置地公司原先计划将修院拆除兴建住宅，但香港政府提出以附近的地皮交换伯达尼修院及牛奶公司牛棚，因而变成政府产业。1978 年至 1997 年，伯大尼曾作为香港大学出版社的办公用房和港大男生宿舍。

21 世纪后，政府研究修复活化修院的可能。2003 年演艺学院接手，耗资 8 300 万港币，将其改建为电影电视学院。原建筑被整饰，楼上改成演奏厅。在为时两年多的修复工程中，除了翻新建筑物、加建教学设施外，另一项艰巨的任务是寻回 1974 年修院出售时被撤走的珍贵文物，包括小教堂内的 19 扇彩画玻璃窗以及圣像、祭台、祭台屏风等。（图 10.8）

为了重现伯大尼的原貌，香港演艺学院四处打探这些文物的下落，根据线索多次到访香港各修会及政府仓库，并委任法国历史学家乐艾伦教授亲到巴黎外方传教会总会的档案库搜集资料。

图 10.8 ／ 薄扶林伯大尼。

工程总监苏迪基（Philip Soden）走访多个教堂，终于发现雍仁会馆（Zetland Hall，Home for Freemasonry in Hong Kong）的七扇彩画玻璃窗，形状大小与伯大尼小教堂相同，查访之下，原来1985年有一位建筑师在伯大尼附近的置富花园发现一批彩画玻璃窗，将之存放在政府仓库，其后该建筑师为雍仁会馆50周年庆典装修，由于饭厅需要彩画玻璃，遂向香港政府申请使用，从政府仓库取来七扇玻璃窗，仍然有两扇存放于政府仓库内。经过参考三张1950年代伯大尼的照片，证实雍仁会馆及政府仓库的玻璃窗均来自伯大尼，最终物归原主。[10]

以上的几例，历史建筑成了文化机构、工作室或展览场所。中外历史建筑和名城的保护，又和发展经济、开发旅游息息相关。外地游客了解了本地的历史，旅游收入又带动了建筑遗迹的积极保存。以下两例则是历史建筑的商业性改造。

第一代公屋——美荷楼

上世纪40年代末50年代初，大批难民涌来香港。1953年圣诞节的大火，烧毁了徙置区许多简棚陋屋。政府于1954年在石硖尾邨研究发展首个徙置屋邨，参考了英国曾在殖民地或租界区（如上海）用过的标准图兴建工人住宅。同年，第一代公共屋邨17栋楼在石硖尾平地而起。这种楼将走廊外置在房屋四周，中间的居住单位背对背贴住，靠外廊采光，厕所公用，烧饭则用外面公共走廊。第一代公屋曾安置过无数家庭，养育了大狮子山下一代又一代。53年后，石硖尾

邨功德圆满，终要让地与新的公共屋邨。所有单元楼都要拆除，只留下美荷楼，作为一级历史建筑予以保留，希望未来的人们还可以看到香港公营房屋发展的雏形。[11]在此之前，曾有几套废弃的公屋楼作为社区组织经营的石硖尾人文馆，展示公屋居民的日常生活，居民的积极性非常高，纷纷将家里物品拿来参展。

2007年，建筑师学会、工程师学会、规划师学会、测量师学会联合举办"无限之旅——石硖尾邨美荷楼意念创作比赛"，收到专业组和公开组的参赛方案，在美荷楼和大会堂等地展览。美荷楼于2008年成为首批"活化历史建筑伙伴计划"下的七幢建筑物之一，由香港青年旅舍协会接手，AD+RG公司将其改造成为有129间房的青年旅舍，2012年完工，2013年底开放。翻新后的美荷楼青年旅舍加装了升降机和环保装置，底层结合院落设置餐室和活动室，楼内一部分划出作为深水埗地区历史展览室，也邀请原居民任导览员，让旅宿者感受深水埗和石硖尾的历史发展、徙置区居民的生活点滴等。[12]（图10.9）

a

b

c

d

图 10.9 ／美荷楼。a ／改造前后对比；b ／改造前，2009
年；c ／改造后，2014 年；d ／作为青年旅舍运行

1881 Heritage

如实例 1 所述，尖沙咀在香港殖民地初期肩负着较强的防卫功能。1881 年，港府在尖沙咀原临海的山上建水警总部，包括主楼、时间球塔、九龙消防局、消防局宿舍等。这组建筑在 1994 年被评为法定古迹。1996 年水警总部撤离尖沙咀后，此地一直大门紧闭。2003 年 5 月，政府进行改建招标，长江实业公司以 3.528 亿港元地价及最佳标书夺得此项目，接着投下 10 多亿元港币进行改造，历时六年，将一万多平方米的面积变身成怀旧的名店、饭店、咖啡厅和酒店，未完工已经全部出租，2009 年 11 月正式开张。设计利用原来的山坡层层叠叠而上，各层有商店、平台、流水景观等。原水警总部的拱形外廊，成了酒店和饭店的遮荫外眺之处。原来后山的马房，成了高档烧烤屋。砍了一些百年老树，但还是有些大榕树保留了下来。1881 Heritage 所处的尖沙咀和广东道，这几年因游客旺盛，名店林立，私人地产公司进驻此地改建，保护活化是既定条件和招牌，商业活动才是主要盘算。（图 10.10）

在民众沸腾的保护呼声中，原本的湾仔街市，1930 年代建造的包豪斯式，仅保留了外立面，中间的街市被拆除建起高层住宅。同样建于 1930 年代，设计比较一般的中环街市，却得以保留并改造。荷李活道的警察总部和域多利监狱，则全盘保留，曾作为 2007 年至 2008 年度香港深圳城市建筑双年展的场地，并请瑞士赫尔佐格和德默隆公司做改建方案。[13] 私人拥有的半山豪宅景贤里，业主 2007 年进行拆除，准备原地重建多层住宅，被公众抗议喝停。政府做了大量说服工作，以换地方式获得景贤里业权，并征集民间团体对其管理，向公众开放。（图 10.11）

一些批评认为不少保护项目改得不伦不类或"士绅化"，但当这些项目自身要承担维护保养的经济责任时，部分商业内容是不可避免的，且香港市民对于一些商业内容也喜闻乐见。

建筑的用途经常在改变，但建筑的结构和形式却无本质上的变化。有历史价值、精美的建筑保留下来，被荒废闲置，被当作古董供起，或被各代人以各种形式使用？以什么样的方式来保存，才能使之既具有些新的意义，又能持续地保持下去？在香港的条件下，大多数活化利用都来自政府的资助；以个人或团体维持的道路，徒有良好愿望，却难以开始，即使勉强起步，也难以为继。

本章介绍的例子，原有建筑为私人大宅、兵营和政府公屋，新的利用类型为专题博物馆、活动室、办公室、旅馆、艺术中心和商业中心。只要有合适的空间、氛围和装修改造，老建筑完全可以为新用途服务。半山坚尼地道特首办公室是个比较特别的政府征用实例；旧建筑改为专题博物馆在世界各地最为广泛；厂房改为艺术中心在美国、加拿大先有实例，这几年在北京、上海则成为所谓"国际艺术品牌""顶尖艺术家"等等火热的炒作，如北京的 798 艺术区，上海的红坊、Z58 和 1933 以及广州的红砖厂。而香港的石硖尾艺术中心则完全是草根艺术家和平民的地区娱

a

图 **10.10** / 1881 Heritage。**a** / 夜景；**b** / 商场券廊形成的层层台阶；**c** / 庭院

b

c

图 **10.11** / 景贤里，业主从北京请来外籍建筑师设计，建于 1937 年。

乐，在资本主义盛行的香港，成了社会良心的绝响。尖沙咀 1881 的商场，则是彻底拥抱资本商业运作。

所谓"永续发展"，首先应该是经济上的可持续发展。1997 年以来，香港的公民意识和本土寻根热持续高涨，没有人怀疑这些传统建筑的保留价值。但如何保留、保留多少，在社会上一直有不同的声音。民主程序（或说游戏）被滥用。一些激进团体和个人认为，政府提倡的"活化"就是将街道或旧建筑定格在某一时期，消费化、旅游化和士绅化。一个地区一旦被改建成旅游者乐于去参观消费的"景区"，服务水准、建筑标准自然提高，士绅化也就发生了，而本地普通百姓的日常生活却难以为继，被逼离开。旧建筑保护不能仅仅着眼于取悦游客，文物保护也并不是单单为了旅游。民间和一些政客的声音多数落在这一点上。香港许多文物建筑的保护和再利用，成了政府、开发商、政客、社区组织、利益团体和本地居民之间的拉锯战。

笔者观诸世界各城市的保护工作，政府的全力支持是一种最直接的方式，如本章介绍的中山纪念馆和文物探知博物馆。但即便富裕如香港政府，要想负担全面的本土文物建筑保护，也毕竟不太可能或鞭长莫及。文物建筑保护要想可持续地开展下去，不得不借助市场的力量，和商业开发有机地结合一起，由开发来带动保护和长久的维持，如上海的新天地，虽然是非常的"士绅化"（因此遭来不少批评），但至少成功保留了上海弄堂的实体形态，将弄堂的场景博物馆化。弄堂

式的生活毕竟是上海的过去，对 21 世纪的现代人来说，弄堂是一种既落后又不舒适的生活形态，终究是要淘汰的。同样，香港水警总部迁离了尖沙咀，则当代人可以赋予这些旧建筑一种新的使用方式，为社会和当代服务。作者建议以更理性的态度、更切合实际的方法来推动文物建筑保护，并使其在当代社会生活中持续发挥作用。

绿色建筑

1990 年代，可持续发展和绿色建筑的趋势在世界各国被接受，英国率先于 1990 年发展了 BREEAM（Building Research Establishment Environmental Assessment Method）的环境评价指标；而美国发展起 LEED（Leadership in Energy and Environmental Design）指标；中国采用 GBL（China Green Building Label）。香港则在 2000 年前后发展出 HK-BEAM（Hong Kong Building Environmental Assessment Method Plus），后称 BEAM Plus。这些指标既有国际共通的地方，也考虑了本地的特殊情况。香港在环境评价中也有许多采用了美国的 LEED 标准。而环保建筑评价本身也成为一门生意，由专门的协会组织、收费和颁发证书。香港的建筑师、工程师、测量师等于 2008 年组成了环保建筑专业议会（Professional Green Building Council），协调环保建筑的评奖和组织工作。议会成立至今，对香港的 300 多个项目进行评核，

包括商业建筑、政府 / 机构、旅馆、工业和住宅类型。从 2010 至 2014 年，对 185 个项目进行评核，半数以上是住宅。在这些项目中，35 项获铂金级，44 项金级，29 项银级，30 项铜级，47 项不予评级。[14]

2000 年，嘉道理生物科学大楼在香港大学校园内落成。建筑的基地是斜坡和山谷，如果按照"有机生长"的做法，这幢建筑匍匐在山坡上，实验室通风会有问题。设计者将这座 10 层高的大楼由 8 组、每组 4 支倒金字塔形、高 10 米的支柱高高架起。大楼平面形状约为 30×60 米，在对称的钢质弧形屋顶之下，是大楼的核心部分——拥有高科技含量的实验室。开放式钢楼梯突出在建筑主体外，既不干扰使用空间的整体性，又是立面的主要造型手法。（图 10.12）

大楼东、西立面采用双层皮设计，在石英模板及玻璃窗组成的外墙之外，相隔一米，又装了玻璃立面，局部用磨砂玻璃使阳光不能直接射入屋内。两层中间的空间有效地为室内作缓冲，热空气自然地往屋顶走。一些大楼设备放置在两层皮之间的网格板上，加强了室内灵活性。大楼顶部设有太阳能板，为大楼提供部分能源。在屋顶设置了一个温室，种植植物，利用阳光进行室内的绿化。大楼的灵活性、开放性符合当代设计的趋势，而双层外墙和屋顶温室、太阳能板等更给它贴上 21 世纪初的"绿色"标签。嘉道理生物科学大楼是"绿色建筑"流行初期的优秀建筑，由利安建筑顾问有限公司承担建筑设计，奥雅纳做结构设计，耗资四亿港币。该设计在香港和海外屡次获奖。[15]

香港大学生物科学大楼的利安顾问公司设计小组，同时期和英国的 Integer 公司合作，在香港金钟添马舰的空地，设计"Integer- In 的家"绿色示范建筑。这座张拉膜结构的临时建筑采用自然通风，展厅中展出高楼理想通风的模型，同时有智能家居的陈列。英国 Integer 公司以设计环保建筑为目标，在香港的展览，推动了本地的绿色建筑意识和活动。"In 的家"2001 年在香港展览后拆除，之后在北京重建。

香港的绿色建筑，较先出现在政府建筑中，如 2005 年落成的机电工程署大楼，由九龙湾原启德机场空运二号货站大楼改建而成。大楼楼高 8 层，其中 7 层为加建部分，而旧建筑结构中不适用部分的外墙则被拆掉。大楼地下至 5 层为工场，6 至 7 层为办公室。旧空运货站之汽车回旋道予以保留，正好为多层汽车工场车辆流通之用。地下新建的入口大堂特设置一个展览厅，一楼则兴建了一个设备完善的数据中心。（图 10.13）

大楼 6 至 7 层办公室的外墙配备回风装置的双层玻璃幕墙，1 至 5 层工场的外墙装置了铝合金的挡阳板及排孔板，这些新装置使新外墙主立面层次丰富，流线感较强。拆掉了原有部分外墙，可促进工场的空气流通，起到降温作用。大楼采取了一系列环保设计，包括在周边及天台均安装了全香港最大、逾 2 300 块最高产电量可达 350 千瓦的太阳能发电板，办公室楼面采用有隔热及隔声功能的双层玻璃，另外还采用了太阳采光导管、废水回收循环再用系统等。此项目曾获香港

a

图 10.12 / 香港大学嘉道理生物科学大楼，2000 年。a / 从山谷升起的建筑；b / 剖面；c / 屋顶；d / 两层表皮之间；e / 楼梯

b

c

d

e

a

b

c

图 **10.13** ／机电工程署大楼（EMSD）总部，2005 年。**a** ／模型；
b ／低层屋顶花园；**c** ／天窗上安装的太阳能板

建筑师学会 2004 年年奖的优异奖等奖项。

　　审计署于 2008 年 11 月 16 日发表衡功量值报告书，指出机电署总部大楼自启用以来，每年耗电 1 167 万至 1 238 万度，较之前增加 35% 至 43%，电费支出增加 20% 至 26%，最高达 1026 万港元。然而，大楼楼面面积较该署迁入前的办公室总面积少 1.5%，故审计署认为机电工程署需采取措施减少用电。机电署则响应称，由于新大楼提供更多新设施，如企业管理数据中心、能源效益及安全教育径等，而且大楼通道宽阔及楼底较高，令用电量增加。[16]

　　香港推行的环保建筑标准和实践，和中国内地互为影响，两地的交流频繁。21 世纪后，北京清华大学在校园内设计绿色示范建筑，为建筑科学和设备专业的研习和办公所用，并测试各种环保设施。上海建筑科学研究院也在闵行院内设立绿色示范办公建筑和居住建筑，让各地的专业人士参观并研讨绿色建筑的做法。香港在这方面一直跃跃欲试。政府拨出九龙湾原建造业训练局的地皮，由建造业议会和发展局合作，吕元祥建筑设计事务所设计，金门建筑施工，2012 年建成"零碳天地"（CIC Zero Carbon Building），供团体和个人参观了解环保建筑的科普知识。这座建筑占地 14 700 平方米，耗资 2.4 亿港元。[17]

　　零碳天地建筑高两层，从两层高坡向一层，低处由棚架斜向地面，让地面的攀藤植物爬上构件。倾斜面上安装太阳能光电板，平面和圆柱筒形（360 度吸收日光），光电板产生 30% 的所需能源，生物柴油生产其余 70% 的能源，两者

都是再生的概念。室内皆为开放空间，采用了高流量低转速的吊扇，及能够根据室内外温度、湿度及光线而自动调节的智能管理系统等。楼下部分用于办公，多数展示各种环保设备和做法；楼上用于展示智能家居。建筑设计尽量使用流行的"绿色设计"语言，如高空间、半开放公共空间风塔、外墙面木条等。大楼外的基地上，广种本地原生植物，配以优美景观设计，摆放建筑工人的玩偶雕塑。这个低矮建筑和花园，成了周边东九龙新兴高楼特别是 MegaBox 高层商场的前庭。（图 10.14）

　　零碳建筑建造昂贵，如果计算材料的全生命周期，它的起始消耗大于普通建筑，开业数年来，从未达到真正的"零碳"。目前的"绿色建筑"，以贴标签式和做加法的方式，多数使用了更多的材料和能源，评价体系则以单项加分的方式，很少考虑到建筑的全寿命和整体能源效益。所以总体来说，香港和大陆的"绿色建筑"还停留在肤浅的起始阶段。本书未将"绿色建筑"单独成章，而将其与保护、活化旧建筑归在一起，正是出于笔者此一观察和认识。

a

b

图 10.14 / 零碳天地，2012 年。a / 零碳天地位于原建造业训练基地，现为主题公园；b / 室内；c / 剖面

c

注释

1　关于香港填海的面积，参维基百科"香港填海工程"，http://zh.wikipedia.org/wiki/%E9%A6%99%E6%B8%AF%E5%A1%A1%B%E6%B5%B7%E5%B7%A5%E7%A8%8B，2013 年 12 月 5 日获取。

2　关于保留中环天星码头事件，见维基百科，http://zh.wikipedia.org/wiki/%E4%BF%9D%E7%95%99%E8%88%8A%E4%B8%AD%E7%92%B0%E5%A4%A9%E6%98%9F%E7%A2%BC%E9%A0%AD%E4%BA%8B%E4%BB%B6，2013 年 12 月 5 日获取。

3　皇后码头拆除事件，见《明报》《南华早报》，2007 年 7 月 30 日至 8 月 1 日。

4　何培斌、何心怡：《集体记忆的建构：建筑中的记忆、记忆中的建筑》，郑培凯、李璘主编：《文化遗产与集体记忆》，广西师范大学出版社，2014：pp.55-70。

5　文物建筑分级定义和名单，见香港政府古物古迹办事处网页 http://sc.lcsd.gov.hk/gb/www.amo.gov.hk/b5/monuments.php。香港古物咨询委员会由政府任命社会人士组成，文物建筑评级和古迹确定由古物咨询委员会讨论并投票产生。具体执行政策的是古物古迹办事处。投票选出的文物建筑并非没有争议。2007 年，在香港中环天星码头被拆除后，民间保卫人士移师中环皇后码头，古物咨询委员会召开紧急会议，将皇后码头定为一级文物建筑，引起社会强烈争议。皇后码头在 2007 年 8 月被拆除，以为中环交通让道。参考香港《明报》《星岛日报》等，2007 年 3 月 25 至 27 日，7 月 28 日至 8 月 2 日。

6　关于尖沙咀的描述，部分参考了郑宝鸿、佟宝铭编著《九龙街道百年》，三联书店（香港）有限公司，2000。

7　关于中山纪念馆的描述，参考了薛求理《中山纪念馆的意义》，香港《文汇报》，2007 年 2 月 13 日。

8　关于雷生春的描述，部分参考了香港政府古物古迹办事处网页 http://sc.lcsd.gov.hk/gb/www.amo.gov.hk/textmode/b5/built_reuse1.php.

9　参考了浸会大学雷生春堂的网页 http://scm.hkbu.edu.hk/lsc/tc/index.html，2014 年 7 月 22 日获取。

10　请参考 Alain Le Pichon, *Béthanie & Nazareth: French secrets from a British colony*, The Hong Kong Academy for Performing Arts, Hong Kong, 2006.

11　关于石硖尾公屋的描述，参考了薛求理《乌托邦的最后一天》，香港《文汇报》，2006 年 10 月 28 日。

12　参考了美荷楼青年旅舍的网页 http://www.yha.org.hk/chi/meihohouse/index.php，2014 年 7 月 22 日获取。

13　参考薛求理：《历史建筑保护和再利用：香港近年案例分析》，香港城市大学建筑科技学部：《香港——国际大都市的建设与管理》，同济大学出版社，2011. pp.41-60。

14　关于香港绿色建筑的评价，请参考 https://www.hkgbc.org.hk/eng/BEAMPlusStatistics.aspx.

15　有关香港大学嘉道理生命科学大楼的信息，参考 http://civcal.media.hku.hk/biosci/introduction/default.htm，2014 年 7 月 22 日获取

16　参考《审计署署长第五十一号报告书》第 5 章 http://www.aud.gov.hk/pdf_c/coer08_c.pdf，2014 年 7 月 22 日获取。

17　请参零碳天地网页，http://zcb.hkcic.org/Chi/index.aspx?langType=1028，2014 年 7 月 22 日获取。

第 11 章

追求卓越——走向公民建筑

1997 年是香港历史的分水岭。多少年的焦虑和期盼，在 1997 年 6 月 30 日的晚上随疾雨而去。本着"一国两制"、"五十年不变"的愿望，建筑活动如常进行，香港建筑师学会还曾举行回归纪念碑的学生设计竞赛。全球化的呼声在 1990 年代初响彻世界，而全球化的建筑在香港方兴未艾，在公共建筑方面，开始出现了显著变化。

中央图书馆和设计竞赛

香港这座城市长久以来都缺少一个中央图书馆。在市民的千呼万唤下，1997 年建筑署推出香港中央图书馆的设计，但在立法会申请拨款时，此一设计引起议事厅内和之后社会上的纷纷议论，认为无法体现香港的形象。[1] 后来主事单位请严迅奇先生重新设计一个方案，又因为造价高昂而搁置。原先那个受到争议的政府方案，最后还是上马。中央图书馆于 2001 年在铜锣湾建成，高 12 层，总面积 33 800 平方米，是香港公共图书馆中最大的一个，有九个国际组织指定其为特定藏书库。图书馆的设计用了很多象征手法，按照其网站上的解释，入口拱门代表了知识之门，天圆地方，三角形则是知识的积累；做了智能化设计，抬高的地板下铺设电源和通讯管道。图书馆位于铜锣湾，便于市民到达，大量的藏书和阅览空间丰富了市民的生活。

建筑设计上，中央图书馆用了新古典形式，意欲达到纪念性。但设计者过分拼贴旧有符号，反而显得有些滑稽；立面的过度设计，也有浪费材料之嫌。尖沙咀文化中心的设计，已经遭垢病多年，中央图书馆再次暴露了由政府建筑师包办公共建筑设计的弊端。有鉴于此，政府在 21 世纪引入公共建筑设计的公开竞赛机制。（图 11.1）

1998 年，北京举行国家大剧院的国际设计竞赛，三轮竞赛直至最后的结果，在国内外引发

图 11.1 / 中央图书馆，2001 年。

广泛的争议。姑不论最后的建筑成果，单是一个曾经封闭的国度现在在国际上征集首都的象征性建筑设计，这种大胆开放的举措，对香港无疑是一种鞭策。

2000 年，香港房屋署和建筑师学会先就沙田水泉澳公屋在全港范围举行公开设计竞赛，反应热烈。[2] 1997 年后新特区政府上台，特首在施政报告中提出关心青少年服务的问题，建议在原本柴湾社区中心的用地上，斥资九亿港币建设青年发展中心。2000 年 6 月，民政事务局和建筑师学会联合举办设计竞赛，收到 60 多个应征方案。经过两轮竞赛，选出黄德明、谢锦荣、朱国勇和曾永璋团队的设计为建造方案。2001 年开始动工，2003 年因经济低迷停工，2005 年继续开工，2010 年对外开放。

这个设计将底下的数层开放，作缓坡、半露天剧场和 Y 剧场，融入柴湾的天桥路网，支架撑起楼上的十几层。一翼为青年旅馆，另一翼为活动室，顶上数层为自带天井花园的旅馆。设计将许多贯通上下层的楼梯暴露在外立面上，裹以玻璃，向阳的玻璃涂以白色漆条。活动室、图书室都是大空间，楼梯、电梯的穿插，使其类似购物商场，室内装饰新颖活泼，适合青年特点。但柴湾地理位置稍偏，青年中心由政府拥有，委托新世界公司管理，许多出租店铺都迟迟未能租出。(图 11.2)

1970 年代，随着人口增加，政府在需要的地区建设标准校园，到处一样的教室、礼堂和室内操场。随着教育制度的改革，这种标准设计不断受到质疑。2002 年，教育局为将军澳播道书院举行设计竞赛。该校将小学和中学放置一起，学生在这里可以度过 12 年的学习生涯；学校也不对学习成绩进行排名，鼓励平等学习机会。朱海山、柳景康、卢仕佳三名青年建筑师设计了 Z 形的平面，包含许多户外的半开放空间。中学和小学各有自己的操场，许多房间都可灵活打通。此一设计鼓励学生的自由成长，又为学校设计提供了新的探索。（图 11.3）

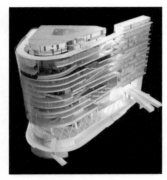

图 11.2 / 柴湾青年中心，2010 年。**a** / 模型；**b** / 沿着外墙的开放楼梯；**c** / 立面；**d** / 高层上的旅馆；**e** / 图书馆；**f** / 从 MTR 到青年中心

图 11.3 ／将军澳播道书院，2006 年。楼梯和平台成了空间的主角。

西九龙文化区

接着，自 1996 年起酝酿的香港西九龙文化区开锣。西九龙文化区面对维港，用地面积 42 公顷，只及上海世博园面积的 1/12，但在香港却是闹市中心难得的一块大面积用地。2001 年 4 月，香港首次就公共建筑举行国际概念设计竞赛，在海内外征集到 140 多个设计，选出五名优胜者。英国诺曼·福斯特事务所获得第一名，方案中在建筑和公共空间之上加装天幕的做法获得主政者的青睐。

政府在有了些"概念"之后，于 2003 年 9 月公布西九龙文化艺术发展区发展建议邀请书，对象是在发展、销售及管理大型混合用途物业发展方面具有经验的公司，参加者需要注资 300 亿港币。2004 年 6 月，政府收到五份建议书；11 月，政府公布了三个入围建议书，按投标要求，都有天篷顶盖。2004 年 12 月中旬到 2005 年 3 月 31 日，政府在中环和尖沙咀展览入围方案，展开为期 15 个星期的公众咨询。这些财团由香港的大地产商组成，他们带来建筑师、工程师和各种专业顾问，每个设计都花费千万元制作模型、展厅、灯光和各种宣传资料。咨询问卷长如厕纸，一般公众对这些问题都摸不着头脑；而财团又把他们属下公司的员工整车运来，"参观"展览，填写问卷。（图 11.4）

但由单一财团中标的方式又引起社会争议——财团投入文娱的资金，最后要通过住宅和物业发展来收回，有利益输送之嫌。另外，财团是否有足够的经验来管理这些文娱设施呢？在社会舆论压力下，2006 年底，政府宣布放弃单一财团招标。十年来政府、财团和公众的努力和几亿耗资，统统付诸流水。2007 年 9 月，西九龙文化艺术发展计划经重新规划后上马，2008 年政府成立公营的西九龙文化区管理局，向立法会申请一笔总额 216 亿港元的拨款，以自负盈亏的方式运作。2009 年，举行了第一阶段的公众咨询，并邀请设计师表达意向。三家公司的规划作品，从 2010 年 8 月 20 日起进行为期三个月的公开展览。

福斯特爵士 1979 年就来到香港，设计了汇丰银行及香港机场，他的设计注重环境和技术，有目共睹。福斯特公司以"城市中的公园"为主题，在西九的突出部位设置了大片公园。福斯特在 2002 年和 2004 年的方案中，突出的是龙形天蓬；这次天蓬消失，代之以大片绿地公园。他的设计，使得西九显得庄重典雅。（图 11.5）

许李严事务所（主设计师严迅奇）的设计特别注重人流和车流等各种交通的处理，在现有联合广场处建筑紧凑，逐渐向海港处放松，以打通城市到西九及西九各处的"经脉"。将市集、石板街等本地元素融入场地，沿海设有"艺排"，这和香港沿海的"鱼排"相似。（图 11.6）

OMA（主设计师库哈斯）设计的北京中央电视台为人熟知。他的设计以交通空间为主要线索，不断打破人们对于"建筑"的观念。西九规划中，OMA 设计了"东艺"、"西演"和"中城墟"三个部分："东艺"部分的井字格建筑，有冲击力，

a

b

c

图 11.4 / 西九龙文化区方案，2004 至 2005 年。a、b / 入围的总平面方案；c / 太古地产的方案未入围，在自己的商场中进行了"海港愿景"的展览。该设计由盖里（Frank Gehry）事务所主导

是中央电视台大楼的香港版；"中城墟"略嫌拥挤；"西演"一般。这个设计的神来之笔，是在海上设置了悬索桥，连接佐敦道和柯士甸道。虽然任务书中并无这一内容，但这个环桥的设计不仅大大加强了这一区域和九龙的联系，而且有庆典效果。（图 11.7）

三个方案在西九的内部交通以及对外连接交通方面均作了考虑，以行人便捷为优先，同时考虑了单车径。但参赛作品的质量和人们的期待相比，仍有距离。三家参赛公司各获得 5 000 万港元的设计费，而同规模的设计竞赛，在大陆最多只有几十万的补偿费，一样吸引大牌公司参加。[3] 西九龙文化区的规划，最后宣布福斯特公司方案胜出，2011 年再度公开展览。区域的西南角是大片公园，演艺展览场馆接近广东道，园区内的大量车辆交通，都转移至地下，地下车道、停车场也因此增加污染和排风问题。园区内包含 14 座场馆建筑，2013 年，头两座建筑的设计揭晓，加拿大温哥华的谭秉荣（Bing Thom）事务所和香港吕元祥事务所合作方案获得戏曲中心的设计，瑞士赫尔佐格和德默隆事务所联同香港 TFP Farrells 和香港奥雅纳公司的设计获得 M+ 博物馆的设计。西九龙尚未开发，西九管理局公营机构的庞大班子却早在 2008 年已开始运作。政府出手向来"阔绰"，到了 2013 年，基础工程还未开始，西九龙的造价已经估计将倍增至 470 亿港元。[4]（图 11.9，图 11.10）

图 **11.5** ／ 福斯特事务所方案，2010 年。

图 **11.6** ／ 许李严事务所方案，2010 年。

图 **11.7** ／ OMA 方案，2010 年。

图 **11.8** ／ 福斯特事务所的西
九龙文化区总方案最终胜出，
2011 年。

图 11.9 ／ M+ 博物馆，赫尔佐格和德默隆事务所赢得了设计竞赛，2012 年。

图 11.10 ／西九龙文化区
的施工场地，2015 年 1 月。

校园建筑

2001 年西九龙的国际竞赛，开了香港面对国际招揽优秀方案的先例。就在西九龙的演艺场馆落成之前，香港的校园建筑已经让外国建筑师抢了头筹。城市大学的创意媒体学院大楼由美国的李伯斯金（Studio Daniel Libeskind）设计，2011 年建成；知专设计学院的大楼由法国的 CAAU（Coldéfy & Associes Architectes Urbanistes）设计，2010 年建成；理工大学的设计学院创新大楼由扎哈·哈迪德设计，2013 年建成；私立珠海学院的大楼，由 OMA 设计，将在 2015 年建成。这些项目都是通过设计竞赛选出，它们不循俗套，开创了教学建筑的新形态。

香港城市大学创意媒体学院（School of Creative Media）成立于 1998 年，在媒体艺术和创作、文化研究、新科技应用等方面为香港创意媒体工业培养人才。学院创立之初，使用校园大楼中由低层停车场改建而成的办公和教学空间，并不能满足创意媒体专业的需求。20 世纪末，特区政府在香港城市大学校园附近的歌和老街北侧拨地供城大建设学生宿舍，宿舍区旁边便是媒体创新中心的用地。正因为如此，这座建筑相对独立于城市大学几座主要的教学建筑，与城大主校园相距 500 多米山坡路。（图 11.11，图 11.12）

2002 年 6 月 27 日，香港城市大学宣布将针对校园发展举办一座全新创意媒体大楼的设计竞赛，邀请了当地和海外著名建筑公司，

a

图 11.11 / 香港城市大学创意媒体学院，2011 年。a / 楼梯；b / 大堂；c / 体量的交织；d / 建筑设计教室；e / 剖面

b

c

d

e

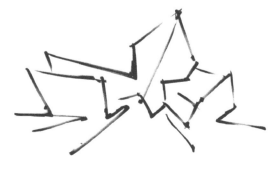

图 11.12 / 香港城市大学创意媒体学院设计草图。

入围的候选名单包括英国的大卫·奇普菲尔德事务所（David Chipperfield Architect）、迈克尔·威尔福德事务所（Michael Wilford and Associates），荷兰的 OMA，美国的李伯斯金工作室，以及香港的许李严建筑师事务所有限公司。2004 年 10 月 8 日，城市大学宣布丹尼尔·李伯斯金工作室获得竞赛冠军；创意媒体大楼 2008 年动工，2011 年秋天完成建设投入运营，为创意媒体学院、英语系（传媒专业）及建筑学专业提供教室、工作室和办公室。

城市大学希望通过建设创意媒体中心，使整个学院在快速发展的香港媒体工业中扮演不可或缺的角色，创意媒体中心的设计和使用应当能够吸引公众的关注和兴趣，提高学院的知名度和效率，从培养人才到学术研究各方面全面增强整个学院的创新力和竞争力。[5] 李伯斯金在全面考量校方意见后提出了自己的见解和方案，他指出："我希望（创意媒体中心的）设计可以体现出香港发展最迅速的大学的媒体学院所具有的野心和活力，同时希望这座校园建筑可以成为一个标志……创意媒体中心的内部空间试图鼓励多种活动、不同需求和各种学习之间的互动。"[6]

创意媒体中心坐落在山景的掩映中，周围多为高层住宅，它庞大的体量和奇特的造型使其完全从环境中凸显出来。紧张与冲突，可能是这座建筑物给人的第一印象。并不仅仅是因为媒体创意中心与周边环境对比之间产生的张力，更是由于这座建筑自身的戏剧性冲突：它如同一块锋利的被劈凿过的白色巨石，庞大的体量与黑色带型长窗组合在一起，给人们带来感官冲击。创意媒体中心的体量由两个相互插入的体块构成，由于出现大量倾斜的墙壁，产生了意想不到的空间体验，但同时也产生了许多不规则的空间和难以利用的角落，降低了建筑物的舒适度和实用性。

创意媒体中心地势较高，可以俯视南边的九龙半岛和维港，具有非常良好的景观资源，可是设计师却忽略了这一优势。斜向带型长窗是李伯斯金的标志性手法，虽然醒目却过分拘泥于形式，对室内外的沟通产生限制。在我们的调查中，许多师生对无法欣赏海景感到遗憾；同时带型长窗的设计太窄，影响了室内采光，大部分教室和办公室都需要人工照明才能满足需求，长期呆在封闭的环境中容易让人感觉厌倦。部分设计教室的长宽比设计不够合理，浪费大量宝贵空间。

被称为"脊柱"的主楼梯上设计了大面积楼梯平台，可以为学生提供更多灵活的展览与活动空间。这些楼梯平台每层形态都不相同，由实心平板围栏进行限定，不仅作为交通平台使用，也可以用于集会、展览和活动。在我们对 85 名学生的调查中，74% 的学生指出他们频繁或较频繁地使用这些平台空间。[7]

香港理工大学设计学院建立于 1960 年代，目前提供设计学士及相关深造课程。2007 年至 2008 年，针对教学空间不足的状况，校方决定建设一座新教学大楼进行缓解，同时期待这座新教学大楼可以提供先进的设施，来维持并促进其设计学院在亚洲乃至世界的领先地位，为香港创意工业做出贡献。[8]

2007 年，一支由 11 名成员组成的设计学院新大楼评选小组成立，其中包括两名来自香港理工大学校方的代表，其余成员为包括日本著名建筑师桢文彦在内的本地及外地建筑师。2007 年 4 月，十位建筑师及其团队的作品初步入围，然后经过选举小组甄选出五个最终入围作品，分别来自德国的索布鲁赫·胡顿（Sauerbruch Hutton）事务所、英国的扎哈·哈迪德事务所、荷兰的 UN Studio、日本的 SANAA 与香港的许李严建筑师事务所有限公司。同年 8 月 31 日至 9 月 13 日，理工大学就上述五个设计方案举办了面向公众的展览和讨论会。根据政府要求，理工大学使用"双信封制"的招标方法，从技术和预算两个方面对入围的设计方案进行考量。最终，扎哈·哈迪德事务所的方案获得最高综合分数而胜出。[9]

校方期望这座创新楼能够提供一种具有革新力的高科技学习和研究环境，为促进师生交流提供足够的空间，同时吸引大学不同学系以及其他院校的合作，为香港创意产业提供发展和聚焦的平台。因此，这座建筑物应当能够为学生和教师提供一种富有创造力和高度灵活性的环境，消融多种学科的边界，促进研究发展。在对理工大学这种意愿的理解上，扎哈·哈迪德事务所提供了一个融合了传统塔楼和平台的方案，设计师在说明中指出："这个建筑物不仅建立起了一种对未来发展的愿景，同时向这座学校的悠久传统致敬。这所大学多种多样的课程以及不同项目的内在关系，为这座教学大楼的设计提供了一项指导准则，即'多边的灵活性'，进而统领着整座建筑物的内在逻辑。"[10]

香港理工大学的地理位置邻近九龙地区的交通枢纽，用地紧张。创新楼坐落在校园北边一块不规则的狭长用地上，即使是身处校园外通向港铁站的天桥上，也可以看到红砖建筑掩映下白色的创新楼鲜明而独特的外立面片段。它撕裂了原本略显保守、组织严密的校园环境，带来了流动性和活力。扎哈·哈迪德事务所的设计说明指出，创新楼的设计尊重了原有理工大学校园以塔楼和平台组织空间的布局，这座教学建筑从景观效果、表皮形态及逐层变化的楼层平面，都带给人们一种液态流动的印象，建筑物本身如同一座雕塑。

在我们对创新楼外观满意度的调研中，79%的学生表示喜爱创新楼的外观设计；89% 的学生认为创新楼的设计富有创意；在被问及是否认为创新楼具有本地特色时，46% 的学生表示否定；50% 的学生认为这座建筑物与周围环境不能和谐相处。可见，设计师对校园原本语境的理解方式并没有得到使用者的理解和认同。[11]

调查结果显示，在创新楼内每周停留超过 40 小时的设计系学生约占总数的 41%，频繁使用使学生们对于安全、效率和舒适度有较深层次的理解。参与调查的设计系学生共 70 人，其中环境设计相关专业学生约占 30%，其余为平面、媒体、交互设计等专业的学生。

创新楼的室外平台层不仅为校园提供了一个开放的公共空间，与校园广场有机融合，同时与位于主入口内部的无柱通高空间有机地发生关系，使室内外空间成为一个整体。这种"平台—

建筑主体"的结构进一步延续了扎哈惯用的地景建筑手法，使平台和坡道的设计融合了交通空间和活动空间。在对创新楼平台的使用调研中，只有30%的学生认为自己经常使用室外平台组织活动。根据笔者的观察，缺乏景观与遮蔽物的室外平台利用率较低，更多地被当作交通空间来使用。

创新楼是一座集教学、展览、讲座、研究、会议与工作坊等活动为一体的多功能建筑。G层和一层布置有各种设计加工的工坊和展览用的大空间；从校园广场通过室外坡道和平台即可进入布置有长扶梯和大量展示空间的入口层（三层）；四层和五层分布着演讲厅、图书馆和各种会议室；从6层开始到11层，每层都由不同专业的设计工作室统领。整体平面划分可以概括为双中心，即平面可划分为两个大小不同、形状不规则的空间，较大的部分为学生的各种活动提供空间，另一部分用以布置办公室等辅助功能。这两部分空间各包含一个交通核，通过楼梯和走廊咬合在一起。这种双中心的分区设计有助于提高教学空间的使用效率，缩短了交通流线，同时提高了空间的导向性。在调研中，有63%的学生认为在创新楼中比较容易找到他们要去的地点。（图11.13）

扎哈·哈迪德经常在她的建筑中创造出具有速度感和方向性的"线"，这也是一种可以作为她个人签名的标志性手法。在这个建筑中我们也可以观察到不同组、不同速度的线的流动方式。首先是通过天花板上设计成连续带状的照明，将空间的流动方向清楚地阐释出来。而天花板上不同板块的细微高差和通风设备层的交叠，又强化了这种线型，增强了方向的指引性。天花板的照明线路与地面路径的关系则有映射、对比也有统一，通过这种连续性的元素帮助人们建立方向感。第二种线性的表现是存在于不同高差之间的。扎哈设计了大量楼梯和坡道，坡道和楼梯的围护装置都使用了刻意叠加的板材，交织成多组不同厚度、不同斜率、不同扭转角度的线的集合体，人的运动就消解在这种线性空间组成的交织路径中。

创新楼空间设计的灵活性不仅表现在各种复杂功能的有机融合上，还体现了一种对消融边界的追求。室内的界限通过大量玻璃隔断来进行消解，因此工作室与公共空间之间、工作室与设备用房之间的界限非常模糊，构成了一体化的教学、设计和交流空间。不同年级的设计工作室之间有门互相连通，促进学生之间的互动。在调查的过程中，我们经常能观察到学生在不同工作室之间穿梭、交谈、学习的场景。

每个教室／工作室的面积都很开阔，符合设计系的教学特点，在寸土寸金的香港尤为难得。玻璃幕墙与走廊部分还设计有专门的展示和交流空间，供学生自由发挥。对于校园建筑来说，过去那种注重效率和秩序的空间设计已经不能满足当下这个体验经济时代的需求，建筑师应当为不同的活动和场景设计出一种充满戏剧性和活力的空间序列，以便更加专注于人们的行为和活动，增强空间的体验性。

a

b

图 **11.13** ／香港理工大学创新楼。**a** ／两核心体间的中庭；**b** ／校园中的创新楼；**c** ／底层；**d** ／设计专业教室；**e** ／平面；**f** ／设计构思

c

d

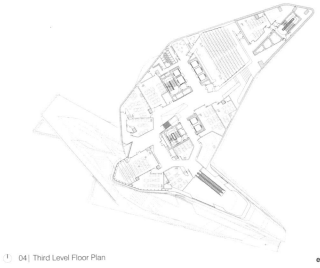

04 | Third Level Floor Plan

e

f

香港知专设计学院由职业训练局运营，旨在通过高水准的设计教育、全面的知识传述以及向国际业界输送专业人才，打造知名的设计院校。学院融合了设计相关的科目，使得集中资源与技能更加容易。校园位于调景岭的填海区，意图创造开放的学习环境，以激发互动的学习氛围。香港知专设计学院自 2006 年至 2007 年开展设计竞赛，委员会收到了来自 23 个国家的 162 个入围作品，其中不乏一些明星建筑师例如妹岛和世、古谷诚章、扎哈·哈迪德等，他们的作品表达了设计者们不同角度的设想。最终法国 CAAU 公司赢得了比赛并得以投建。评委成员包括美国建筑师理查德·迈耶（Richard Meier）、香港大学的卢霖教授、同济大学的郑时龄教授等。[12]（图 11.14）

获奖方案的主题是"一张白纸"，它透过建筑媒体表达了每一位设计师的共同理念。这张"白纸"在空中联系院校其他用作教学用途的大楼，展示出跨部门协作的特点。强而简洁的设计主调，为建筑物底层提供了大量的活动空间。方案表达了一个永恒的主题：公共广场、教学大楼及供各学院间合作的空中平台。三个部分被玻璃围绕，突出"空中之城"的感觉，既充满诗意，亦展现一个充满创意的环境。评委对此设计评价道："这个建筑最大限度地提供了开放与渗透的环境，以便与城市网格进行连接与互动。"[13]与其他入围方案相比，CAAU 思路清晰，功能排布明了，对空间和体量的处理也很干练。

经过设计竞赛和高效建设，香港知专设计学院于 2010 年投入使用，比城大创意媒体大楼早一年。在底层裙楼中，展览厅、视听室、餐厅、咖啡厅以及高层露台的半开放空间都被频繁使用，被学生们用来举行多种多样的社会活动，偶尔也会被附近的居民及路过的人们使用。裙楼的游泳池于每周特定的天数向大众开放。四座塔楼包含了学院及办公室，七楼为图书馆，八楼为工作室，九楼为屋顶花园，从这里可以俯视海景、将军澳地区以及享受夏日的清风。整座大楼结构逻辑连贯，设计语言清晰。

我们对知专学院的使用者进行调查，[14]学生们普遍表示校园"很大很新"，"外观很不错但用起来不太方便"，还有"中央的大电梯太高了，乘起来感觉不是很安全"，只有 30% 的学生表示校园环境让人感到安全。笔者调研期间，多位教师抱怨教室的比例和尺度不太适合讲课。八楼有一根斜柱插在走廊的中间，让使用者们最为不满。建筑给人的第一印象是有大量的开放空间。根据笔者的计算，建筑占地大约 70%，而底层建筑大约占地 18%，容积率仅为 2.5，部分教室不得不迁往观塘的校区。

2007 年，政府在征集历史建筑活化伙伴时，将 1960 年建的北九龙裁判所（巴马丹拿设计，2005 年关闭，被评为古迹）判给了美国萨瓦纳艺术和设计学院（Savannah College of Arts and Design）在香港开设分校，由美国事务所里奥·德理（Leo Daly）改建设计，内部整饰，未做大的动作。此项目给香港的新校园设计增添了一种新的类型。

a

b

c

图 **11.14** ／香港知专设计学院，2010 年。**a** ／漂浮的"白纸"；**b** ／中庭；**c** ／底层；**d** ／屋顶花园；**e** ／剖面

d

e

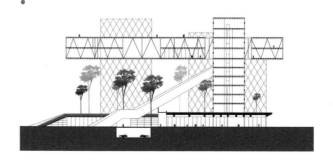

在我们的调查中，大多数学生都知道这些建筑是外国建筑师或名家设计，这有助于他们对建筑的理解、使用、欣赏以及建立学习的信心。功能有所牺牲，但学校更着重的是当今时代下品牌的发展。这些建筑均是在当地项目建筑师的帮助下建造完成的：CMC 与利安（Leigh & Orange）合作，HKDI 与巴马丹拿合作，理工大学创意楼的本地建筑师是 AGC。建筑建成后，当地建筑师和专家都频繁到访，还举办过一些讨论全球建筑师和当代实践的论坛。我们拜访了一些建筑师并记录了他们的回答。总体上看，年轻的建筑师更欣赏这些建筑，认为它们为城市带来了新鲜的视野。他们相信这两个项目让香港目睹了国际一流建筑师的风采，增加了本地的多样性，如此开阔视野的建筑活动也改变了本地建筑师参与城市建设的方式。

老一代的建筑师觉得这些地标性建筑与香港的真实街景相矛盾。在他们看来，引入更多的明星建筑师和前卫的建筑对城市来说是一种灾难。正在事业上升期的建筑师希望能给本地建筑师更多的机会。本地建筑师意识到客户更愿意出高额引进国际建筑师，以此增加他们项目的价值。同时他们还表达了对明星建筑师采用同一种全球化语言而忽略当地特征的疑虑："当他们以外国人的身份将新事物带入城市时，我们怎么能指望他们对文化像我们一样敏感呢？"[15] 这些全球化建筑与当地建筑实践的关系在本地建筑师中引起热议。

城市土地的新功能

城市在转型和发展过程中，旧有的功能要给新功能让位。1998 年飞机场从启德搬往赤腊角后，九龙城沉寂下来。1998 年推出的启德重建方案，将跑道旁的水沟填平，将九龙湾填去一大块，获得几百公顷土地。但在保卫海港的声浪中，政府最后采纳"零填海"方案。21 世纪，确定了建造体育场、地铁站、公共屋邨的法定图则。而跑道的端头，则作为邮轮码头。码头大楼由福斯特事务所设计，2013 年投入使用。世界各地的民用机场，只有扩建或新建，少有被弃置的。曾经在香港闹市中心的机场，在经过 15 年的蹉跎后，终于逐渐发现了新的用途。和内地开发新镇、旧区改建的速度相比，香港的建设速度慢如蜗牛，但可以尽量充分吸收各方的意见，避免"白象"、"鬼城"现象，也未必是坏事。[16] 港岛金钟以北，原是海军基地。1990 年政府将基地迁往昂船洲，这块地方就一直空置，偶尔租给团体办展览、演唱会、游乐场、盆菜宴或万人茶会等，如 2001 年时，环保团体曾在这里举办"In 的家"节能建筑展览。2002 年，政府确定将政府总部建在此地，包括政府办公楼、立法会和行政长官办公室，建筑面积共 13.6 万平方米，立法会拨款 52 亿港币。2005 年举行招标，为了以较快速度完成，采用 BOT 形式，即由施工单位牵头投标。2007 年春夏，共展出四家联营公司的投标方案，设计者包括许李严、凯达柏涛（Aedas），李伯斯金等。（图 11.15）

金门和协兴联营的公司获得首奖，设计是由许李严事务所严迅奇先生完成的。政府总部面对新的中环海滨绿化公园，所有的方案对此环境都作出响应。严迅奇的方案以"门常开、地常绿"为核心概念，两翼伸出的姿势拥抱海滨的绿化环境，伸出的一翼是圆形的立法会大楼，由于伸出，可以在三面享受海景；另一翼是特首和行政会议办公室，在玻璃盒子里再套悬挑的平台和盒子；

门架则是 40 层高的政府办公楼。这是严先生的惯用手法。草地穿过大楼，一直延伸到后面连接着金钟地铁站的天桥。这个设计比其他方案更加直接了当地和环境拥抱并建立联系。进入 21 世纪后，港岛的建筑高度有不超过山峦天际线 2/3 的要求，所以该方案也将整体设计的高度控制在 130～160 米之间。（图 11.16）

图 11.15 ／金钟政府大楼 BOT 投标，2007 年。这三个方案均未中标。

图 11.16 ／金门和协兴联营的获胜方案按照许李严事务所的方案建造，政府总部于 2011 年完工。

比起内地，香港的建屋速度不快，但政府总部项目 2007 年底确定方案，2011 年底便全部建成，效率惊人。"门常开"的体量，使海风穿透到离水边几百米的街道。黑色的玻璃幕墙和灰色的构架，组成了建筑。双层玻璃外墙，顶上是太阳能光电板，皆是 21 世纪建筑技术的体现。1950 年代的"政府山"，为 300 万人的社会服务，要的是机器般的效率；50 多年后的政府总部，要为更加多元和民主的社会服务。以往几十年里，立法会设在古典复兴的原高等法院建筑，那毕竟属于过去的时代，新的政府总部和立法会应该是开放、透明、现代、先进、环保的。政府总部前的草地，不仅让人们可以在稍高的坡上眺望维港，在公园嬉戏游览，还经常给示威集会提供宽敞的场地，政府官员和群众团体都在学着如何使用这里的空间，它是公民社会的象征。

　　建于添马舰的政府总部是房屋建造十分正统的一个例子。在这个"国际都市"中，也存在一些非正规的"飞地"，如港英政府曾经无法插足的九龙寨城，1992 年被彻底清除；建于 1960 年的尖沙咀重庆大厦，17 层高的楼房里被隔成数百间小型"宾馆"、印度咖喱饭店和钟表商店，是各国背包客暂住和非法交易的场所。庙街和女人街，在白天和晚上呈现着不同的面貌。到了周末，天桥街边，满是休息聚会的海外家庭佣工。政治争拗引起的抗议和"占领"行动，经常改变着街道的空间。这些临时和非正规的空间，频频登上海外媒体，也给城市设计和政治经济学带来了新的课题。

a

b

c

图 11.17 ／非正规空间 。**a** ／周末汇丰银行的底层；**b** ／天桥；**c** ／抗议者占领街道

设计"香港制造"

如上所述，只有面向世界征求方案，业主才能获得独特的设计，在这个商业和信息社会，助其进入世界的版图。香港和内地的城市都在朝这个方向努力，中国城市的公共建筑率先成为国际设计的角逐场。[17]

过去 20 多年里，在世界竞争力排名中，香港总是名列第二、三位；[18] 在美国传统基金会和《华尔街日报》经济自由度排名中，香港连续 20 年排名第一；[19] 在国际金融中心的排名中，纽约和伦敦之后，香港稳居第三，[20] 因此，才会有"纽伦港"之说。[21] 除了金融和服务业外，香港的电影和流行音乐，曾经红遍中国内地和东南亚。伦敦和纽约是世界金融中心和文化创意产业重镇，栖居着世界上著名的、倍受敬重的设计事务所和大型工程设计公司，这些公司的设计服务，源源不断地输往世界各地。

和纽约、伦敦的同行相比，以香港为基地的设计公司尚有相当大的差距。1978 年中国内地改革开放，香港的设计力量经过战后 30 年的成长，正当其时。香港的设计，从珠三角登陆，迅速成为广州、上海、南京、北京、大连和东北地区最抢手的"海外设计"，尤其是在中国内地当时需求甚殷的酒店建筑，香港的开发商和建筑师倍受欢迎，他们的作品被当地的人民、官员和专业人士仰慕，如广州的中国大酒店（1986）、上海的城市酒店（1984）、新锦江大酒店（1989）、上海静安希尔顿酒店（1988）、南京的金陵饭店

（1983）等等。香港的土地拍卖制度和综合建筑设计，带挈并深刻影响了内地 1990 年代及其后的房地产和设计业。[22]

当中国内地部分设计公司跃跃欲试向境外发展的时候，香港本土的设计公司从 1980 年代起将设计服务延伸到内地和亚洲其他城市，如台湾各地、越南的胡志明市、印度和中东的城市。香港境外的设计，占了香港建筑设计公司平均业务量的 20%~30%。[23] 这不仅包括像巴马丹拿、利安、王董这样的大公司、何弢这样的大师，也包括像科健国际集团有限公司（James Law Cybertecture）这样的年轻公司。这家 20 余人的公司在 10 年时间内，在迪拜、多哈和印度的孟买设计并建成了多项高层公寓和会展中心建筑，在海外频获奖项。香港的建筑教育、本地实践和政府监管使用英语世界的体系，图纸用英文标注；本地事务所的高层，亦有不少外籍人士。香港的设计业本来就是国际建筑实践的一个部分。

虽然有上述的条件，但香港的设计业东顶到台湾，西止于中东，并没有冲出亚洲。在这方面，远不如日本，甚至不及马来西亚。一个城市能否为其他地方提供设计服务，能够提供多少服务，能够辐射到多远，反映了这个城市的创意工业和人才实力。长期以来，香港寸土寸金，主要开发商重利润轻设计，房屋生产成为追逐利润产出、可售面积的链条，建筑设计只是这个链条上的一环，有创意的设计难以得到鼓励。香港地价昂贵，经济压力沉重，有想法但产值低的公司，更难生存。

图 11.18 ／科健国际集团作品，印度孟买综合办公大厦，2014 年。

在外部世界的眼中，香港是个典型的高密度紧凑城市（compact city）。在各类城市规划和城市设计的学术期刊、会议和论坛上，香港作为实例反复出现。在世界城市人均石油消耗统计上，香港排在最低端；另一端则由诸如美国休斯顿这样的城市占据。[24] 人均石油消耗低，是因为 700 万居民和几百万游客挤在 200 多平方公里的土地上，居住面积小，公共交通使用率高。这样的人口密度，比世界上许多城市高了几十或几百倍。昔日九龙寨城和旧区唐楼，代表着高密度下的拮据生活；而九龙站、奥运站、青衣站和将军澳的高密度，则是以高程和公共交通配合，实现高质量和近便的生活。高层高密度，需要精巧的设计、少干扰生活的施工，这样的设计，很难用传统美学来衡量，却是在人口不断增长、资源紧缺条件下可持续发展的方向，香港的高密度建设为世界做出实验和榜样。香港应该朝这个方向不断推进和努力。

长期经受东西方文化的浸淫，并处于中外交流的节点上，香港城市的定位和特征如何，在文化上众说纷纭；在建筑上，以往只是在满足功能后的聊备一格。在 21 世纪全球化的浪潮中，香港更应该积极探讨自身的定位和特征，建筑设计也应该在满足交通、密度、技术的同时，探寻自身的语言，创造出为本地居民喜闻乐见又富有香港特色的作品，使香港的建筑设计如同其金融经济产业和曾经的电影、流行音乐一样，在世界上名列前茅，为东方之珠增辉。笔者热切期望之！

注释

1　香港电视台制作的 10 集系列纪录片《建筑宣言》之第 1 集，播放了关于香港中央图书馆的这场争论。2001 年秋播出。

2　十几年间经过多次停顿和上马，水泉澳公共屋邨于 2015 年春落成，提供 3 039 个居住单位。

3　关于西九龙文化区的描述，参考了薛求理的文章《漫漫西九路 切莫再蹉跎》，香港《文汇报》2010 年 9 月 22 日；以及西九文化区管理局官方网页 http://www.westkowloon.hk/tc/home.

4　陈婉娴：《西九信得过？》，《AM730》早报，2013 年 7 月 3 日。

5　关于香港城市大学创意媒体大楼的设计，参考 The building in Brief, provided by Kevin Au, Project manager of Campus Planning Office in CityU on 10th July, 2008。薛求理：《挥洒之间 - 香港城市大学创意媒体大楼》，《建筑学报》，2012 年第 2 期，pp.6-9。

6　Libeskind, Daniel. *Counterpoint: Daniel Libeskind in conversation with Paul Goldberger*. New York : Monacelli Press, 2008:19-20.

7　该调查进行于 2012 至 2013 年间，其中 27 名学生是建筑学专业，58 名为非建筑学专业。见臧鹏、薛求理、谭峥：《海外设计在香港——两所学校建筑的调研》，第 5 届世界建筑史教学与研究国际研讨会论文集，重庆，2013，pp.127-131。

8　关于香港理工大学意向的描述，来自香港特别行政区立法会 CB(2)1508/08-09(03) 号文件，2009 年 5 月 11 日，http://www.legco.gov.hk. 2014 年 5 月 10 日抽取。

9　创新楼方案评选过程来源于香港城市大学建筑学本科生毕业论文：Ng Yuen Yee, Impact of Oversea Star Architects in Hong Kong, Final Year Dissertation, City University of Hong Kong, 2008。

10　引用来自扎哈·哈迪德事务所网站 http://www.zaha-hadid.com/architecture/innovation-tower/。2014 年 5 月 10 日抽取。

11　笔者研究小组对香港理工大学创意楼的调查，于 2013 年秋冬进行。共有 70 名学生参与，其中 21 名为城市和室内设计专业，49 名为其他设计专业。

12　本文关于 HKDI 设计竞赛的信息来自 *Elevating design / Hong Kong Design Institute International Architectural Design Competition*（香港知专设计学院，2007）。

13　本文中关于评委的评论来自 Hong Kong Design Institute, FuturArc, Special issue on Information Technology in Design Education, BCI Asia Construction Information Pte. Ltd., Volume 8, 1 (2008), p38-41。

14　知专学院共有 100 名来自不同设计专业的学生参加调查。

15　本地建筑师的讨论，引自 HKIA Journal professional roundtable symposium, Contemporary practice and global architecture, *HKIA Journal*, Issue 65 (2012), pp.26-29。

16　"白象"、"鬼城"是指被中外媒体反复报导的中国内地一些城镇，在政府和发展商意志下大规模开发，城镇建成后却少有人居住，典型如内蒙古鄂尔多斯。参考南方网报导："鄂尔多斯康巴什众多楼盘停工 大批打工人员撤离"。http://finance.southcn.com/f/2012-04/26/content_44082718.htm，2014 年 3 月 18 日获取。

17　请参考薛求理著《世界建筑在中国》，香港三联书店、上海东方出版中心，2010。

18　世界竞争力排名，由世界经济论坛和瑞士国际管理发展研究院编撰，1989 年起对各国的竞争力进行排名，分析结果分为四大类：经济表现、政府效率、企业效率和基础设施，然后按照研发质量、资本市场流动性、高速宽带互联网的国内渗透等维度进行国家排名。

19　经济自由度排名由《华尔街日报》和美国传统基金会发布年度报告。指数根据经济自由度 50 个指标评价各个国家和地区的得分，每一个指标的最高得分为 100 分，最低得分为 1 分。在一个指针上分数越高，代表政府对经济的干涉程度越高，经济自由度越低。各个指标累加后的平均值可以计算出总体系数。

20　国际金融中心，指以第三产业经济为主、以金融业服务业为中心的全球城市。国际金融中心排名参见 http://zh.wikipedia.org/zh-cn/%E5%9B%BD%E9%99%85%E9%87%91%E8%9E%8D%E4%B8%AD%E5%BF%83，2014 年 3 月 25 日访问。

21　"纽伦港"源自于美国《时代》周刊的文章，Michael Elliott, A tale of three cities, *Time*, Jan 17, 2008.

22　关于香港公司在内地的设计，请参考薛求理《全球化冲击：海外建筑设计在中国》，上海：同济大学出版社，2006；薛求理：《海外设计在中国（1978-2010）》，《新建筑》，2012 年第 3 期，pp.18-25。

23　设计公司海外业务量，根据笔者 1999 年以来对香港主要设计公司的调查和了解。

24　关于人均石油消耗和私人汽车拥有的统计，参考 Gerrit-Jan Knaap, Smart growth and urbanization in China: can an American tonic treat the growing pains of Asia, 2nd Megacities International Conference, Guangzhou, 2006.

香港建筑大事年表 1945—2015

1945 8 月日军投降，港英政府重辖香港。人口膨胀，从 1945 年光复时的 60 万增至同年 12 月的 100 万。

1946 英国制定殖民地发展及福利计划，协助香港未来十年的发展。由于盟军轰炸、日军拆房和强盗猖獗，香港房屋损毁严重。英籍及其他欧洲籍人士和家属返回香港，旅馆爆满。政府批准维修 143 幢欧式建筑和 785 幢中式唐楼，新建欧式建筑 20 栋以及唐楼 70 栋。

1947 人口达 180 万，超过战前的最高水平。政府邀请英国规划师阿伯克龙比爵士（Sir Patrick Abercrombie）就香港未来 50 年的发展方向提出城市发展蓝图。租务委员会成立。华民政务署成立了社会福利部。吴多泰首创"分层出售"模式。

1948 港府强行拆除九龙城民房，酿成九龙城事件。阿伯克龙比爵士的《香港规划初步报告》出台。民间成立香港房屋协会，为中等收入家庭提供居所。政府和私人拥有汽车总数达 9 266 辆，造成交通拥塞。

1949 大批内地难民涌入香港，寮屋数量大幅增加。中华人民共和国成立，解放军大军压境。九龙电讯大厦13层，为当时最高楼。

1950 人口急增至 210 万。朝鲜战争爆发以后，英美两国对华实行禁运，打击了香港的转口贸易，却造就香港制造业的兴起。新生婴儿潮出现于 1950 年代。香港大学正式开设建筑系。

1951 香港房屋协会正式注册成为法定机构。循道卫理联合教会九龙堂建成，同年开办九龙循道学校，与本堂建筑相连。中环香港中国银行大厦建成。

1953 人口增至约 225 万。政府开始规划及建设新市镇。万宜大厦建成（现存，但遭改建），由基泰工程司设计。石硖尾木屋区发生大火，53 000 人无家可归，成为大规模兴建公屋的导火线。界限街以北又一村开始建设，为厂商提供低密度住宅。

1954 工务局在石硖尾灾场原地兴建楼高两层的临时建筑，安置无家可归的灾民。半独立的香港房屋建设委员会组成。政府决定有系统地展开徙置计划。石硖尾徙置区是公共房屋由临时房屋转变成多层大厦的里程碑；八幢六层高的第一型徙置大厦在石硖尾落成；土瓜湾协恩小学竣工，由周耀年、李礼之设计（已拆除重建）。

1955 修订 1935 年的《建筑物条例》，共 35 项条款，放宽楼宇高度限制。17 层的蟾宫大厦兴建，后成为当时最高的建筑物。湾仔循道卫理联合教会建成，由李柯伦治设计。政府开始考虑将沙田山谷变为新市镇。

1956 有 35% 的私人住房人均面积在 15 平方英尺以下。香港建筑师公会成立（现称香港建筑师学会）。崇基学院开始动工，五栋建筑物于该年完成，由范文照、周耀年、李礼之等设计。

1957 渣华道廉租屋邨——北角邨建成，是由房屋建设委员会兴建的第一个屋邨，每单位内有厨房、厕所，月租金 60～120 元港币，申请人的月收入必须在 300～900 元之间。黄竹坑葛量洪医院建成，周耀年、李礼之设计（现存）；中区政府合署建成。铜锣湾避风塘填海后，建成面积达 19 公顷的维多利亚公园，成为港岛最大的公园，供市民休憩和活动使用。

1958 建造业商会学校落成，由司徒惠设计（2007 年停办，由蒙特梭利国际学校接办）。由基泰工程司负责设计的德诚大厦落成，是香港首幢以玻璃幕墙建成的大楼。启德机场向九龙湾伸出的新跑道建成。

1959 约 21 万人入住政府徙置区或公屋。

1960 欧美资金和大量南洋华侨资金流入，制造业蓬勃发展。地产置业公司持续增加。政府准许非建筑师的人士向政府提交设计和建造楼宇的图则，包括结构工程师、测量师等。苏屋邨，由甘洛规划，陆谦受、周耀年－李礼之及李柯伦治负责设计。

1961 银行风潮开始。政府廉租屋计划推出。香港大学建筑学士学位首次获得英国皇家建筑师学会之专业认可。中环陆海通大厦建成，由朱彬负责设计。於仁大厦落成，高 248 英尺，共 23 层，其第一高楼的地位维持了三年。北角圣彼得堂落成。

1962 飓风温黛造成 130 人死亡，600 余人受伤，75 000 人无家可归。香港大会堂落成，被视为香港公共建筑的里程碑。恒生大厦（现改建为盈置大厦）为全港首幢采用钢柱结构的大厦，由阮祖达设计。希尔顿酒店完工，由巴马丹拿设计。

1963 香港中文大学成立。浅水湾保华大厦建成，由陆谦受设计。油麻地基督教信义会真理堂建成，由甘洛设计。伊丽莎白医院开放，该院的设计获得英国皇家建筑师学会铜牌奖。

1964 香港出现严重的水荒，全港水塘存水仅够 43 天食用。从 1 月起，每天供水四小时。6 月 13 日起，每隔四天供水一次，每次四小时。修订《建筑物条例》（第二号），废除过往以体积计算可发展空间的计算法，改为今日仍然沿用的覆盖率（Site Coverage）和地积比例（Plot Ratio），控制建筑物体积及周围空地面积。新法例于 1966 年 1 月 1 日开始生效。临时房屋计划推出。限制用水对工业特别是建筑业影响巨大，商人在利益引诱下，改用海水建造楼宇，由于海水侵蚀钢筋，使整个骨架生锈，铁枝腐蚀，混凝土剥落。公共屋邨彩虹邨全面落成，可容纳 43 000 人，是当时房屋建设委员会辖下最大的屋邨。

1965 银行危机，爆发挤提风潮，导致地价、楼价、租金暴跌。地产发展商筹集资金方面遇到极大困难。由于新建楼房大增，供过于求，空置楼房达一万八千多层。政府制订发展规划纲要，新计划增加兴建高密度住宅的构思，满足社会需求。徙置大厦向高空发展，设计逐步改善，是年起推出第四至第六型大厦，每单位皆有私用厨房和厕所。公共房屋住户人口达 100 万。首届香港建筑师学会年奖举办，成为香港一个主要建筑奖项。东英大厦建成，楼高 17 层，是当时九龙半岛最大的办公大楼（2010 年重建为 The One）。

1966 第一个大型私人屋邨——美孚新邨动工兴建。北角循道卫理堂建成。尖沙咀海运大厦完成启用，建筑新颖，是世界上第一个拥有双层购物中心及双层停车场的码头。

1967 街头骚乱，暴动发生。公屋数量已达 346 000 个单位，居住人口超过 100 万。牛头角下邨建成，是首个使用预制件兴建的徙置大厦（2010 年清拆）。友邦大厦建成，获 1969 年建筑师学会银牌奖，由巴马丹拿设计。大型公共屋邨华富（一）邨建成。

1968 《香港集体运输研究》报告书发表，专家建议兴建地下铁路系统。运输署成立。湾仔新码头正式启用；香港岛西部大口环的根德公爵夫人儿童医院启用；新界西贡区公共图书馆启用。

1969 7 月 26 日，港澳地区发生五级地震。11 月 24 日，恒生银行开始每日发表恒生指数，反映股票市场当日价格的平均升降变化。9 月 1 日，红磡海底隧道正式动工。香港铜锣湾大厦落成；九龙荔枝角垃圾焚化炉启用；香港邓肇坚医院启用；九龙青衣岛青衣发电厂正式启用；新界屯门青松观重建完成；香港摩理臣山工业学院创校。

1970 香港楼房租金暴涨，政府通过临时法案冻结租金。尖沙咀九龙公园启用，原址前身为威菲路军营。香港参加当年日本大阪的世界博览会，香港馆展示本港经济成果。第 500 幢公屋和第 50 个公屋学校在蓝田落成。公屋为 110 万居民提供住房。

1971　香港人口超过 400 万。1 月 25 日，恒生指数破 220 点大关，成交额达 2 936 万港元。具"新市镇"概念的临海大型公共屋邨华富邨全面建成。教育司署宣布自本年 9 月 1 日起，实施免费小学教育。9 月 6 日，香港教育电视中心开幕。11 月 19 日，麦理浩抵港，就任第 25 任香港总督。九龙医院建成。

1972　红磡海底隧道正式通车。葵涌货柜码头和船湾水库建成。"炉峰"在山顶缆车站上建成，海拔 1 440 英尺。《亚洲建筑师与营造者》（Asian Architect and Builder）英文月刊创办。

1973　香港政府开展"十年建屋计划"，为 180 万居民提供设备齐全、有合理居住环境的住所。重组新的房屋委员会。52 层高的怡和大厦在中环海旁建成，成为亚洲最高建筑。中文大学崇基书院众志堂建成，联合书院建成。

1974　香港消费者委员会成立。喜来登酒店在尖沙咀落成。六栋 1950 年代的徙置公屋改建，每单位内有厨房厕所。青衣岛大桥建成，青衣成为新的工业基地。

1975　何文田爱民邨建成，双塔式公屋出现，英女王伊丽莎白二世夫妇访港时参观爱民邨。九广铁路英段（现称港铁东铁线）总站由尖沙咀迁往红磡，红磡火车站启用。42 层高的世界贸易中心在铜锣湾建成，完全由私人开发。海外类似的贸易中心部分由政府承建。

1976　荃湾新市镇，人口突破 45 万。香港中文大学在山上的主体建筑落成。港府推出"居者有其屋"计划。建筑物条例和设计图则，改为十进位公制。

1977　海洋公园开幕，为亚洲首个是类主题公园。观塘工业中心建成，为当时全港最大的工业基地。

1978　万宜水库建成。第一期"居者有其屋"计划推出发售。香港艺术中心在湾仔落成，由何弢设计。文物学会向英国请愿，反对拆除尖沙咀钟楼。沙田新马场揭幕，举行首场赛事。结构工程师开始用计算机分析大厦的结构和设计。

1979　大批越南难民涌港，人数达到近 10 万。香港地铁修正早期系统（现称港铁观塘线）第一阶段，于 10 月 1 日通车。九龙湾、旺角等地铁站附近开展综合建筑开发工程，以配合地铁的大量人流。

1980　香港理工学院红磡新校园建成。合和中心建成，共 66 层，高 216 米，保持香港最高楼纪录至 1989 年。友爱邨公屋，邻近屯门市中心落成。香港地铁（即今港铁）中环站正式启用。康文署辖下香港太空馆建成。1979 至 1980 年度，32 000 个公屋和"居者有其屋"单位、28 600 个私人住宅单位落成。

1981　房屋委员会辖下公共屋邨人口达到 200 万。公共屋邨乐富邨和乐富商场建成。新鸿基中心和统一中心等办公商业大楼在港岛落成。

1982　地铁荃湾线通车。九广铁路英段（今东铁线）全线双轨行走及列车电气化。沙田火车站启用。尖沙咀海旁新世界中心落成。元朗大型低密度住宅开发锦绣花园建成，锦绣花园包括 5 024 间不超过三层的联排住宅，100 条街道和大型人工湖，被称为"穷人的豪宅"。

1983　受到香港前途问题影响，港元与美元开始实行联系汇率，1 美元兑 7.80 港元。香港地铁港岛线第二段动工兴建；香港仔隧道建成。位于九龙红磡的香港体育馆正式开幕。位于大屿山的愉景湾居住区第一期建成，开创了离岛大型居住区的先例。沙田韦尔斯亲王医院落成。1979 年至 1983 年，每年平均落成私人住宅单位 26 000 个。

1984 中英发表关于香港回归中国的联合公报。香港城市理工学院成立。东区走廊铜锣湾至鲗鱼涌段完工通车。太古城部分落成。金钟道最高法院落成，共 22 层高。维多利亚军营原英军总司令官邸，改为茶具博物馆开放。

1985 港铁港岛线首期通车；港铁轻铁线首期动工兴建；东区走廊（鲗鱼涌至筲箕湾段）竣工；吐露港公路通车。香港演艺学院大楼落成，由关善明事务所设计。中环交易广场落成。港澳码头建成，是交通转运、办公商业综合建筑的代表。

1986 12 月 5 日，港督尤德爵士在北京去世。荃湾、沙田、屯门等第一代新市镇，已经容纳 140 万人口。第四代汇丰银行总部在中环落成开放。沙田新城市广场、沙田大会堂和图书馆建成。香港参加温哥华世界博览会，香港馆由何弢设计。

1987 香港人口达 560 万，其中新界 200 万。该年度公私营住房兴建了八万个单位，其中 35 000 个为公屋单位。地铁平均每天载客 200 万人次；350 万人次乘火车往返新界。建筑署成立，专门统管政府建筑物的筹备、设计、监造和维修，金钟道政府合署建成，49 层高，54 000 平方米的办公面积，建筑署迁入办公。屯门大会堂和图书馆、牛池湾多用途市政大厦建成。金钟奔达中心（Bond Center）落成。中环渣打银行大厦展开拆除重建工程。香港科技大学举行校园规划设计竞赛，关善明和唐谋士事务所的方案被推选为建造方案。高级住宅区和酒店阳明山庄在大潭水库建成。

1988 香港城市理工学院开办建筑学高等文凭课程。置富花园、黄埔花园落成。启德机场第五期扩建完工，以应付每年 1 800 万人次的旅客量。太古广场及上盖酒店、办公楼落成。连接屯门与元朗的轻轨通车。尖沙咀新中国码头启用，每年可接待 1 900 万旅客。香港会议展览中心第一期在湾仔开幕。土地发展公司成立。

1989 香港公开进修学院（即今香港公开大学）成立。九龙公园重建完成。尖沙咀文化中心落成启用。中国银行香港分行总部落成。香港浸会学院窝打老道校园建成。东区海底隧道通车。东区走廊（筲箕湾至柴湾段）竣工。香港城市理工学院第一期校园在九龙塘竣工。新田大夫第修缮，柴湾罗屋民俗馆由 18 世纪客家村屋改建而成。行政局批准港口与新机场计划。

1990 房屋委员会辖下 144 个屋邨，拥有租住单位 63 万个。房屋署总部大楼在何文田落成启用。坐落在大屿山宝莲寺的 60 米高大佛完成，是远东最高的佛像。城门隧道、将军澳隧道通车。渣打银行大厦重建计划完成。香港仔和观塘海滨公园落成。修复屏山觐廷书室、尖沙咀九龙英童学校和皇家天文台。政府制定建筑师和工程师注册条例。

1991 房屋委员会辖下的商铺、银行、饭店和分层工厂大厦，占地面积共 127 万平方米，其中 48 000 平方米在该年完成。香港科技大学第一期在清水湾建成开学。香港中文大学开办建筑系。香港科学馆启用。香港艺术馆迁往尖沙咀新馆。港岛半山的香港公园开幕，其中有大型观鸟园。

1992 清拆九龙城寨，历时三年完成。中环花旗银行总部落成；78 层、374 米高的中环广场在湾仔建成，是世界上最高的混凝土建筑。赤柱马坑公屋建成。"凌霄阁"取代"炉峰"屹立在太平山顶。

1993 轻铁天水围支线落成；新田公路落成。铜锣湾旧区经土发公司收楼，重建成时代广场开放。黄金海岸大型开发计划，在青山湾建成，包括酒店、游艇会、地中海式商场和高层住宅。中区到半山的自动扶梯开放给公众使用，全长 800 米，高 135 米。

1994　香港浸会大学逸夫校园落成。半岛酒店改造完成。鸭脷洲大桥通车，鸭脷洲上大型住宅项目海怡半岛建成。

1995　由建筑署谢顺佳建筑师主持设计的九龙寨城公园建成向民众开放。清拆调景岭寮屋区。公开进修学院的永久校舍在何文田建成。

1996　250万人居住在公屋。岭南学院新校园落成，由巴马丹拿公司设计。弥敦道油麻地一商厦发生火灾，致40人死、80人伤，是香港50年来最严重的火灾。此事件促成改善旧式楼宇安全。香港建筑师学会开始出版季刊。

1997　香港主权回归中国。会展中心第二期建成。青马大桥落成。西区海底隧道通车。青屿干线和北大屿山公路通车。汀九桥通车。马鞍山和将军澳等地区，落成多个大型私人屋邨，如新都城。教育学院迁入大埔新校区。大埔海滨公园落成。政府计划每年建设85 000个居住单位。

1998　赤腊角机场建成启用，启德机场停运，航空区内的建筑物高度限制撤销。中环站、九龙站等东涌线车站建成，东涌线和机场快线通车。仿古建筑志莲净苑落成。九龙塘又一城开幕。自置居所比例上升到52%。尖东的香港历史博物馆启用。政府对40至50年楼龄的旧式楼宇进行安全巡查。

1999　环保建筑评价方法（HK BEAM）开始试行。政府开展"香港2030：远瞻与发展策略"的研讨。香港电台、建筑师学会和《香港经济日报》举行十大建筑评选。

2000　文化博物馆在沙田开幕。政府举办柴湾青年中心、沙田水泉澳公屋的设计竞赛。香港海防博物馆、元朗剧院、葵青剧院建成。东涌新市镇的私人屋邨东堤湾畔开售。由建筑署谢顺佳建筑师主持设计的岭南风格园林"岭南之风"在荔枝角公园建成。

2001　政府推出联合"作业备考"，鼓励绿色设计。香港中央图书馆落成。西九龙规划，举行公开国际设计竞赛。添马舰空地，举办"In的家"绿色建筑展览。半岛豪庭等"服务式公寓"推出。为挽救私人楼市，政府暂停居屋销售。

2002　香港科学园揭幕。数码港第一期在薄扶林落成。马湾岛珀丽湾第一期建成。年内建成房屋单位67 000个，其中包括34 000个私营房屋单位，20 200个租住公屋单位，12 800个资助自置单位。年内落成22座学校，26所学校在建造中。地铁将军澳线开通。

2003　SARS爆发，楼宇间距和通风问题受到重视。香港楼价，相比高峰期的1997年，跌落70%。九广铁路西铁线通车。IFC在中环站落成，高415米，88层，为香港最高建筑。

2004　九广铁路马鞍山支线开通。浅水湾道129号建成。科学园第一期10幢建筑开始出租。尖沙咀新世界中心前广旁，建成星光大道，地面刻有明星手印。旺角朗豪坊落成开幕，该发展计划是旧区改造的成果。政府宣布西九龙将选择单一发展商，三家投标者入围，方案公开展览，让公众投票。

2005　迪斯尼乐园第一期在大屿山建成开放。原九龙军营改建成的文物探知馆开幕。九龙湾机电工程署大楼示范环保建筑概念。中环四季酒店开业。机场开启亚洲国际博览馆。香港城市大学开办建筑学本科课程。

2006　天水围湿地公园开放。石硖尾村新公屋落成，按照地形专门设计。仿唐园林南莲园，在志莲净苑前落成。东涌往昂坪的索道吊车开通。中西区的甘棠第物业由政府收购，改建成孙中山纪念馆。中环天星码头拆除，遭市民强烈抗议。坐落在薄扶林的伯大尼修院，改建成演艺学院的演奏厅。香港建筑中心成立，以在社会上弘扬建筑文化。

2007 落马洲支线和福田口岸开通；深圳湾大桥、西部通道开通。大型商场 MegaBox 开幕。第一届香港深圳城市＼建筑双城双年展举办，香港以旧中区警署为展场。香港理工大学获得赛马会资助，建设设计学院大楼，在国际设计竞赛中，英国扎哈·哈迪德事务所获得首奖。政府完成《香港 2030：规划远景与策略》研究。机场二号客运大楼启用。旧屏山警署被改建成屏山文物径访客中心。中环皇后码头拆除，遭市民强烈抗议。

2008 西九龙文化区管理局成立，向政府申请拨款 216 亿港元。在威尼斯建筑双年展中，香港馆设立。尖沙咀原水警总部改建成购物商场和文物酒店，原台地和钟楼得以保存。政府开始清拆早期公屋，如北角邨、苏屋邨、牛头角下邨，以更高密度兴建新公屋。中环海滨城市设计，向市民征询意见。香港开始每年举办设计营商周。

2009 第二届香港深圳城市建筑双城双年展举办，香港以西九龙空地为展场。政府古物咨询委员会就 1 444 项建筑物进行评级。马湾诺亚方舟开放，根据原大体积制造。东涌体育馆、图书馆和小区会堂开放。昂船洲大桥建成，港珠澳大桥动工。

2010 九龙站上 ICC、天玺等高层建筑陆续完工，在一个平台上形成 170 万平方米建筑面积的综合体。西九龙文化区规划的三个方案，向公众展示并征集意见。香港知专设计学院大楼在将军澳落成，由法国建筑师设计。香港公开大学新大楼落成。香港馆参加上海世界博览会。 原北九龙裁判所改建的美国萨瓦纳艺术学院香港分校开学。马鞍山海滨长廊正式启用。广深港高铁香港段在立法会申请拨款，支持和反对的两股势力在议会内外对峙。

2011 香港城市大学创意媒体大楼建成，由美国李伯斯金设计；西九龙文化区规划邀请竞赛，英国福斯特方案确定为实施方案。位于金钟的政府总部建成。红磡海滨花园和尖沙咀海滨花园延伸部分开放。"莲塘 - 香园围"口岸联检大楼国际设计竞赛揭晓。天水围图书馆及运动中心落成开放。战前建筑中环街市改建，吴永顺及 AGC Design 的"城中绿洲"获得首选。

2012 香港大会堂庆祝落成 50 周年；九龙湾零碳建筑开幕；"启动九龙东"计划，把观塘、九龙湾工业区以及启德发展区变为商业中心区。

2013 香港理工大学内设计学院创意大楼建成。西九龙文化区的第一座建筑戏曲中心设计竞赛揭晓，温哥华的谭秉荣（Bing Thom）事务所和吕元祥事务所合作方案获得第一名。西九龙的第二座建筑，M+ 博物馆的设计，由瑞士赫尔佐格和德默隆事务所联同香港 TFP Farrells 及香港奥雅纳工程顾问公司获得。2013 香港深圳城市＼建筑双年展在观塘码头举行。弗兰克·盖里和吕元祥事务所合作的铭琪癌症关顾中心在屯门医院落成，施工单位用 BIM 为工具，解决非线性构件的定位问题。

2014 香港深圳城市＼建筑双城双年展以观塘码头为主要展览场地。政府意图开发更多土地，以缓解住宅的燃眉之急，但新界东北发展计划由于市民团体的反对受阻。"占领中环"使得金钟、铜锣湾和旺角道路堵塞 79 天，但房屋活动和地产价格未受明显影响。地铁港岛线延伸至香港大学和坚尼地城，12 月底通车。

2015 香港建筑中心举办"十筑香港——我最爱的香港百年建筑"活动，通过网上投票，收到 15 111 张有效选票，依得票顺序选出志莲净苑、国际机场、九龙寨城、雷生春、香港大学主楼、海洋公园、大澳棚屋、尖沙咀原火车站、山顶缆车、中环天星码头等十项。在地铁沙中线的施工中，土瓜湾站发现宋代和明代古物，顾问建议在原站保留和展览古物。在设计竞赛 15 年后，沙田水泉澳公屋建成，提供一万个居住单位，一部分原来的公租屋将转化为"居者有其屋"单位。恒基地产主席李兆基博士将其新界土地捐出，建造低价住宅和养老院；又计划将其管理的石硖尾大坑西邨平民住宅改建，从现有的 1 600 个单位提高到 5 000 个居住单位。由李嘉诚先生捐款 15 亿港元兴建的大埔慈山寺建成开放，观音像高 76 米。

284

参考文献

英国殖民地和香港历史

1. 高添强 . 香港今昔 . 香港：三联书店，2005
2. 李彭广 . 管治香港——英国解密档案的启示 . 香港：牛津大学出版社，2012
3. 梁美仪 . 家——香港公屋四十五年 . 香港：香港房屋委员会，1999
4. 刘智鹏 . 我们都在苏屋邨长大——香港人公屋生活的集体回忆 . 香港：中华书局，2010
5. 吕大乐 . 那似曾相识的七十年代 . 香港：中华书局，2012
6. 王海文 . 感恩人生——郑汉钧传记 . 北京：中国铁道出版社，2010
7. Abbas, Ackbar. *Hong Kong: culture and politics of disappearance*. Hong Kong: Hong Kong University Press，1997
8. Akers-Jones, David. *Feeling the Stones: reminiscences by David Akers-Jones*. Hong Kong: Hong Kong University Press，2004
9. Blyth, Sally and Wotherspoon, Ian. *Hong Kong remembers*. Hong Kong and New York: Oxford University Press，1996
10. Carroll, John M. *A Concise History of Hong Kong*. Lanham: Rowman & Littlefield，2007
11. Castells, M., Goh, L. and Kwok, R.Y-W. *The Skek Kip Mei syndrome: economic development and public housing in Hong Kong and Singapore*. London: Pion，1991
12. Cheng, Joseph Y. S. ed. *The Other Hong Kong Report*. Hong Kong: Chinese University Press，1990
13. Ching May Bo and Faure, David. *Hong Kong History: 1842-1997*. Hong Kong: Open University of Hong Kong，2003
14. Cumine, Eric. *Hong Kong: ways & byways – a miscellany of trivia*. Hong Kong: Belongers' Publications Ltd，1981
15. Faure, David. *Colonialism and the Hong Kong Mentality*. Hong Kong: Centre of Asian Studies, Hong Kong University Press，2003
16. Girard Greg and Ian Lambot. *City of Darkness: Life in the Kowloon Walled City*. Hong Kong and London: Watermark，1993
17. Home, Robert. *Of Planting and Planning: the making of British colonial cities*. London: E & FN Spon，1997
18. Lee Ho Yin and Lynne D. DiStefano. *A Tale of Two Villages: the story of changing village life in the New Territories*. Hong Kong and New York: Oxford University Press，2002
19. McDonogh, Gary and Wong, Cindy. *Global Hong Kong*. London and New York: Routledge，2005
20. Ngo, Tak-Wing. *Hong Kong's History: State and Society under Colonial Rule*. New York: Routledge Press，1999
21. Smart, Alan. *The Shek Kip Mei Myth: squatters, fires and colonial rule in Hong Kong*. Hong Kong: Hong Kong University Press，2006
22. Stokes, Edward. *Hong Kong as it was, Hedda Morrison's Photographs 1946-47*. The Photographic Heritage Foundation and Hong Kong University Press，2009
23. Wang Gung-wu, ed. *Hong Kong History: new perspective*, Hong Kong: Joint Publication，1997
24. Welsh, Frank . *A History of Hong Kong*. London: HarperCollins Press，2010
25. Uduku, O. Modernist architecture and 'the tropical'. In: West Africa: the tropical architecture movement in West Africa: 1948-1970. *Habitat International*，2006，30(6)：396~411

香港城市研究和法律制度

1.　郑宝鸿 . 香港街道百年 . 香港：三联书店，2000

2.　郑宝鸿 . 九龙街道百年 . 香港：三联书店，2000

3.　香港城市大学建筑科技学部 . 国际大都市的建设与管理——香港 . 上海：同济大学出版社

4.　冯邦彦 . 香港地产业百年 . 香港：三联书店，2001

5.　何佩然 . 地换山移：香港海港及土地发展一百六十年 . 香港：商务印书馆，2004

6.　何佩然 . 香港建造业发展史 1840—2010. 香港：商务印书馆，2011

7.　卢惠明，陈立天 . 香港城市规划导论 . 香港：三联书店，1998

8.　潘慧娴（Alice Poon）著 . 颜诗敏译 . 地产霸权 . 香港：天窗出版社，2010

9.　薛凤旋 . 香港发展地图集 . 香港：三联书店，2001（2010 年再版）

10.　Bristow, M. R. *Land Use Planning in Hong Kong: history, policies and procedures*. Hong Kong: Oxford University Press，1984

11.　Bristow, M. R. *Hong Kong's new towns: a selective review*. Oxford: Oxford University Press，1989

12.　Cervero, R. & Murakami, J. Rail and Property Development in Hong Kong: experiences and extensions. *Urban Studies*，2009，Vol 46, No. 10：2019~2043

13.　Denison, Edward and Guang Yu Ren. *Luke Him Sau, architect: China's missing modern*. Chichester, West Sussex: John Wiley & Sons Inc，2014

14.　Director of Public Works. *City of Victoria - Hong Kong Central Area Redevelopment*. Government Printer, Hong Kong，1961

15.　Division of Building Science and Technology. *Building Design and Development in Hong Kong*. Hong Kong: City University of Hong Kong Press，2003

16.　Division of Building Science and Technology. *Property Development and Project Management in Hong Kong*. 2011

17.　Fong, Peter K.W. *Housing policy and the public housing programme in Hong Kong*. Hong Kong: University of Hong Kong，1986

18.　King, Anthony D. *Spaces of global cultures - architecture urbanism identity*. London and New York: Routledge，2004

19.　Leung, A. Y. T. and Yiu, C. Y. ed. *Building dilapidation and rejuvenation in Hong Kong*. Hong Kong: City University of Hong Kong Press，2004

20.　Nissim, Roger. *Land administration and practice in Hong Kong*. Hong Kong：Hong Kong University Press，1998

21.　Ho Pui-yin. *Ways to Urbanization - post-war road development in Hong Kong*. Hong Kong: HK University Press，2008

22.　Holmes, Alexander and Waller, Joan. *Hong Kong: Growth of the City*. London: Compendium Press，2008

23.　Huang, Tsung-Yi Michelle. *Walking between slums and skyscrapers: illusions of open space in Hong Kong, Tokyo, and Shanghai*. Hong Kong: HKU Press，2004

24.　Jenks, M., Dempsey, N. ed. *Future Forms and Design for Sustainable Cities*. Oxford: Architectural Press，2005

25.　Planning Department. *Hong Kong Planning Standards and Guidelines*, Hong Kong Government，1990

26　Pryor, E.G. *Housing in Hong Kong*. Hong Kong: Oxford University Press，1983

27.　Lai, Lawrence W-C. *Town Planning in Hong Kong, a critical review*. Hong Kong: City University of Hong Kong Press，1997

28.　Lai, Lawrence W-C. *Town Planning Practice: context, procedures and statistics for Hong Kong*.

Hong Kong: Hong Kong University Press，2000

29. Lai, Lawrence W-C, Ho, Daniel, Leung Hing-fung. *Change in use of land: a practical guide to development in Hong Kong*. Hong Kong: Hong Kong University Press，2004

30. Lim, William S. W and Chang Jiat-Hwee. *Non West Modernist Past – on architecture and modernity*. World Scientific Publishing Co. Pte. Ltd.，2012

31. Ng, Edward ed. *Designing high-density cities - For social & environmental sustainability*. London, Stirling, VA: Earthscan，2010

32. Pryor, E.G. *Housing in Hong Kong*. Hong Kong: Oxford University Press，1983

33. Rowe, Peter G. *East Asia Modern – shaping the contemporary city*. London: Reaktion Books Ltd.，2005

34. Tang, B.S., Chiang, Y.H., Baldwin, A.N. and Yeung, C.W. *Study of the Integrated Rail-Property Development Model in Hong Kong*. Research Center for Construction & Real Estate Economics, Department of Building & Real Estate, The Hong Kong Polytechnic University，2004

35. Yeh, A. G. O. ed. *Planning Hong Kong for the 21st century: a preview of the future role of Hong Kong*. Centre of Urban Planning and Environmental Management, University of Hong Kong，1996

36. Yeh, A.G.O., Hills, P.R., Ng, S.K.W. *Modern Transport in Hong Kong for the 21st Century*. Hong Kong：University of Hong Kong，2001

37. Yiu, Chung Yin. Hong Kong Building Control and Land Administration, 2009. E-Museum， http://hk.myblog.yahoo.com/ecyyiu

38. Yuncken Freeman H.K. Y.F.E.B.C. *Victoria Barracks – Recreation and leisure area development study*. Public Works Department, Hong Kong Government，1980. Consultant Agreement No. CE/5/79.

香港建筑

1. 陈翠儿，蔡宏兴主编 . 空间之旅——香港建筑百年 . 香港：三联书店，2005

2. 方元 . 一楼两制 . 香港：中华书局，2007

3. HKIA. 热恋建筑——与拾伍香港资深建筑师的对话 . 2007

4. 建筑游人 . 筑觉：阅读香港建筑 . 香港：三联书店，2013

5. 龙炳颐 . 香港古今建筑 . 香港：三联书店，1992

6. 马冠尧 . 香港工程考：十一个建筑工程故事，1841—1953. 香港：三联书店，2011

7. 吴启聪，朱卓雄 . 建闻足迹：香港第一代华人建筑师的故事 . 香港：经济日报出版社，2007

8. 彭华亮主编 . 香港建筑 . 北京：中国建筑工业出版社，1990

9. 谭峥，薛求理 . 专业杂志与城市自觉——创建当代香港都市主义（1965-1984）. 建筑学报，2013 年 11 期：14~19

10. 王浩娱 . 1949 年后从上海来港的华人建筑师 [sound recording] / Chinese architects coming from Shanghai to Hong Kong after 1949，DVD. 2006

11. 胡恩威 . 香港风格 . 香港：天窗出版社，2005

12. 薛求理 . 香港建筑源流 . 杨永生，王莉慧编 . 建筑百家谈古论今——地域编 . 北京：中国建筑工业出版社，2007

13. 薛求理 . 城境：香港建筑 1946-2011. 香港：商务印书馆，2014

14. 张在元，刘少瑜 . 香港中环城市形象 . 香港：贝思出版公司，1997

15. 张为平 . 隐形逻辑 . 南京：东南大学出版社，2009

16. Architectural Services Department . *Post 97 Public Architecture*. Hong Kong: ASD，2006

17. Christ, E. and Gantenbein, C. *An Architectural Research on Hong Kong Building Types*. Gta Verlag，2010

18. Chung W. N. *Contemporary Architecture in Hong Kong*, Hong Kong: Joint Publication，1989

19. Frampton, Adam, Solomon, Jonathan D. and Wong, Clara. *Cities without ground – a Hong Kong guidebook*, ORO Edition，2012

20. Gu Daqing. *Chung Chi Original Campus Architecture - Hong Kong Chinese Architects' Practice of Modern Architecture*. Chung Chi College, Chinese University of Hong Kong，2011

21. Ganesan, S. and Lau SSY. Urban challenges in Hong Kong: future directions for design. *Urban Design International*. UK, 2001，Vol.5, No.1：3~12

22. Ho, Puay-Peng. *100 Traditional Chinese buildings in Hong Kong*. Hong Kong: Antiquities and Monuments Office, Leisure and Cultural Services Department，2009

23. Hong Kong Housing Authority. *Planning, Design and Delivery of Quality Public Housing in the New Millennium*. Hong Kong: Hong Kong Housing Authority，2011

24. Krummeck, Stefan. Railways as a catalyst for community building. *Hong Kong Institute of Architects Journal*. No.54, June 2009：32~35

25. Lam, Tony Chung Wai. From British colonization to Japanese invasion – the 100 years architects in Hong Kong 1841-1941. *Hong Kong Institute of Architects Journal*. Issue 45, 1st Quarter, 2006

26. Lampugnani, Vittorio Magnago ed. *Hong Kong architecture: the aesthetics of density*. Munich and New York: Prestel Verlag，1993

27. Purvis, Malcolm. *Tall Storeys – Parlmer and Turner, Architects and engineers – the first 100 years*. Hong Kong: Palmer and Turner Ltd.，1985

28. Shelton, B., Karakiewicz, J. and Kvan, T. *The Making of Hong Kong: From Vertical to Volumetric*. London: Routledge，2011

29. Tan, Zheng and Xue, Charlie Q. L. Walking as a Planned Activity - Elevated Pedestrian Network and Urban Design Regulation. In：Hong Kong, *Journal of Urban Design*. Routledge,2014，Vol.19, No.5：722~744

30. Terry Farrell & Partners. *Kowloon Transport Super City*. Hong Kong：Pace Publishing Ltd., 1998

31. Walker, Anthony and Stephen M. Rowlinson. *The Building of Hong Kong: construction Hong Kong through the age*. Published for the Hong Kong Construction Association. Hong Kong University Press，1990

32. Williams, Stephanie. *Hong Kong Bank – the building of Norman Foster's masterpiece*. London: Jonathan Cape，1989

33. Wong, Wah Seng and Chan, Edwin ed. *Professional Practice for Architects in Hong Kong*. Hong Kong: Pace Publication Ltd.，1997

34. Xue, Charlie Q. L. The identities and prospects of Hong Kong architecture: a discourse on tradition and creation. In：*Building Construction and Development in Hong Kong*. City University of Hong Kong Press, 2003：75~98

35. Xue, Charlie Q. L., Kevin Manuel and Rex Chung. Public space in the derelict old city area: A case study of Mongkok, Hong Kong. *Urban Design International* (UK). 2001，No. 1, Vol. 6：15~31

36. Xue, Charlie Q. L. and Kevin Manuel. The quest for better public space: a critical review of urban Hong Kong. In：*Pu Miao ed. Public Places of Asia Pacific Countries: Current issues and strategies*. The Netherlands：Kluwer Academic Publishers, 2001：171~190

37. Xue, C. Q. L., Zhai, H. and Roberts, J. An urban island floating on the MTR station: a case study of the West Kowloon development in Hong Kong. In：*Urban Design International*. Palgrave-MacMillan, UK, 2010，Vol.15, No.4：191~207

38. Yeung, Alfred. Property Development and Railway: A marriage of convenience? In：*Hong Kong Institute of Architects Journal*. No.3, 2002：60~65

以及以下期刊：*Space, Chinese Architecture and Urbanism, Hong Kong Institute of Architects Journal, Buildings Journal, Asian Architects and Contractors*，*Hongkong & Far East Builder* (1950s-60s).

插图来源

图 1.1，1.2

    Hedda Morrison 摄。版权拥有：President and Fellows of Harvard College. Courtesy of Harvard-Yenching Library and The Photographic Heritage Foundation (HK). The photos are from the book *Hong Kong As It Was by Edward Stokes*, published by The Photographic Heritage Foundation

图 1.3，1.4，1.10，2.2，2.3，2.4b，2.9d，2.10d，3.36a，4.1，6.9a，6.18b，7.1

    版权拥有：香港特别行政区政府

图 2.16

    版权拥有：香港房屋协会

图 1.4b，3.28b, d

    Eric Cumine. *Hong Kong: ways & byways – a miscellany of trivia*. Hong Kong：Belongers' Publications Ltd.，1981

图 3.5，6.17

    版权拥有：Mr. Remo Riva, P & T Group

图 3.7

    版权拥有：利安建筑设计顾问有限公司

图 3.10b，3.11b，3.12a

    版权拥有：王董建筑师事务有限公司

图 3.13c

    史巍博士绘制

图 3.14b

    版权拥有：黄宣国先生

图 3.16-3.19

    版权拥有：吕元祥建筑师事务所

图 3.22

    版权拥有：香港中文大学

图 3.24c

    Drawing was made by CUHK students - Sze Man ting Christy & Chow Lik Wah Joshua, under the supervision of Prof. Woo Pui Leng and Zhu Jingxiang

图 3.26

    版权拥有：Ms. Victoria Fitch

图 3.32

    Gu Daqing. *Chung Chi Original Campus Architecture - Hong Kong Chinese Architects' Practice of Modern Architecture*. Chung Chi College, Chinese University of Hong Kong，2011

图 3.33，3.34

    版权拥有：兴业建筑师事务所

图 3.36，3.37b，3.37d，3.38a

    版权拥有：陆谦受先生后人，香港大学图书馆特藏档案

图 1.9b，3.11，4.5，6.1，7.4，8.1，8.2，8.3，8.4a，8.5，8.6a, c，8.7

    版权拥有：钟华楠先生

图 4.1b

    版权拥有：郑汉钧太平绅士

图 4.12，4.13

    版权拥有：香港特别行政区政府建筑署

图 4.15
　　版权拥有：香港特别行政区政府渔农自然护理署湿地公园
图 4.4a, d, 4.6c, 4.7
　　版权拥有：Mr. Ronald Philips
图 5.3，6.20
　　王炜文老师摄赠
图 5.6b，6.9b，6.10
　　版权拥有：The Hongkong and Shanghai Banking Corporation Limited (HSBC Asia Pacific Archives)
　　2010 All rights reserved
图 6.4
　　版权拥有：Hong Kong Club.
图 6.6
　　版权拥有：Harry Seidler & Associates
图 6.11
　　版权拥有：Mr. Helmut Jacoby
图 6.23a，6.24，6.25
　　版权拥有：Jerde Partnership
图 6.27c
　　陈丽乔博士摄赠
图 7.2
　　版权拥有：香港理工大学传讯与公共事务处
图 7.3
　　李颖春博士摄赠
图 7.6
　　卢颖姿绘制
图 7.8a，7.9a，7.9c
　　版权拥有：香港浸会大学传讯公关处
图 7.10a
　　版权拥有：香港大学传讯与公共事务处，香港大学图片数据库
图 7.13，7.14，8.16，8.17，8.18b，8.20a，8.21a，8.22a
　　版权拥有：关善明博士
图 8.8，8.9d, f, 8.10b, c, 8.14，8.15
　　版权拥有：何弢博士夫妇
图 8.13c
　　郭荣生绘制
第 8 章题图，8.24-8.28
　　版权拥有：刘秀成教授
8.29b, c
　　版权拥有：关吴黄建筑师事务所
图 8.34，8.38，8.39，8.40a, c，8.41a, b，8.42a, b，8.43a-d，8.44a，8.46b，8.47a,b，8.48f
　　版权拥有：严迅奇先生、许李严建筑师有限公司
图 8.49a,b
　　版权拥有：罗健中先生
图 8.50，10.9
　　版权拥有：林云峰教授
图 8.51
　　版权拥有：王维仁教授

图 8.52

　　版权拥有：何周礼建筑与室内设计事务所

图 8.53

　　版权拥有：嘉柏建筑师事务所有限公司

图 9.22

　　版权拥有：香港九龙仓集团

图 10.7a-c

　　版权所有：亚洲学会香港分会

图 10.7c

　　Photo by Michael Moran

图 11.3

　　版权所有：朱海山教授

图 11.9e，11.10

　　版权拥有：香港城市大学

图 1.7b，3.3，3.5a

　　关杨旖绘制

图 3.14a

　　欧阳晓欣绘制

图 9.1a，9.5

　　马路明绘制

图 9.1b，9.8，9.9

　　翟海林博士绘制

图 9.2，9.6，9.7a

　　谭峥博士绘制

图 9.11a，9.15，9.18

　　杨珂绘制

图 4.2，4.3，9.13

　　许家铨绘制

图 9.21c

　　肖靖博士绘制

图 2.8a，3.15b，4.4b

　　陈沼君绘制

图 2.4，2.5，2.9a，2.17a，b，3.30，4.9b，4.10b，5.4，5.8a，b，11.12c

　　臧鹏绘制

索 引

光 明 城

"光明城"是同济大学出
版社城市、建筑、设计专
业出版品牌，由群岛工作
室负责策划及出版，致力
以更新的出版理念、更敏
锐的视角、更积极的态度，
回应今天中国城市、建筑
与设计领域的问题。